実践 野生動物管理学

鷲谷いづみ　監修・編著

梶 光一・横山 真弓・
鈴木 正嗣　編著

JN097870

培風館

執筆者紹介 (執筆順)

< >は執筆分担

鷲谷 いづみ　　東京大学名誉教授　理学博士　＜1章＞
わしたに いづみ

梶 光一　　東京農工大学名誉教授　兵庫県森林動物研究センター所長　農学博士
かじ こう いち　　＜2, 3, 4章＞

横山 真弓　　兵庫県立大学　自然・環境科学研究所教授　博士（獣医学）　＜5, 6, 8章＞
よこやま ま ゆみ

山端 直人　　兵庫県立大学　自然・環境科学研究所教授　博士（農学）　＜7, 9章＞
やまばた なお と

栗山 武夫　　兵庫県立大学　自然・環境科学研究所准教授　博士（理学）　＜10章＞
くりやま たけ お

鈴木 正嗣　　岐阜大学　応用生物科学部教授　博士（獣医学）　＜11, 13章＞
すずき まさつぐ

伊吾田 宏正　　酪農学園大学　農食環境学群准教授　博士（農学）　＜12章＞
い ご た ひろまさ

高木 俊　　兵庫県立大学　自然・環境科学研究所准教授　博士（農学）　＜14章＞
たか ぎ しゅん

は じ め に

　本書が扱っている野生の大型哺乳動物は，自然の要素の中で，誰もが第一に思い浮かべる対象ではないだろうか。その姿や仕草などは，見る者に強い印象を与える。狩猟採集時代には，それらは貴重な自然の恵みであった。自然環境においても，心象風景でも古来大きな存在感を示し，ヒトの文化的適応にも影響を及ぼしたことは，クロマニョン人が描いた洞窟画のほか，日本の考古遺物の多くの造形物や出土する動物遺体などから窺い知ることができる。

　旧石器時代から縄文時代にかけての日本列島における主要な狩猟対象はシカとイノシシであったと推測されている。全国の遺跡から出土する縄文土器の文様にはシカ・イノシシとともにクマも描かれている。粘土造形の土偶としては，むしろクマが多い。

　稲作が広がった弥生時代にも，シカ・イノシシの狩猟は行われていたが，ブタを家畜化して食べる習慣が日本に持ち込まれたため，相対的に狩猟の役割は低下し，シカは新たな信仰の対象となったとされる。シカが描かれた土器や銅鐸などが，引き続く古墳時代にはシカの埴輪が，多く出土するからである。シカの角は秋に落ちて春先から新たな角に生え代わるが，それは発芽から収穫までの稲の成長に擬えられたとの解釈もある。

　日本列島におけるこれら大型哺乳類の個体群とその分布，ヒトとの関係は時代によってダイナミックに変化した。自然資源としての有用性とその神性に対する感謝や畏敬の感情と，被害がもたらす厄介な存在としてのマイナス・イメージが時と場所によって複雑に交錯して今日に至っている。

　近代から現代にかけては商業的乱獲などによる地域的な絶滅がもたらされたこともあったが，現在は，ニホンジカ，イノシシ，ニホンザル，クマ類などの在来の野生動物の生息数の増加と分布拡大が顕著である。人口縮小・高齢化が進んだ地域における農林業被害を激化させており，早急に解決すべき「野生動物問題」として認識されている。これら野生動物が都市域に出没して人々を驚かすことも多くなった。他方，農業被害を含む多様な被害をもたらすアライグマなどの外来動物の野生化と分布拡大も懸念される。野生動物由来の人獣共通感染症に関するリスクへの関心も高まっている。

　近年の人間活動による地球環境の激変を目の当たりにし，サステイナビリティ（持続可能性）を確保することが重要な国際的目標となっている。生物多様性の保全と生態系サービス（自然の恵み）の持続的な利用は，国際的にも国内でも社会的目標として重視されている。そのような背景のもと，被害の防止と適切な管理を通じてヒトとの軋轢を軽減し，在来の野生動物を日本列島の自然生態系の要素として保全することが求められている。一方，人間活動のみならず生物多様性に甚大な影響をもたらす外来動物は，根絶をめざす必要がある。しかし，これらの課題には十分に取り組めているとはいえず，「野生動物問題」は，深刻化の一途を辿っているともいえる。

　野生動物問題の解決のためには，生態系およびヒトとの関係に十分に目を向け，対象動物の生態と個体群動態を科学的に把握し，「科学と参加を旨とする」順応的な管理を行うことが必要である。モニタリングを伴う管理計画の立案と実行は，地域の持続的な発展・維持に向けた諸課題と統合し，地元の住民を含む多様な主体との協働によって進められなければならない。被害の防除，個体数と生息地の管理および持続的な資源利用を統合的に進めるにあたって，現場での計画立案・実践・モニタリングを担いうる科学的・社会的力量をもつ人材が果たす役割に期待が寄せられている。より広域的な視野で政策立案を担う人材を含め，野生動物問題の解決にたずさわれる専門的人材の必要性はきわめて大きい。それらの人材を養成する高等教育機関の教育システムの確立に加え，すでに仕事やボランティアとして野生動物管理にたずさわっている人々が実践に役立つ知識や技術を体系的に学ぶことができる機会をつくることも喫緊の課題である。

　本書は，そのような人材養成と学びの場を想定し，実践的な野生動物管理学の基礎的なテキストとして企画・編集された。編集にたずさわった4名は，日本学術会議が環境省自然環境局からの審議依頼を受けて2018年に設置した課題別委員会「人口縮小社会における野生動物管理のあり方の検討に関する委員会」の委員長，副委員長，幹事を務め，回答「人口縮小社会における野生動物管理のあり方」（2019年 http://www.scj.go.jp/ja/info/kohyo/pdf/kohyo-24-k280.pdf）をまとめる作業の中心を担った。また，それ以外の本書の執筆者も，参考人等として委員会の審議に加わり「回答」の内容を充実させる上で貢献した。

　私たち編集者4名は，課題別委員会での審議を通じて，問題解決を担う人材養成に資する「共通テキスト」の必要性を強く認識し，「回答」を公表して委員会が解散したのちにも，その作成のための相談を重ねた。幸い，培風館の斉藤淳さんが本書を出版する機会をつくり，近藤妙子さんが編集業務に尽力してくださったことで，本書の出版が実現した。お二人と，課題別委員会の審議に参考人・傍聴者として参加してくださった環境省，農水省，林野庁の実務担当者や知床自然大学院設立財団などのNPOのメンバーなどのみなさま，課題別委員会が主催した2回の公開講演会で貴重なご意見をお寄せくださったみなさまに深い感謝の意を表したい。

　読者，とくに本書をテキストとして教育・研修に利用してくださる教員・講師の方々には，この分野の人材養成に資する学習・情報基盤のさらなる充実のために，本テキストの改良やさらに発展的な内容をもつ新テキストの作成に資するご意見や情報をお寄せいただくことをお願いしたい。

　　　2021年6月15日

　　　　　　　　　　　　　　　　　　編集者を代表して　　鷲谷いづみ

目　　次

4. ヨーロッパと北米の野生動物管理 ——————————— *39*

5. 野生動物の基本生態と社会的課題 1 ————————————— *51*
—ニホンジカ・イノシシ

1. 生物多様性と野生動物

　管理が必要とされる在来種の野生動物は，その地域の生物多様性の重要な要素であり，生息する生態系の多くの動植物や微生物と関係を結んでいる。ここでは，「生物多様性の保全」という社会的な目標の人類史上の意義と目標の実現のための科学的な分析・評価にかかわる保全生態学の基本的な概念と枠組みを学ぶ。

1.1　持続可能性と生物多様性

1.1.1　ヒトと環境の相互作用の歴史

　ヒトを含む人類が近縁のチンパンジーと袂を分かったのは，およそ600万年前頃と推測される。枝渡りで森の木々の間を移動して暮らしていた祖先とは異なり，人類は地上を直立二足歩行で移動する。湿地の浅い水域を渡るにも，見通しの良い草原，疎林などで周りを警戒するにも適した二足歩行は，人類がどのような生息場所に適応したのかを示唆する。

　種としてのヒト（*Homo sapiens* ホモ・サピエンス）は，20万年ほど前に人類進化の中心地，アフリカ東部で生まれた。樹林，疎林，湿地，草原からなる**モザイク環境（複合生態系）**で，多様な餌生物を利用しながら暮らしていたと推測されている。

　他の人類の種がすべて絶滅したのに対して，唯一ヒトだけが絶滅を免れ，10万年ほど前になると誕生の地アフリカから出て，ユーラシア大陸へ，さらには他の大陸や海洋の島々へと分布を広げた。石器などの遺物からは，狩猟・漁労の技術を次第に高度化させたことがわかる。また，洞窟に残された壁画や道具に施された彫刻や装飾は，その優れた創造性と抽象化の能力を物語る。

　4〜1万年前のヨーロッパにはヒト（**クロマニヨン人**）だけでなくホモ属の別種**ネアンデルタール人**が暮らしていた。経緯は不明だが，ネアンデルタール人は，その遺伝子の一部をヒトの集団の中に残して絶滅した。人類の中で唯一ヒトが絶滅を免れた理由は，言葉をあやつることで，統制のとれた集団行動ができ，経験の共有と情報の蓄積ができたこと，抽象化能力に優れ，将来を見通した計画的な行動ができたことなどによるものと推測されている。それは，自然選択による適応進化に比べて格段に速やかに進行する文化的な適応とみることができる。

　ヒトが分布を広げる過程で，それぞれの時代のそれぞれの地域の環境は，**文化的適応**としてのヒトの「**対環境戦略**」に大きな影響を与えたと考えられる。温暖な森林地域では，森と水辺の多様な恵みを利用する定住生活が可能であった一方で，密生した植生は陸上の移動を妨げることから，河川，湖沼や海洋が主な移動路であったと推測される。

1.1.2　大型哺乳動物からみたヒトの活動

　ヒトがユーラシア大陸やアメリカ大陸に分布を広げた時代は，寒冷な気候に見舞われた

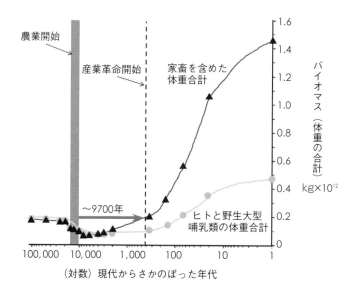

図1.1　大型哺乳類（平均体重44kg以上の種）の体重合計の推計

最終氷期（7万年前〜1万年前）に重なる。北半球の大部分が氷床，ツンドラ，ステップや
プレーリーなどに覆われた。そのような生態系の主役は草食の**大型哺乳類**である。生肉が
腐りにくい冷涼な気候のもと，ヒトは死んだ動物の肉を採集利用したり，集団で狩ったマ
ンモスなどを食料とした。

　オーストラリア大陸やアメリカ大陸ではヒトが移入した時期に多くの大型哺乳動物（平
均体重44kg以上の種）が絶滅した。温暖化による植生の変化が主要な原因として考えら
れているが，ヒトによる狩猟やその活動に伴う火を用いた環境改変などが大型哺乳動物の
絶滅リスクを高めた可能性も推測されている。

　氷河の影響が少なかったアフリカやアジアでは，湿地や森林を含むモザイク環境が残さ
れ，多様な食料を採集利用する暮らしが続いた。日本列島では，ナウマンゾウ，オオツノ
シカ，マンモスなどが絶滅したが，原因として重要だったのは温暖化による植生変化であ
ると考えられている。

　1万年ほど前に最終氷河期が終わり，**完新世** Holocene になると，地球環境はそれまで
になく安定した。採集（狩猟・漁労を含む）に加え，農耕と牧畜など新しい様式での暮ら
しと生産が始まった。季節に応じた温度や降水などを予測しやすい安定した環境のもとで
は，世代を超えた経験の伝達や知の集積が意味をもつ。しかし，新しい生産様式が広がる
につれ，ヒトが地域の環境や地球環境に及ぼす影響は次第に大きくなった。

　人口増とそれに伴うウシなどの家畜の増加に応じて，大型哺乳類の体重合計（バイオマ
ス）は増加し続けてきた。産業革命以降，とくに増加が著しく，現在は，家畜がバイオマ
ス総量に占める割合がきわめて大きくなっている（図1.1）。飼育のために広大な牧草地や
飼料畑，放牧地が切り開かれ，温室効果ガスを含む「排泄物」が環境にもたらす影響も甚
大である。今日では家畜の大規模な飼育が地球環境へ与える大きな負荷は，ヒトの持続可
能性（サステイナビリティ）にとって，もっとも憂慮すべき問題の一つとされている。

1.1.3　限界超過指標としての生物多様性
　安定性を特徴とする完新世の地球環境は，人間活動によって，産業革命以降に大きく変

化した。人間活動が地球環境に大きな影響を与え不安定化を招いている現代は、完新世に含めるべきではなく、新たな地質時代、**人新世** Anthropocene とよぶのがふさわしいとの提案もなされている。

そのような問題意識にもとづいて、スウェーデンのロックストロームが率いる欧米の研究者30名ほどを含む研究チームは、地球環境の**安全限界**（プラネタリーバンダリー）から現状がどの程度逸脱しているかを定量的指標を用いて分析・評価した（Rockstrom et al. 2009）。取り上げた項目は、①人間活動による気候変化（地球温暖化）、②生物多様性の損失、③窒素・リンの地球生物化学的循環への人為的干渉、④成層圏におけるオゾンの減少、⑤海洋の酸性化、⑥淡水の利用、⑦土地の利用（開発など）、⑧大気へのエアロゾル（大気中に分散している微粒子）、⑨化学汚染の9つである。安全限界から明らかに逸脱しているのは、①の人為的気候変化、②の生物多様性の損失、③の窒素循環の改変であると結論された。⑨の化学汚染は、大きな影響が推測されるものの、環境中に放出された膨大な数と量の化学物質の影響は、科学的知見が現状ではあまりに不十分なために分析・評価ができなかった。

安全圏からの逸脱がもっとも大きいと評価されたのは、**絶滅率**で評価された②「生物多様性の損失」である。絶滅率は、1,000年間に1,000種のうち何種が絶滅するか（＝1年間に100万種あたり何種絶滅するか）を示す数値で、人間の影響がないバックグラウンドの値は、100万種あたり年間0.1〜1種と推定されている。現在の絶滅率は、バックグラウンド絶滅率の100〜1,000倍に達しており、100万種あたり10種と仮定された安全限界から大きく逸脱している。

生物多様性は、気候変動、富栄養化など栄養塩循環の改変、土地利用変化などさまざまな人為的な環境改変を反映する地球環境の総合指標でもある。

1.1.4 生態系サービス

ヒトは、古来、自然の恵み（＝**生態系サービス**）として、生物を衣食住のための資源として暮らしを営んできた。また、身の回りの生物の観察からさまざまなことを学び、楽しみの対象ともしながら、地域に根ざした文化を育んできた。生態系サービスは、

① **資源の供給サービス**：食料、燃料、建材、繊維など、暮らしや生産に必要な資源を供給するサービス

② **調節的サービス**：地球温暖化の緩和、穏やかな気象の維持、水の浄化、防災・減災など、私たちが安全に、快適に暮らす条件を整えるサービス

③ **文化的サービス**：感動、楽しみ、学びの機会など、精神的な満足につながり、芸術の源泉ともなるさまざまな刺激を与えてくれるサービス

④ **基盤的サービス**：直接ヒトが利用する①〜③のサービスを生み出す生態系のはたらきを維持するための一次生産（光合成による有機物の生産）や生物間相互作用など、生態系の基盤を維持するサービス

に分類される。

時代と場所によりヒトの社会の生態系サービスのニーズは異なる。現在あまり利用されていないサービスが、将来、重要になる可能性がある。その潜在的な供給可能性を失わせないようにするため、サービスを生み出す源である生物多様性を「自然資本」（Costanza 1997）として保全することが必要である。

大規模な農業・林業などで特定の生態系サービスをより多く利用するための土地利用や

生態系の人為的改変は，生物多様性と生態系サービスの潜在的供給ポテンシャルを大きく損なう。モノカルチャーなどの画一化した土地利用，害虫・雑草を殺すために撒かれる農薬などの毒物による汚染，過剰な窒素・リンなどによる栄養汚染などで不健全化した生態系は，多様な生態系サービス提供のポテンシャルを失いつつある。人口の多くが都市に居住し，消費者として遠隔地のサービスに頼る現在，生産地で生じている問題が広く認識されることがないことも問題である。

1.1.5　絶滅リスクと生物多様性の評価

生物多様性（英語ではバイオダイバーシティ biodiversity）は，およそ40億年にわたる「生命の歴史」が産み出し進化させたおびただしい種類の生物が互いにさまざまな関係を結んで生態系を構成し，ヒトに多様な価値をもたらしていること（前項）を認識するため

コラム　**種内の多様性・種の多様性・生態系の多様性**

　種内の多様性（遺伝的多様性）は，同じ種に属す個体にみられる個性や地域ごとのグループ間の**遺伝的変異**（地理的変異＝多様性）などを指す。遺伝的な変異の中には，適応進化にかかわる**適応的な変異**がある一方で，適応とは無縁な，偶然の作用で生じる**中立的な変異**もある。ゲノムに大量に蓄積している後者は，**遺伝マーカー**（DNAの特徴ある塩基配列など）での定量的な把握が容易であり，親子関係など近縁関係や種内・種間の系統関係の解析などに役立つ。

　遺伝的な変異のうち適応的な変異は，個体群の存続にとって重要な意義をもつ。その変異の維持には，場所により環境が異なる空間的不均一性や気象条件の年変動などの時間的変動を含む**環境変動性**が寄与していると考えられている。

　種の多様性は，生物の種類の多様性である。**種**は，生物の分類の基本的な単位である。現在ではDNAの情報に基づく系統関係をもとにした階層的な分類体系に位置づけられる。近縁な種の集合が**属**，近縁な属の集合が**科**，近縁な科の集合が**目**，それらの集合が**門**である。種にはラテン語2語の学名が与えられている。学名は，大文字ではじまるその種が含まれる近縁種グループである属の名称（**属名**）と小文字ではじまる種を特定する名称（**種小名**）からなる。たとえば現生人類の和名はヒト，学名は*Homo sapiens*（ホモ・サピエンス）で，ヒト科ヒト属に位置づけられる。ヒト科は，さらに多くのサルの仲間とともに霊長目を構成し，霊長目は脊索動物門の脊椎動物亜門に属する。

　地域の生物種のリストは，種の多様性のもっとも基礎的なデータである。リストに多くの在来種（本来その地域に生息・生育する種），とくにその国や地域でしかみられない**固有種**や絶滅のおそれの大きい**絶滅危惧種**を含んでいれば，その場所の保全上の価値は高い。

　日本列島には，多くの固有種が生息する。英国には哺乳類の固有種はみられないが，日本列島には，陸生だけで39種が生息しており，固有種率が39.4％にのぼる。

　種を同じ比重で扱う，「種の豊かさ」や「多様度」は，生物多様性保全のための数値情報としては必ずしも適切とはいえない。

　生態系の多様性は，生態系タイプの豊かさを意味する。生態系は1.3節で詳しく扱うが，陸上の生態系のタイプは，植生のタイプ，とくに，優占する植物がつくる見た目の様子（**相観**）でも把握される。現在では，森林，草原，湿地などほとんどの生態系が，何らかの人為によって構造や機能が決められている。人工林や農地は，強い人為によって維持されている。さとやま（政策用語では里地・里山）のように，ある空間範囲に，樹林，草原，池沼，農地など，異なる生態系タイプの組み合わせがみられれば，そのランドスケープにおける生態系の多様性は高い。このような多様性を**β多様性**という。

の環境用語である。

　生態系サービスの潜在的な利用可能性から人間社会の持続可能性に欠かせないだけでなく，最近の生物模倣技術の隆盛にもみられるように，生物多様性は，新技術の開発のための「知恵袋」として，また，さまざまな芸術・文化を花開かせてきた「美や多様な価値の源泉」としても，語り尽くすことができないほど重要なものである。

　生物多様性に関する国際的な枠組みである**生物多様性条約**は，1992 年にブラジルのリオ・デ・ジャネイロで開かれた国連環境開発会議（通称　地球サミット）で**気候変動枠組み条約**とともに署名が開始された。生物多様性条約は，生命の豊かさを「生物学的多様性」（biological diversity）と表現しているが，この堅苦しい学術用語に代わる新造語のバイオダイバーシティが提案され，日本でもその訳語，生物多様性が使われている。

　条約の第二条では，「この条約の適用上，『生物の多様性』とは，すべての生物（陸上生態系，海洋その他の水界生態系，これらが複合した生態系その他生息又は生育の場のいかんを問わない。）の間の変異性をいうもの」とし，「種内の多様性，種間の多様性及び生態系の多様性を含む。」と定義している。

1.1.6　バイオームからみた生物多様性

　生態系の多様性は，地球規模では，**バイオーム**（**生物群系**）としても把握できる。

　植物の群集（植生，植物群落ともいう）は，見た目の生態系（相観）を特徴づけ，優占する植物種の生育型（木本か草本か，広葉か針葉か，常緑か落葉か，など）で直感的な**タイプ分け**ができる。植生の違いは，すべての動植物や微生物にとってのハビタット（生息・生育場所）の違いでもあり，そこで生育・生息できる生物種を決める。

　バイオームは気候帯に対応した生態系（植生）区分であり，優占する植物のタイプに応じて名称が与えられている。気温と降水量は，その気候に適応して優占する植物に応じて，熱帯から寒帯まで，多雨気候から砂漠気候までのバイオームの分布を決める。それぞれのバイオームは，本来の脆弱性も人為的な影響の歴史も異なる。

　古代からの森林伐採や農地開発が盛んだった地域には，本来のバイオームがほとんど残されていない。もっとも大きく改変され，残存面積が小さいのは，古くから文明が栄えた地中海性気候のもとに成立するバイオームである。今日の地球で，特定の場所の植生のタイプを支配しているのはヒトによる土地利用である。

コラム　α，β，γ 多様性

　β多様性はハビタット（生育・生息場所）の間にみられる種の多様性，すなわち，環境が空間的に不均一であることに由来する多様性だが，同一のハビタット内の多様性（種数）は**α多様性**という。地理的な制約のもとで，地域のフロラ（植物相）やファウナ（動物相）に含まれるすべての種は**γ多様性**とよぶ。

　日本のさとやまは，日本列島の地史や火山列島としての成り立ちとも関わるフロラやファウナが豊かなことによるγ多様性，森林，草原，水田を含む湿地，ため池や用水などの止水および流水の水域など，異なるタイプの植生と水域が組み合わされハビタットが多様なこと，すなわちβ多様性の高さ，のみならず人間活動がもたらす適度な攪乱によるα多様性の高さもその生物多様性に寄与している。すなわち，攪乱の強さや頻度が中程度のときに種多様性が最大になるという仮説は**中程度攪乱仮説**という。伝統的な生物資源の採集に伴う人為は適度な攪乱を通じてα多様性を高めると考えられる。

1.1.7　絶滅リスクとその評価

　地球に現存する生物の種数は不明である。科学的に確認され，学名がつけられている種は，地球に生息・生育する種のごく一部に過ぎない。昆虫などの無脊椎動物は，新種を発見して記載するよりもはるかに速いスピードで種の絶滅が進行していると推測されている。絶滅率や絶滅リスクは生物多様性の現状を表す指標である。

　脊椎動物や維管束植物など，比較的目立つ生物は，現存する種の多くが既知種として記載されている。哺乳類と鳥類では，既知種の中における絶滅が危惧される種の比率を比較的正確に把握することができる。

　国際自然保護連合（IUCN）は，その実態把握ができる分類群について，絶滅の危険の程度を客観的に評価して**レッドリスト**を作成し毎年公表している。IUCN が 2020 年に発表したレッドリスト（絶滅の危険のある種のリスト）では，世界の既知の種約 175 万種のうちの 12 万 372 種の絶滅リスクが評価され，およそ 1/4 にあたる 3 万 2,441 種が絶滅危惧種とされている。絶滅危惧種の中には，水産資源として利用されるニホンウナギやミナミマグロなどが含まれている。哺乳類では既知種のおよそ 1/4，そのうちのヒトも含まれる霊長類では，およそ 1/2 の種が絶滅危惧種である。日本全国を対象としたレッドリストは環境省が作成して公表している。都道府県も独自のレッドリストを作成している。

　生物の絶滅のリスクを高めている主な人間活動とそれに由来する影響は，①利用・駆除のために直接個体を間引く**乱獲・過剰採集**，②農薬など有毒物資による**環境汚染**や**富栄養化**などの生息・生育場所（ハビタット）の**環境改変**，③**侵略的外来生物**の影響，④ハビタ

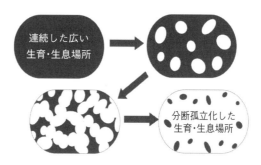

図 1.2　森林などの生育・生息場所の分断孤立化プロセスのイメージ
（鷲谷ら 2016 より改図）

コラム　日本のバイオーム

　南北に長く連なる火山列島の日本列島では，本来，亜熱帯から亜寒帯にまでの多様なバイオームがみられる。概して降水量に恵まれ温暖であるため，森林のバイオームが大部分を占める。

　日本列島の主なバイオームは，南から北へ，あるいは低地から高地へ，**照葉樹林（常緑広葉樹林）**，**落葉広葉樹林**，**針葉樹林**（混交林を含む）からなる温帯林が分布する。南方の奄美群島以南の琉球弧には，照葉樹林と相観が類似し，組成にも共通点が多い**亜熱帯多雨林**がみられる。地球規模では亜熱帯には乾燥気候の場所が多いことから，亜熱帯多雨林は地球規模でみても希少なバイオームである。

　日本は，国土の 70％ほどが森林で覆われる世界有数の森林国だが，およそ半分はスギやヒノキなどを植林した人工林であり，本来の森林バイオームが残されている場所は少ない。

ットの分断孤立化（図 1.2）などである。現在急速に進行しつつある気候変動は，今後ますます影響を強めることが危惧されている。人間活動に由来する多様な原因は，それぞれ単独で作用するのではなく，複合的に作用して種の絶滅リスクを高める。

　現代の絶滅にさらされやすい種は，①人間活動の活発な場所を生息・生育の場とする種（生息生育場所の喪失，分断孤立化，環境汚染の影響などを受けやすい），②利用，あるいは駆除の対象としてヒトの関心を惹く種（水産物として利用される，毛皮，薬などとして利用される，あるいは害獣として駆除対象となる），③生息に大面積を必要とする大型哺乳動物（生息生育場所の喪失，分断孤立化，環境汚染の影響を受けやすい），④特殊な環境に適応している種（その環境が失われれば絶滅する），⑤環境変化に適応しにくい世代時間の長い種などである。

1.2　システムとしての生態系と生物多様性

1.2.1　生態系をつくる生物間相互作用

　生態系は，光や水など生物の生活に多大な影響を与える無生物環境要素と生物群集を構成する生物種，およびそれらの間の関係すべてを含むシステムである。システムは，単なる要素の集合ではなく，要素間の関係により構造や動態が決まるネットワークでもある。生態系がカバーする空間範囲は，ごく小さな水たまりから地球規模まで，任意に設定される。生態系を構成する要素のうち，生物要素のみの集合を**生物群集**という。

　ネットワークとしての生態系・生物群集を構成する生物の関係を**生物間相互作用**という。「食べる－食べられる」の関係や資源（餌・光など）の奪い合いである**競争**のように少なくとも一方が不利益を被る**拮抗的な関係**だけでなく，**共生関係**も多くみられる。植物が栄養価のある餌を与えて動物に送粉（おしべの葯からめしべの柱頭への花粉の移送）や種子分散を託す**送粉共生**や**種子分散共生**，樹木がすみか（**ドマチア**）と餌（蜜およびグリコーゲンに富む固形の餌）をアリに与えて防衛を担わせる**防衛共生**などである。陸上植物が菌根菌や根粒細菌など共生し，バイオマス生産に必要な水や栄養塩を得る**栄養共生**は生態系におけるバイオマス生産に重要な役割をはたす。植物の葉や材を食べる植物食の動物にとっては，消化管内でセルロースなど難消化物の消化を担う微生物群集との共生関係が欠かせない。

1.2.2　生態系サービスと生物間相互作用

　大規模な土地改変などの人間活動によって，現在では，多くの場所で生態系サービスを生み出す健全な生物間相互作用のネットワークが損なわれている。たとえば，コーヒーやカカオなどの熱帯作物の生産は，昆虫との送粉共生に依存しているが，自然林を伐採してつくられたプランテーションには，送粉昆虫は生息できない。樹林の緑陰下もしくは隣接地で栽培すれば，送粉昆虫の働きにより十分な収量が確保でき，生物多様性の保全にも寄与する**持続可能な生産**となる。

1.2.3　植物食動物の生態系への影響

　他の生物の餌になる生物は，その天敵（消費者）に対する防御機構を進化させている。形態（外見），武器（物理的構造），毒（化学物質），逃避（行動）など，さまざまな**防御機構**がみられる。

　天敵の目を欺くため，色彩や質感で背景に溶け込み，あるいは別の自然物にみえる外観

をまとう**擬態**は，多くの動物に認められる。たとえばタコは，乳頭突起によって質感を瞬時に変えて背景にまぎれ，「めくらまし」のスミを吐くことによって天敵の目から逃れる。

　生態系における一次生産者の植物は，常に多様な消費者に狙われている。しかし，野生の植物が食べ尽くされることは稀である。それは，植物が食べられることから身を守る多様な防御機構を進化させているからである。動物が消化しにくいセルロースやリグニンを多く含む細胞壁をもち，毛，腺毛や棘を生やし粘液を出すなどの**物理的防御**，毒作用をもつ**二次代謝産物**をつくる**化学的防御**，共生するアリによる食害者の駆逐などの生物的防御などである。しかし，野生の植物食動物に食べられることがもたらす効果は，一様ではない。また，生態系の他の構成要素への間接的効果も含めるとその影響は複雑で多様である。植生レベルでは，動物による適度な**採食**は，植物の種多様性を高める**中程度の攪乱**としての効果をもたらし，植生における種の多様性を高めることもある。優占度の高い植物種ほど多く消費されれば，競争において劣勢な植物に有利になり，採食がなければ**競争排除**されてしまうような植物が生き残れるようになるからである。

　コラムに示すように，適度な採食が植物の適応度を高める効果も期待できる。

　シバなどのイネ科植物は，大型の草食動物による採食に適応しており，成長（バイオマス生産）も繁殖も，その採食に依存する。シバの成長点は地際にあり，そこから新しい葉が次々に形成される。古い葉が食べられることで出たばかりの新葉に光が十分にあたり，植物体全体としては高い生産力が維持される。果穂が葉と共に食べられ消化管を通ったタネが糞に含まれて排出されることは，「肥料」つきで種子分散されることになる。このような植物にとっては，他の植物との競争関係において有利に立つためにも草食動物による採食が欠かせない。

1.2.4　絶滅と生物学的侵入による改変

　群集の構成要素の生物種が絶滅したり，個体群の大幅な縮小などが起こると，その種と相互作用していた種（捕食者，餌生物，共生者，寄生者，宿主など）への影響を介して，生態系・生物群集に広く影響が及ぶ。種が新たに侵入した場合にも，生態系・群集の構造や機能が大きく変化することがある。

コラム　植物個体にとっての被食のプラス効果

　光など，植物にとっての資源が豊富な場所では，消費者に食べられることは，生産者としての植物にほとんどマイナスの効果をもたらさない。そのような場所では，光合成速度は光合成産物の利用速度（需要）によって制約され（**シンク制限**），被食後の新たな葉やシュートの再生はシンクの拡大により光合成生産を促進する。

　また，食べられて失われたシュートを再生する**補償作用**が植物体の受光体制の改善を通じて生産を向上させる例も知られている。たとえば，成長が盛んになる初夏にタイミングよく食べられて頂芽が除かれると，**頂芽優勢**による抑制が解かれ，側芽からシュートが伸びて枝を広くはって多くの光を受けることができるようになる。そのような植物では，そのシーズンのバイオマス生産が被食によって増加し，種子生産が増えるなど適応度にもプラスの効果が生じる。

　さらに，草食動物の消化管に納まって種子分散されるなど，繁殖に欠かせないサービスが提供されることもプラス効果である。

　たとえば，生産者の植物の**優占種**（合計バイオマスが大きい種）が変わると，それを直接消費する動物の種類や季節性などが変化する。さらにその消費者の捕食者も影響を受ける。このように生産者の植物が変わることで，消費者や高次消費者の捕食者などが変化する効果を**ボトムアップ効果**という。これに対して，生態系の最高次の捕食者や消費者が失われ，その下の栄養段階に変化をもたらすことを，**トップダウン効果**という。高次の捕食者が失われると，その下の栄養段階では栄養段階が下がるにつれて影響がより多くの種に及ぶ**カスケード絶滅連鎖**が起こることがある。群集から特定の種が失われたり，侵入したときに，そのバイオマスに比して種の連鎖を介した変化が大きい種を**キーストン種**という。

　高次捕食者の喪失は，時として**群集崩壊**ともいうべき激変をもたらす。北アメリカ太平洋沿岸のジャイアントケルプの**海藻林**では，1990 年代に，乱獲や移入してきた捕食者シャチの影響でラッコが激減した。その結果ラッコの主要な餌のウニが急増し，ジャイアントケルプの仮根が食い荒らされ，海中林が失われた。海中林に生息していた多くの魚や無脊椎動物の種が生息の場を失い，群集崩壊が生じた。ラッコがキーストン種であったからである。

1.3　種の絶滅と保全

1.3.1　絶滅に向かう過程と小さな個体群

　1.1.6 で概観した人間活動による環境改変が著しい現代，もともと希少だった生物だけではなく，かつては個体数が多かった普通種も絶滅のリスクにさらされている。

　種の絶滅は，個体群の絶滅を介して起こる。個体群が絶滅に至る過程は，必要な保全対策からみて 2 つの段階に分けることができる。個体数の減少が続く「**衰退しつつある個体群**」のステージと個体数がすでに限界値より少なくなり絶滅リスクの高まった「**小さな個体群**」（次項参照）のステージである。後者については，個体数の緊急的な回復が保全策として重要である。どの程度まで個体数が減れば小さな個体群といえるのかは，種の生物学的・生態学的特性や個体群の来歴などによって異なる。

　自然林や湿地が農地や植林地，市街地の開発などによって縮小すると，面積の小さい島のように孤立したハビタットに，小さい個体群が残される。

コラム　小さな個体群の絶滅リスクの確率的要因

　小さな個体群の絶滅をもたらす確率的な要因としては，次のようなものが知られている。
　① **環境確率変動性**：環境の変動にもとづく個体群動態に関する変数の時間変動。
　② **カタストロフ**：山火事，洪水，地震，台風など，個体群全体の運命に大きな影響を与える環境の効果。小さな個体群は一回のカタストロフで絶滅することがある。1992 年にハワイ島を巨大ハリケーンが襲った際，3 種の鳥類の絶滅危惧種が絶滅した例がある。
　③ **個体群統計確率変動性**：標本抽出効果の一種で，個体群の平均的な適応度や繁殖成功度はプラスの値でも，特定の個体の生存・繁殖の失敗は偶然に支配されることで生じる。50 個体以下の小さな個体群で顕著になる。
　④ **遺伝的確率変動性**：遺伝的浮動ともよばれ，対立遺伝子の頻度が偶然によりランダムに変動することをいう。遺伝子頻度の偏りを生じ，特定の対立遺伝子が失われることもある。

1.3.2 小さな個体群の絶滅リスク

生物の個体数は，変動し，時には大きく変化する。ここで問題にするのは人間活動に起因する一貫した個体数の減少とその結果として生じる小さな個体群である。小さな個体群の絶滅のリスクを高める要因には，個体数の減少に伴い確実に生存率や繁殖率を低下させる**決定論的要因**と，偶然性が個体群の運命に大きな作用をもつようになる**確率論的要因**が認められる。

決定論的要因では，**近交弱勢**（近親交配による生まれる子の減少と子の生存力や繁殖力の低下）と**アリー効果**（適応度が個体数や個体密度に依存し，個体数が少ないときに適応度が低下）が重要である。アリー効果のうち，個体数の減少により相性のよい配偶相手を得ることが難しくなり有性生殖の成功率が下がる効果は，動物にも植物にも広く認められる。

コラム **近交弱勢の主要な原因と絶滅の渦**

近親交配の子孫はそうでない交配の子孫に比べて生存力や繁殖力が劣る。その適応度の低下を**近交弱勢**という。その主な理由は，有害遺伝子が発現することであると考えられている。

生物のゲノムには，DNA の複製や修復の際の**化学的誤り**である突然変異が蓄積している。**突然変異**は，紫外線，放射線，化学物質の影響などで頻度が高まる。突然変異の多くは，機能上の効果を表すことのない自然選択から中立なものであるが，中には発現すれば個体の適応度を低下させる有害なものもある。

多くの生物は**2 倍体**（相同染色体上にそれぞれ同じ遺伝子座をもつ）もしくはそれ以上の**高次倍数体**である。そのため，たとえ有害な突然変異遺伝子をもっていても，正常な**野生型遺伝子**とヘテロ接合（同じ 2 つの遺伝子座の遺伝子が一方は野生型，他方は突然変異型のように異なる）であれば，表現型に異常は表れず適応度にも影響しない。多くの生物にみられる 2 倍体以上の倍数性は，有害な突然変異の効果を回避する適応と考えられている。

突然変異の多くは確率的な現象であり，相同染色体の同一遺伝子座が突然変異で共に機能不全になることはきわめて稀である。そのため，有害性のある突然変異の率が 10^{-7} 程度であるとすれば，同じ遺伝子座の 2 つの対立遺伝子がいずれも機能を失う確率は 10^{-14} という無視してもよいきわめて低い確率となる。

野生型対立遺伝子とヘテロ接合である限りにおいて有害な効果が生じない突然変異（**不顕性**）は，自然選択によって除去されないまま時間（世代）の経過と共にゲノムに蓄積していく。ゲノムには，個体群の履歴に応じて，いろいろな程度に有害な突然変異遺伝子が蓄積している。その潜在的な**遺伝負荷**は近親交配により現れる。近親交配では，同じ祖先から同じ有害な突然変異遺伝子を受け継いでいる確率が高く，それらが**ホモ接合**になって発現しやすいからである。

突然変異遺伝子が発現して有害性が現れることが近交弱勢の主要な原因であると考えられているが，機能不全が深刻なものであれば，ホモ接合の個体は生まれる前に流産等で除去される。そのような突然変異遺伝子は**致死遺伝子**とよばれる。効果がそれほどには大きくなく，また生活史段階のさまざまな段階に発現するものは**弱有害遺伝子**とよばれる。

小さな個体群では，近親交配が起こりやすく，遺伝的な負荷が**近交弱勢**として現れ，他の要因とも相まって個体群は**絶滅の渦**に巻き込まれる。個体数が減少するにつれて，近親交配の効果がいっそう強まり，個体数の減少傾向が加速され，絶滅のリスクが急激に高まっていく。これを，中心に近づくにつれて速度が高まる渦にたとえて，「絶滅の渦」という。小さな個体群は絶滅の渦に巻き込まれやすい個体群であるともいえる。

　確率論的要因は，数が少なくなることに伴って偶然が個体群の運命を大きく支配することによる。決定論的な要因に比べ，絶滅確率と個体数との関係についての一般論が導きやすい。

1.3.3　メタ個体群と絶滅

　同種の個体の分布は空間的に一様ではない。個体群の現状を把握したり，その将来を予測するには，空間的な構造，すなわち個体の空間的な分布を考慮する必要がある。個体群を局所個体群の集合である**メタ個体群**として捉えることはその手法の一つである。

　メタ個体群の空間構造は，**ハビタット**（生育・生息場所）の空間分布に依存する。森林をハビタットとする生物は，森林地帯が開発されると，残存する森林の**パッチ**でのみ生息・生育できる。ハビタットとなるパッチは，生息には不適な空間である**マトリックス**，この例では農地や草原の中に点在することになる。

　ハビタットとなりうるパッチのすべてにその種の個体がみられるわけではないが，生育・生息に適したパッチ（以下，パッチ）にしか個体はみられない。個々のパッチにおける個体の集まりが**局所個体群**でありメタ個体群はその集合である。

　局所個体群どうしは個体の移動分散で結ばれている。局所個体群間の移動分散は，局所個体群の個体群動態とともに，メタ個体群の動態を決める。それは，その生物特有の**移動分散能力**と，**移動分散ルート**が確保されているかどうかに依存する。メタ個体群が絶滅しないためには，新たなパッチへの個体の移入が保障されること，すなわち生息・生育適地の**連結性**が十分に高いこと，パッチにおける局所個体群の絶滅確率が十分に低いこと，それらに見合ってパッチ消失速度が十分に小さいことが要件となる。

　メタ個体群の保全には，そこに実際に局所個体群が存在するかどうかにかかわらず，ハビタットとその間の連結性の両方を十分に保障することが重要である。

1.4　生物多様性の保全・自然再生と野生動物管理────────────

1.4.1　深刻化する多様な問題

　開発，気候変動，毒物・栄養塩・プラスチック・光・音などによる汚染など，さまざまな人為的環境改変は，野生動物の行動，生物間相互作用，個体群動態，空間分布，適応進化などに影響し，新たな生態的・進化的な変化をもたらしつつある。

　ロサンゼルスやサンパウロにピューマが住み着くなど，ヒトに危害を及ぼす可能性のある大型捕食者を含む野生動物が都市に移入し，都市環境に適応する**都市型野生動物**（アーバン・ワイルドライフ）も世界各地からますます多く報告されるようになった。

　ヒトが意図的・非意図的にもたらす非生息地域への生物の導入は，生物多様性や生態系機能への影響を介して，あるいは病原生物を随伴導入することを通じて経済的被害や健康・生命への被害を含むさまざまな問題を生じさせる。遺棄されたペットによる「外来生物問題」も深刻化している。野良ネコや野生化したノネコが捕食を通じて生物多様性にもたらす甚大な影響が，世界各地から報告されている。

　さまざまな新しい問題が顕在化するようになった今日，野生動物管理には，①絶滅リスクの高い在来動物の保全，②自然資源としての動物の持続的利用のための管理，③ヒトとの軋轢が大きい動物の被害防止や個体群管理，④生物多様性・生態系や人間活動に大きな影響を及ぼす外来動物の根絶を含む排除・抑制など，目的も手法も異なる多様な領域が含

まれるようになった。対象とする動物の生態・進化，生息空間の生態系変化，ヒトとの関係の変容，将来予測など，科学的に解明すべき課題は多い。

1.4.2　耕作放棄地と野生動物管理

　世界に先駆けて人口縮小が進行している日本では，社会経済的な理由による一次産業の衰退と都市への人口集中と耕作放棄地の急増など，地方における土地の利用・管理圧が低下しつつある。若年層が仕事を得るため都市に移出するため，地方での高齢化も著しい。農山村の「むら」の空洞化と集落機能の脆弱化の一方で，ニホンジカ，イノシシ，ニホンザル，ツキノワグマなどの大型野生動物の増加と分布拡大による農林業被害や生態系への影響など，野生動物とヒトとの軋轢が激化している。とくに，ニホンジカ，イノシシなどによる農林業被害は深刻で，人口縮小・高齢化が進んだ地域社会において持続可能性を築くうえでの障害の一つになっている。農業被害により離農が促進され，野生動物の採餌場所や隠れ場所となる耕作放棄地がさらに増えるという「正のフィードバック」を断ち切ることは，問題解決にとって重要であり，野生動物管理にとっての重要な課題である。

1.4.3　解決への模索と自然再生

　野生動物による被害は，自然環境と社会経済環境のいくつもの要因が絡まりあって生じる。対策は，それらに広く目を向け，野生動物の個体群の時空間的な動態，ヒトを含む生態系における複雑な生物間相互作用のネットワークを十分に理解し，管理を含む人為干渉の効果を予測した上で順応的に進める必要がある。

　耕作放棄地は，野生動物とのかかわり以外でもさまざまな環境保全上の問題を生じさせる。生じる問題やその大きさは，周囲の土地利用状況と植生分布，放棄されるまでの農地整備および農地としての利用実態などに応じて異なる。たとえば，農地整備した後に放棄された農地には好窒素性の侵略的外来植物が繁茂しがちであるが，周辺地域の農業と生物多様性に多大な負の影響を及ぼす。そこがシードソース（種子の供給源）となって，広域的に植生を改変する可能性があるからである。繁茂するのが外来牧草であれば，そこは斑点米カメムシ（アカスジカスミカメ *Stenotus rubrovittatus* など）の発生源となり，周囲の水田に農業被害をもたらす。その防除のためにネオニコチノイド系農薬などが空中散布されれば，生物多様性やヒトの健康への影響も懸念される（鷲谷 2019）。

　純粋に経済的な動機にもとづいて農業生産の場として放棄地を再生・活用することは現状では難しい。都市住民のボランティアや二地居住者などが経済を度外視して農地を生産に活用することは選択肢の一つであり，各地でさまざまな取り組みが進められている。もう一つの選択肢は，二次的自然である森林や湿地の生態系サービスを最大限発揮しうるように人為を加える「自然再生」である。**自然再生推進法**に則った**自然再生事業**により，数十年放棄されていた棚田を生物多様性豊かな水辺ビオトープに再生するなどの事業が民間主導で進められている（鷲谷 2019）。自然再生推進法は，多様な主体の参加による順応的な計画の推進を求めており，そのしくみを活用する意義は大きいと思われる。

2. 野生動物管理
—ワイルドライフ・マネジメントとは

本章では日本の哺乳類相の特徴と歴史的な変遷を理解したうえで，人口縮小社会において，生息数が急増している野生動物との共存の方法として野生動物管理のあり方を学ぶ。

2.1 日本の哺乳類相の特徴と保全の課題

2.1.1 日本の哺乳類相の特徴：多様性が高く，固有種が多い

日本には，海棲哺乳類を除くと，101 種の陸棲哺乳類が生息あるいは過去に生息し，そのうちの過半数（51.5％）が固有種である（Ohdachi et al. 2009）。これら 101 種の陸棲哺乳類のうち，20 世紀にオオカミ（エゾオオカミ，ニホンオオカミ），オキナワオオコウモリ，オガサワラアブラコウモリ，ニホンカワウソ（本州以南亜種，北海道亜種）の 4 種が絶滅した。さらに，2012 年にはミヤココキクガシラコウモリが絶滅種に指定された。絶滅率（5％）は日本と同様の規模の面積をもつ島国でかつ工業化が進んだ先進国のイギリスの絶滅率（40.5％＝17/42）に比較して著しく低い。その理由としては，日本では江戸時代を迎えるまで森林破壊が限定的であり，工業化が進んでも山地では険しい地形が森林伐採を妨げたこと，気候条件が森林再生に適していることなどが指摘されている（Saitoh et al. 2015）。

日本列島の**生物多様性**が高い要因としては，次の 3 つがあげられている（湯本 2011）。

① 日本列島の自然環境が多様で豊かであること
② 生物相が形成されるにあたっての過去の気候変動と地形形成などの多様化を促す歴史的要因
③ 人間による自然の持続的かつ「**賢明な利用**」があったこと

日本列島の自然環境の多様性は，列島が南北 3,000 km におよび，高標地を含む脊梁山脈が貫いていることによる。気候は亜寒帯から亜熱帯に属し，水平的には植生帯は北海道と本州の高山の亜寒帯性針葉樹林から，本州以南の落葉広葉樹林，常緑広葉樹林へと変化する。垂直的な変化は上部の高山ツンドラに及ぶ。日本の哺乳類は第 4 紀の大陸と陸続きとなった時代に陸橋を通じて北方または南方ルートから渡来し，大陸と日本列島，日本列島内での接続と分離の繰り返しがあったことも，面積に比して多様性が高く固有種が多い哺乳類相の形成に寄与したとされている。

日本の哺乳類相の地理分布の特徴は次のようにまとめられる（増田・阿部 2005）。

・北海道：シベリア，サハリンなど北方域の共通種（例ヒグマ，ナキウサギ，クロテン）が多く，固有種がほとんどいない
・本州，四国，九州および属島（対馬を除く）：基本的に同じ種構成で，25 種が生息，土着種の 42％が固有種

　　　・対馬：朝鮮方面の影響を受けチョウセンイタチやツシマヤマネコが生息
　　　・南西諸島：センカクモグラ，アマミノクロウサギ，ケナガネズミ，イリオモテヤマ
　　　　ネコなど10種（土着種の56％）が固有種

　哺乳類相は種の多様性だけでなく，遺伝的多様性にも生物地理学的な歴史が反映している。ニホンジカ，ニホンザル，ツキノワグマ，ニホンノウサギ等のミトコンドリアDNAの地理分布をみると，本州中部で2系統に分かれている（玉手 2013）。更新世後期の最終氷期には針葉樹林が本州の大部分を占めており，広葉樹林はごく限られた地域にしか残されていなかった。その広葉樹林をレフュジア（退避地）として，系統的に異なる集団が退避して生き残り，最終氷期以降に温帯林の拡大にともなって分布を拡大し，現在のような地理的分布パターンが生じたと考えられている（玉手 2013）。

　ミトコンドリアDNA領域の解析によって，北海道のヒグマは3つの地理系統（道北・道央，道東，道南）が認められ，これら3グループは，ユーラシア大陸で約30万年以上前に分かれたのちに，それぞれが別の時代に別の経路（陸橋）を経て北海道に渡来したと考えられている（増田 2017）。このような遺伝的な「北海道のヒグマの三重構造」を考慮することは管理や保全の単位を設定するうえで重要である。

　日本の哺乳類の多くは陸棲であり，森林が主要なハビタットになっている。そこで，次節では，生物多様性に与える要因のうち，③の人間による自然の持続的な利用に関しては，陸棲哺乳類のハビタットの森林に焦点をあてて，歴史的変遷を学ぶ。

例　題

日本の哺乳類相は多様性が高くて，固有種が多い理由はなぜか。

　回　答　自然環境の多様性，生物相が形成されるにあたっての過去の気候変動と地形
　形成などの歴史の繁栄，人間による自然の持続的かつ「賢明な利用」などのため。

2.1.2　日本の哺乳類相の歴史的変遷：
とくに江戸〜明治時代の大型獣の地域的絶滅とその後の回復

　農耕が始まった弥生時代以降，森林は木材や燃料のほか，肥料や飼料を得るために利用された。日本の森林衰退は7世紀に始まる古代国家の成立とともに始まり，人口が急増した近世の17世紀半ばには，森林は焼き畑や採草地としても利用され，全国の低山域に「はげ山」が広がっていった（太田 2012，タットマン 1998）。明治時代の混乱期から引き続く昭和の時代には中高標高の中高標高域の「奥山」の森林伐採が開始され，第二次世界大戦後の大面積伐採や拡大造林によって，「奥山」の林相も一変した（太田 2012）。

　それがさらに劇的な変化を遂げるのは，1960年代半ばの燃料革命である。薪炭林に依存していた燃料は石油にかわり，山から人々は撤退するとともに，拡大造林政策とよばれる大規模な針葉樹の植林が行われた。太田（2012）は，過去300年以上継続した森林の荒廃（はげ山と荒廃林地）からこの40〜50年で植林した人工林が育ち，日本は400年ぶりの「豊かな緑」に満ちていると述べている。はげ山がいたるところで出現した江戸時代には，藩による森林利用制限や森林管理の発展がみられた（タットマン 1998）とされる。しかし，それが功を奏したというよりも，信州秋山の山村で見られたように，村を襲った濫伐の危機を防ぎ，針葉樹の伐り尽くしの際には素材を広葉樹に転換して木工品の種類を変えるなど，森林に依存して生活する山の住民がその環境を守った（白水 2011）ともいわれる。

　日本の代表的な哺乳類（ニホンジカ，イノシシ，ニホンザル，ツキノワグマ，ヒグマ）

の歴史的な分布の変遷を縄文時代（紀元前 12000〜2400 年），江戸中期（1730 年代），現在（およそ 1978〜2000 年）について，貝塚データベースを用いて調べた研究によると，縄文時代から江戸時代までは，分布パターンには大きな変化がみられない（Tsujino et al. 2010）という。もっとも，樹上性のニホンザルについては，森林伐採による生息地への影響はすでに鎌倉時代（13〜14 世紀）に現れた。すなわち，開墾による平地の森林の伐採に伴い，ニホンザルは奥山に撤退し，その状況は 1960 年代半ばの燃料革命まで継続していたと考えられる（渡辺・三谷 2019）。だが，大型哺乳類の分布が最も大きく変化したのは江戸時代後期以降から現代にかけてであり，ニホンジカ，イノシシ，ニホンザルが本州北部で，ツキノワグマは九州で分布域が著しく縮小し，その要因として狩猟とハビタットの改変があげられている（Tsujino et al. 2010）。

　人口が急増した近世の 17 世紀半ばは，全国的にはげ山が広がるとともに，獣害が激化した時代でもある。農民は火縄銃を獣害防止の農具として利用して駆除にあたるとともに，大規模な公共事業としての狩猟も行われ（常田 2015），江戸時代後期から明治期にかけての森林の減少と捕獲圧の強化によって分布域の縮小と地域的絶滅が生じたと考えられる。その後の森林の回復と捕獲圧の減少が，現在（およそ 1978〜2000 年）の分布拡大を招いたと想定される。

2.1.3　人口縮小社会が迎えたヒトと野生動物の関係

　わが国の**生物多様性**を脅かす危機としては，次の 4 つがあげられている（生物多様性国家戦略 2012 - 2020）。

　　第 1 の危機　「人間活動や開発による危機」
　　第 2 の危機　「人間活動の縮小による危機」
　　第 3 の危機　「人間により持ち込まれたものによる危機」
　　第 4 の危機　「地球環境の変化による危機」

　日本の人口は明治元年から 100 年目の 1967 年に 1 億人を突破し，2010 年に 12,806 万人のピークに達した後，現在に至るまで減少が続いている。21 世紀初頭まで，人口増加に伴う生息地の攪乱，野生鳥獣の乱獲などの「第 1 の危機」が野生動物の生息を脅かす主要な問題であった。その後，都市部への人口集中と農林業の衰退による中山間地域（里地里山）での人間活動が縮小することで，「第 2 の危機」が顕在化した。捕獲圧の減少などによって，ニホンジカ，イノシシ，ニホンザル，クマ類（ヒグマ・ツキノワグマ）の生息数

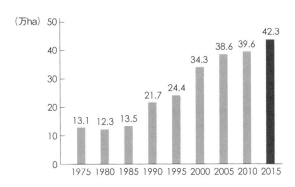

図 2.1　耕作放棄地の増加（1975〜2015 年）
（農水省資料より作成）

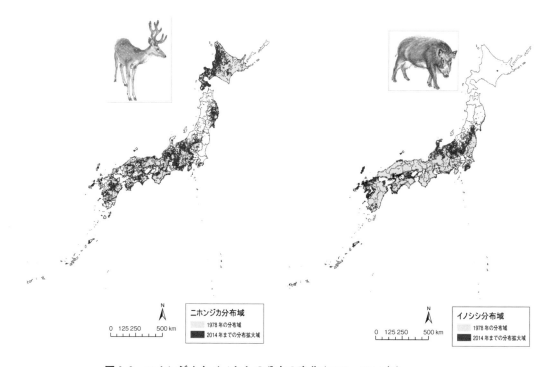

図 2.2　ニホンジカとイノシシの分布の変化（1978〜2014 年）
（出典：環境省 HP　https://www.env.go.jp/nature/choju/capture/higai.html）

増加と分布域拡大が生じ，農林業被害など人との軋轢が増加するようになってきた。農林業被害は，地域社会の高齢化・労働力不足による耕作放棄地の増加を加速し，その面積は2015 年には 42.3 万 ha に達している（図 2.1）。

　わが国の生物多様性の脅威となっている 4 つの危機のうち，森林における主要な駆動要因であった第 1 の危機「人間活動や開発による危機」がそれほど問題とならなくなった一方，第 2 の危機「人間活動の縮小による危機」と第 3 の危機「人間により持ち込まれたものによる危機」が強まっている（小池ら 2019）。第 4 の危機との関連が疑われるのはニホンジカの分布域が，過去 25 年間の積雪期間の減少に応じて北方や山岳地帯に拡大していることである（Ohashi et al. 2016）。

　環境省の自然環境保全基礎調査等によると，1978 年から 2014 年の 36 年間では，ニホンジカの分布域は約 2.5 倍，イノシシでは約 1.7 倍に拡大した。東日本ではニホンジカ，イノシシが過去 1 世紀ほどの間ほぼ不在であったが，東日本大震災による福島第一原発事故（2011 年 3 月 11 日）以後に，分布の拡大が加速し，この傾向は現在でも継続している（図 2.2）。イノシシとニホンジカの捕獲数は指数関数的に急増しており，直近 25 年間の年平均増加率はニホンジカ 10.7％，イノシシ 9.1％で，2014 年には年間捕獲頭数は 50〜60 万頭に達している（図 2.3）。

　一方，狩猟登録者数は 1970 年代半ばに 50 万人に達したが，その後減少し，2010 年には 20 万人未満になっている。近年ではわな猟の狩猟者の増加が，銃猟狩猟者の減少を補填している。なお，ニホンジカに対しては 1990 年代まで保護（メスジカの禁猟）されていたが，現在は解禁されている。

　森林伐採や乱獲などにより，クマ類の生息地には分断が生じており，環境省のレッドリ

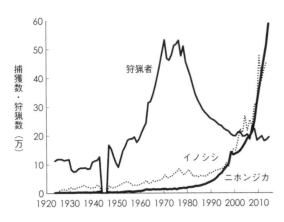

図2.3　イノシシ，ニホンジカの捕獲数と狩猟者数の推移（1924〜2014年）
（環境省鳥獣統計より作成）

スト2020によると，ツキノワグマでは5か所の地域個体群（下北半島，西中国山地，東中国山地，紀伊半島，四国山地），ヒグマでは2か所の地域個体群（石狩西部地域，天塩・増毛地方）が国の「絶滅のおそれのある地域個体群（LP）」に指定されている。環境省は九州では2012年に「絶滅」と判断した。四国山地では自動撮影カメラを用いた調査によって，ツキノワグマの生息が限定的で，16〜24頭程度しか生息していないことが明らかにされている（日本クマネットワーク 2020）。しかし，全国的にはクマ類も分布拡大傾向が継続しており，2019年度に環境省が公表した分布調査（2010〜2017年度の生息情報に基づく）の結果によると，1978年の調査と比較して約40年間でヒグマの分布域は約1.5倍，ツキノワグマでは約1.7倍に拡大した（環境省自然環境局生物多様性センター 2019）。

　ヒグマの存在は，明治に始まった北海道開拓の最大の阻害要因とされてきた。実際に19世紀後半から20世紀半ばにかけては，ヒグマによる悲惨な人身被害が発生していた。開拓が始まってから間もなく捕獲奨励金（1877〜1888年）による事業が開始され，次いで，駆除奨励事業（1963〜1977年），春グマ駆除（1966〜1989年）などの捕獲推進事業が実施さ

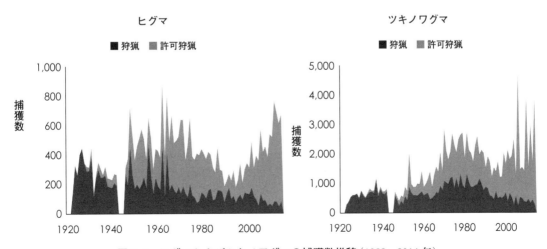

図2.4　ヒグマおよびツキノワグマの捕獲数推移（1923〜2014年）
（環境省鳥獣統計から作成）

れた。1966年に開始された春グマ駆除によって，効率的な捕獲が可能な日本海側の多雪地帯で母グマと子に高い捕獲圧がかかったことが明らかにされている（梶 1982）。その後，生息地の分断や個体数の減少が危惧されたことから，1990年から北海道は春グマ駆除を中止し，共存へと管理方針を変更した。その結果，分布回復と個体数の増加が認められ，現在では1960〜1970年代と同様に年間500頭以上が捕獲されている（図2.4）。ツキノワグマについても，胆のうや肉などの資源的価値が高いことから高い捕獲圧がかかり太平洋戦争前には生息数が激減した。ヒグマと同様に1990年代以降には保護政策がとられた。ブナ科（ブナやミズナラなど）の堅果が不作年となった2004年，2006年，2010年，2020年には全国規模でヒトの居住地への大量出没が生じ人身被害も多発した。そのこともあり，年間約3,000〜5,000頭規模の捕殺が行われている（図2.4）。

> ☞アドバイス　　ツキノワグマはブナ科堅果，とくにブナとミズナラの嗜好性が高い。ブナは豊凶が隔年置きに広域で生じるのに対し，ミズナラは不作年でも実をつける個体があり，また資源量が多いのでクマにとって重要な餌資源となる。

2.2　野生動物管理（ワイルドライフ・マネジメント）とは

2.2.1　野生動物管理とはなにか

　野生動物とは自然環境のなかで生活し，人為的な飼育や繁殖がない状態で自立して生息している動物を意味する。人為的な飼育繁殖下におかれる家畜，展示動物，伴侶動物，実験動物等とはその点で大きく異なる。

　北米の科学的な野生動物管理を確立するうえで大きな役割を果たした森林官で生態学者でもあったアルド・レオポルドは，「ワイルドライフ・マネジメントはスポーツ狩猟のために狩猟動物を毎年持続的に収穫できるように土地を管理する技術（アート）」と述べている（Leopold 1933）。さらに時代が進むと，ワイルドライフ・マネジメントは収穫技術だけではなく，生態学的概念や管理政策も含むようになった。Giles（1978）は，「ワイルドライフ・マネジメントは野生動物を資源とみなし，人間の目的のために，野生動物−ハビタット−人間の3つの要素からなる相互関係の構造と動態を理解し，そのよりよい関係を築くための実践と施策に関する技術と科学である」としている。

　日本においては，狩猟には獲物の収穫のみならず，農林業被害防止などの公共的な役割が期待されているため，「野生動物管理とは野生動物の生息地と個体群を管理することを通して，野生動物の存続や保全，人間との軋轢の調整を目標とする研究や技術の体系」と定義されている（三浦 2008）。

2.2.2　大型獣はなぜ増えたのか？

　ヨーロッパや北米でも，狩猟が自由化されると大型獣の乱獲が起こり，19世紀後半には有蹄類の個体数が著しく減少し生息地も縮小した。そのため，狩猟期間の制限などを含む法制度が整えられたところ，直近の過去75〜150年間に個体数は著しく増加した。前述したように，日本においてもシカ・イノシシは，19世紀後半の大乱獲，その後の保護政策による個体数の回復，引き続く爆発的増加と欧米と類似するパターンをたどっている。

　ヨーロッパにおける有蹄類増加の要因としては，中山間地域での人口減少，農耕地の減少，放牧家畜の減少，森林面積の増加，ランドスケープの変化，再導入，保護区の役割な

どが挙げられている (Linnell and Zachos 2010)。それに加えて，密猟に関する法律の強化，耕作放棄地，生息地の再自然化，狩猟者の減少が複合して作用し，野生有蹄類個体群の生物学的に警戒すべき水準までの増加をもたらせたと指摘されている (Valente et al. 2020)。

　北米では，シカの増加について次のような多様な要因があげられている (Cote et al. 2004)。20世紀になると農業と造林が大規模に展開することで餌場が増えたこと，生息数が激減した1920年代には，厳しい狩猟規制がとられたこと，狩猟ではオスのみの捕獲が許可されたこと，メスの捕獲が許可されても狩猟者がオスの捕獲に執着したこと，狩猟者の数が伸び悩んで安定あるいは減少していること，土地所有者（私有地）が安全のために狩猟を許可しないこと，20世紀半ばにオオカミが北米の多くの地域で絶滅，マウンテンライオンが東部で絶滅したこと，暖冬は体重を増加させ，生存率をあげて増加に貢献していることなどである。

　日本では，20世紀後半の拡大造林政策と大規模牧草地造成が餌場を拡大させ，中山間地域での人口減少と耕作放棄地の増加と相まってシカの環境収容力を増加させたと考えられる。狩猟においては，メスジカを狩猟獣から除外したことに加えて狩猟者の減少・高齢化の進行が影響した。北海道の国有林では，安全のために2008年までは入猟制限が厳しかったことも要因のひとつとしてあげられている（2009年からは捕獲強化を開始）（荻原 2013）。また，捕食者のオオカミが20世紀当初に根絶されたことや暖冬の継続も影響したと考えられている。

　以上のように，大型獣の増加は欧米と日本でも同時代的に生じている。その背景としては，法整備による保護政策，大型獣の増加に寄与する生息地の改変，捕食者や狩猟の減少などの複数の共通する要因があげられる。

例　題

ニホンジカやイノシシが近年急増した理由について述べよ。

　回　答　保護政策（ニホンジカではオスに限定された狩猟），生息地の改変，捕食者（オオカミ）の根絶，狩猟者の減少，森林伐採と草地造成などの生息地の改変による環境収容力の増加，中山間地域での人口減少と耕作放棄地の増加，暖冬などの複合要因があげられる。

2.2.3　野生動物の過増加がもたらす被害

(1) 自然植生への影響

　ニホンジカが周辺に生息している30国立公園59地区のうち，41地区（69%）でシカによる自然植生への影響が報告されている。具体的な影響としてあげられているのは，採食や踏圧による湿原の植生への攪乱，嗜好植物の減少と不嗜好植物の増加，樹皮剥ぎによる特定樹種の激減と更新阻害などである（環境省自然環境局 2019）。日本植生学会が実施したニホンジカによる日本の植生への影響アンケート調査（2009～2010）によれば，影響はシカの分布域全域の海岸から高山まで，植生のタイプを問わず認められ，ニホンジカが生息し始めてからの時間が長く，積雪期間が短く都市域面積が少ない地域において，最も強い影響が確認されている（Ohashi et al. 2014）。

(2) 農業被害

　大型獣による農業被害面積（図2.5 a）は，1980年代にはイノシシが主でシカの被害はわ

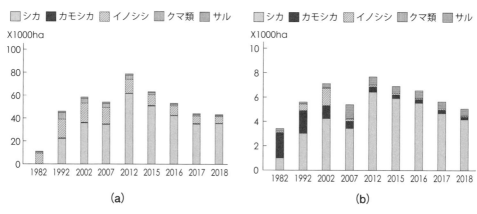

図 2.5 大型獣による農業被害面積 (a)，および林業被害面積 (b) の推移 (1982〜2018 年度)
（出典 (a) 農林水産省資料，(b) 森林・林業統計要覧）

ずかであった。しかし，1990 年代になるとシカの被害面積はイノシシのそれを上回るようになった。被害面積は 2012 年度に最大となったが，その後減少に転じている。野生鳥獣による農作物被害額は，2010 年度の 239 億円から 2018 年度の 158 億円と減少傾向にあるものの，依然と高い水準にあり，全体の 7 割がニホンジカ，イノシシ，ニホンザルで占められ，とりわけニホンジカ（34%）とイノシシ（30%）が高い割合を占めている。

農作物被害の減少は，侵入防止柵の設置などの策がある程度の効果をもたらしたことにもよるが，耕作放棄地の増加（図 2.1）にもみられるように，農業が行われなくなったことも反映していると考えられる。

(3) 林業被害と森林被害

林業被害をもたらす加害獣としては時代とともに，拡大造林期の野ネズミ類とノウサギ類からニホンカモシカ，そしてニホンジカへと交替した。その背景には，林業の施業形態や林業政策に応じて，それぞれの種に好適な環境がその時代に広がったことに加え，里山の利用低下が野生動物にとって好適なハビタットを広げたことにもあると指摘されている（小池ら 2019）。

シカによる森林被害は 1990 年代に入ってから顕在化した。近年では，全国の森林の約 2 割でシカによる被害が発生しており，被害面積は年間約 6〜7 千ヘクタールに達している。野生鳥獣による森林被害のうち，約 8 割がニホンジカに起因するもので（図 2.5 b），新植地の食害や剥皮による材質劣化などの林業被害にだけでなく，下層植生の食害や踏みつけによる土壌の流出などの被害もめだち，国土保全，水源涵養等の森林がもつ公益的機能の低下や，森林が提供し得る潜在的な生態系サービスの低下が危惧されている（林野庁 HP）。

(4) 列車事故・交通事故

北海道ではシカの分布拡大と生息数の増加が，北海道東部，西部，南部の順に起こった。それにともない，列車事故・交通事故も，北海道東部，西部，南部の順で増加している（図 2.6）。年間の列車事故発生件数は 1990 年代には北海道東部を中心に 500 件レベルであったが，2010 年頃には 2000 件にまで増加し，2011 年以降には 2,500 件レベルで推移している。近年は，西部地域が東部地域を上回るとともに，道南部においても徐々に増加し

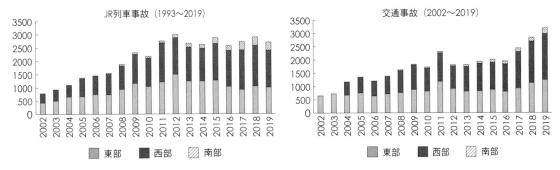

図 2.6　エゾシカの JR 列車事故件数（2002～2019 年度），**および交通事故件数**（2002～2019 年度）
（出典　エゾシカ対策有識者会議（生息状況評価部会））

つつある。

　年間の交通事故発生件数は 2000 年代の初め頃には 500 件程度であったが，2008 年以降には毎年 1,600 件を超えている。列車事故と同様に，東西部が東部を上回り，道南でも徐々に増加している。北海道内のエゾシカと自動車との衝突事故の実態調査が事故の多発する 10 月と 11 月に実施されている（日本損害保険協会北海道支部 2018）。2018 年には 10～11 月の保険金支払件数は 884 件，支払額は 4 億 2,627 万円となった。当該年度中に発生したエゾシカとの衝突事故 2,430 件のうちの 31.2％がこの季節に生じていることから，この年度の保険金支払総額は，13 億 6,625 万円と試算される。

(5) 生態系への影響

　大型獣のなかで生態系への影響が最も顕著なのは，植物を選択的に採食することによって種組成や植生構造を変化させるニホンジカである（Takatsuki 2009）。とりわけ顕著な影響は高山植生でみられる。南アルプスでは 1996 年頃からニホンジカの植生への影響が確認されるようになり，一部の地域では植生の変質や土壌の流出など摂食や踏圧の影響が増大している。たとえば，四国の剣山系の三嶺一帯では 2007 年頃からササ原がニホンジカの採食によって消滅して裸地化が進行し，斜面から土砂の流出が生じたほか，希少植物への食害，樹皮の剥皮による枯死木の増加，不嗜好植物の増加も生じている（依光 2011）。しかし，高山という厳しい自然条件のなかで，アクセスが悪く，人的・資金的コストも大きいため，捕獲には困難が伴う（長池 2017）。

　このようなニホンジカによる過採食による植生への影響は，**カスケード効果**をもたらし，そこに生息する広汎な生物に強い影響を与える。ニホンジカの高密度化による下床植生の衰退や糞の増加などの直接・間接の効果によって，栃木県日光地域における繁殖期の鳥類群集（奥田ら 2013），昆虫の個体群や群集（高木 2017）ならびに中大型食肉目（關 2017）への，複雑な影響などが報告されている。鳥類群集では，ニホンジカの高密度化に伴う下層植生の衰退は，ウグイス類やムシクイ類などの営巣および採食環境の劣化をもたらすことで負の影響を，樹皮剥ぎの増加は枯死木を増加させて，枯死木を営巣や採食に利用する樹洞営巣型や樹幹採食型の鳥種に正の影響をもたらしている（奥田ら 2013）。昆虫への影響では，直接的捕食，餌資源を介した間接的影響，生息環境の改変などによる負の影響のほか，ニホンジカの採食後の植物の形質変化（総フェノール含有率の低下）を介した間接的影響なども知られている（高木 2017）。中大型肉食目に対しては，ニホンジカの死体がタ

ヌキの食物資源となっており（正の直接効果），糞量の増加は，タヌキの餌となるミミズ類と昆虫類を増加させている（正の間接効果）（關 2017）。アナグマに対しても同様の影響が認められている。いっぽう，ササの採食によるササの衰退によってネズミ類は減少傾向にある（小金澤ほか 2013）。

> ☞アドバイス　カスケード効果とは食物連鎖をとおしてさまざまな栄養段階の生物へ波及的に影響が及ぶことをいう。

(6) 野生動物の疾病と感染症の伝播

シカなどの野生動物の増加はマダニの増加をもたらし，ダニ媒介感染症（ライム病，日本紅斑熱，重症熱性血小板減少症候群（SFTS）などのヒトへの感染リスクを増加させる。**都市型野生動物**（アーバン・ワイルドライフ）は，市街地周辺にマダニを拡散するおそれがある。CSF（豚熱）は，わが国では 26 年ぶりに 2018 年 9 月に岐阜県の養豚場で確認され，その後 13 県の養豚場の豚および 24 都府県において野生イノシシの CSF の陽性が確認され（2021 年 6 月時点），隣接県を含め合計 30 都府県がワクチン接種推奨地域に指定されている（農林水産省消費・安全局動物衛生課 HP）。このような事例も増えており，感染症対策も野生動物管理の重要な課題となっている（11 章を参照）。

2.3　野生動物管理の進め方

2.3.1　管理方法

効果的な野生動物管理を実施するためには，被害防除，個体数管理，生息地管理の 3 つの手法を統合的に組み合わせて実施する必要がある。これらの管理手法は，実施においては空間スケールの階層性への考慮が必要である。

地域社会の獣害対策としては，①地域に寄せ付けない（自分の田畑に誘引しないための「自助」），②柵の設置（集落単位などで協力して実施する「共助」），③加害個体の捕獲（市町村による有害鳥獣捕獲（駆除）「公助」）に加えて，④頭数のコントロール（都道府県による個体数調整「公助」）が必要となる（9 章参照　山端 2018）。①〜③までは地域スケールの対策であるが，大型獣は市町村の境界を越えて生息しており，周辺地域が高密度であれば，当該地域の田畑に侵入しつづけるニホンジカやイノシシを捕獲し続けなければならない。その問題の解決のためには，都道府県による地域個体群の密度低減のための個体数

> **コラム**　**野生動物の過増加とは何か？**
>
> 　野生動物の過増加（overabundance）（McShea et al. 1997）は，次にあげる 4 つの基準（Caughley 1981）があてはまる現象である。①人間の生命や生活を脅かす，②野生動物が「健康な状態で生存する」にはあまりにも多すぎる，③経済的または審美的に重要な種の密度を低下させる，④生態系の機能不全を引き起こす。
>
> 　①については，列車事故や交通事故，人獣共通感染症，②は密度増加に伴う餌資源制限が栄養不足による死亡率の増加や出生率の低下などの生活史の変化をもたらす，③は農林業被害など，④は土壌浸食や自然植生被害，種間関係を通じた生態系機能への影響が該当する。

管理が必要となる。複数県にまたがる個体群と生息地管理では，対象とする空間スケールはさらに大きくなり，都道府県の連携や国レベルの対応が必要となる。

　獣害対策においては，捕獲数をどれだけ増やすかという量的側面だけではなく，性や年齢構成などの個体の質にも留意が必要である。柵の設置や追い払いなどの地域主体の被害防除（①と②）を実施に加えて，③加害個体の捕獲（駆除）と，④個体数調整の実施が被害の低減のために必須である。

2.3.2　生態的特性に応じた管理

　野生動物は種によって，群れで生活するか単独性かの社会性，個体群成長，ハビタット利用様式などの**生態的特性**が異なる。それらの考慮は空間スケールにかかわらず対策において必要である。

　ニホンジカは群れをなし，**個体群増加率**が高く，農林業被害，生態系被害，交通事故など人間活動との軋轢が大きいことから，被害現場の対策に加えて，個体群管理が必須である（5章参照）。イノシシは単独性で繁殖率が高い一方，幼獣の死亡率が高く個体数変動が大きい。捕獲の効果が表れにくく，農業被害の低減には，侵入防止柵を設置し，その周辺の草刈などで生息環境を管理するだけでなく，被害に関係する個体の捕獲（小寺 2015），および高密度個体群の密度低減のための個体数管理を行う必要がある（5章参照）。クマ類は単独性で，ニホンジカやイノシシに比較して増加率が低く，個体群は捕獲に対して脆弱である。ブナ科堅果の凶作年に大量出没し，それが人身被害の増加と大量捕殺に繋がっている。個体群存続と被害低減の両方を図るために，ゾーニングと加害レベルを考慮した個体レベルの管理が必要となる（6章参照）。ニホンザルは群れで行動するため，群れごとの管理が求められる。加害する群れを特定し，的を絞った個体群管理（加害個体の捕獲，群れの規模の管理，群れ数の管理，分布域の管理）が必要である（環境省 2016）。ニホンザルの生態的特性を踏まえ「地域主体の被害対策」ならびに「群れ単位の個体数管理」については7章で詳述されている。

> ☞ヒント　　生態的特性とは，生物の形態的・生理的・表現的な特徴を指すほか，行動，環境への反応，資源（生息地）要求性，生態系内の機能，他の生物に及ぼす影響などの生態的特徴も含まれることもある。

2.3.3　順応的管理

　野生動物の管理に求められる最も基礎的で不可欠な情報は「個体数」である。しかし，野生で生息する野生動物の生息数を正確に数えることは非常に困難である。そのため，正確な生息数が不明で個体数が大きく変動する野生動物を対象に，不確実な情報に基づいて個体数管理を実施しなければならない。**順応的管理**は，不十分で不確実なデータしか得られない対象に対して，モニタリングを継続して，順応的学習（試行錯誤）とフィードバック管理の二つの方法を用いて継続的に管理方針と実践を改善していく方法である（Walter 1986）。

　順応的管理では，現状における生態系の理解を仮説として明確に定義し，管理の実行は，この仮説から生じる予測の検証のための「実験」とみなすことができる。農林業被害をもたらす野生動物の順応的管理においては，個体群の増減に応じて密度依存的に変化する**個体群指標**（体重，体サイズ，繁殖等）と**環境指標**（植生指標，農業被害額，交通事故等）を

生態的指標としてモニタリングに用いる。シカの管理計画の目標として，生息密度が掲げられている場合が多いが，生息密度そのものは何も生態的な情報を含んでいない。ニホンジカを生態系の構成要素として位置づけ，ニホンジカ個体群と生息地の相互作用を示す生態的指標を用いることが欠かせない。

例 題

野生動物管理に順応的管理のアプローチが重要なのはなぜかを述べよ。

　回 答　野生動物は絶対数や生活史パラメータを正確に知ることが困難なことから，系統的試行錯誤とフィードバック管理の2つを備えた順応的管理が必須のため。

演 習

野生動物管理における，農林業従事者，市町村，都道府県，国の役割分担と連携のあり方について述べなさい。

　回 答　被害防除には，農林業従事者は，①地域に寄せ付けない（自分の田畑に誘引しないための「自助」や，②柵の設置（集落単位などで協力して実施する「共助」）が求められ，市町村は柵の設置のサポートをするほか，③加害個体の捕獲（有害鳥獣捕獲（駆除）「公助」），都道府県は，④頭数をコントロールする（個体数調整「公助」）が求められる。国の役割は複数県にまたがる広域での管理に指導的な役割がある。

3. 野生動物管理に関わる法制度

　　　　日本の野生動物保護管理に関わる法制度は，明治時代に狩猟が市民に
　　　　開放され，乱獲により狩猟鳥獣が激減したことに端を発している。その
　　　　ため，保護を基本とするものであった。しかし，この20年間では，ニ
　　　　ホンジカやイノシシ等の大型獣の個体数が回復し，さらには過増加によ
　　　　る農林業被害問題が深刻になったことから，捕獲強化に重点が置かれる
　　　　ようになった。一方，鳥獣保護管理法の目的には生物多様性の保全があ
　　　　り，野生動物が生態系のなかに位置づけられるようになった。本章では，
　　　　現代社会の制度に影響を与えた江戸時代にはじまる近世以降の野生動物
　　　　保護管理に関わる法制度の歴史と課題を学ぶ。

3.1 江戸時代の野生動物政策と法律

3.1.1 殺生禁断の狩猟原則

　野生生物政策と法律に関する世界最古の成文法とされるのは，モーセによる法令である
申命記22.6にある「繁殖している鳥は守らなければならない」という文言である。野生
動物の地位について最初の言及は，ローマ帝国による無主物先占，すなわち「野生動物は
収獲されるまで誰にも所有されない自然の要素である」とされている（Leopold 2018）。野
生動物管理制度についての最古の記録書は，1300年代のマルコポーロの報告にみられ，
元王朝初代皇帝クビライハーン（1259～1294年）は4つの管理オプション：増殖のための
捕獲規制，餌場の設置，冬季の給餌，動物の隠れ場所の茂みの管理を採用していたとの記
述がある（Leopold 1933）。

　日本の最初の狩猟法制は天武天皇によるもので，漁業や狩猟をする者に対し，檻や落と
し穴，仕掛け槍の使用禁止，4月から9月までの簗（やな）による魚の捕獲禁止，牛・馬・
犬・猿・鶏の肉を食することの禁止（日本書記巻29），月六斎日皆断殺生制（仏教の六斎日
（ろくさいにち）の合計6日間に限り殺生をやめて狩猟を抑制する狩猟原則（大宝律令701
年））が定められた。この**殺生禁断**の狩猟原則は，江戸時代が終わるまで1170年余りの間
維持されたとする見方がある（小柳 2015）。

　江戸時代は平安時代以降700年にわたる戦乱の不安定な時代が終焉し，以後260年以上
続く長期安定政権のもと各地で新田開発が行われた。森林資源が枯渇して全国にはげ山が
広がったこともあり，獣害が激化した時代でもあった。徳川政権は，鉄砲の使用を厳しく
取り締まる一方で，農民は鳥獣害を防ぐのに最も効率よい農具として鉄砲の使用を求めて
幕府との攻防を繰り返し，農民は武士よりも多くの鉄砲を所持していた（武井 2010）とさ
れる。正式な登録なしに所持されていた隠し鉄砲については，幕府は，銃を取り上げるこ
となく，厳格な審査を行って追認していた（武井 2010）。農民による銃の所持の重要性を
為政者が認識していたからであろう。

　次項では，鉄砲の規制と利用，狩猟と駆除がどのような政策と法律のもとで行われていたのかを概観する。

3.1.2　徳川幕府の狩猟

　江戸時代の狩猟は，天皇・公家，石高一万石以上の藩主，ならびに許可を得た猟師にのみ認められていた（小柳 2015）。

　鷹狩は古来，支配者層の狩猟の主な形態であった。徳川政権は古代天皇家の御鷹支配を引き継ぎ，鷹狩の獲物としての鳥獣の保護や鷹巣の育成のための御巣鷹山を直接あるいは大名を通じて間接的に管理した（塚本 1993）。綱吉の時代になると，鷹統治政策の全体が改革され，放鷹廃止，鷹儀礼の縮小，鷹場の廃止，御留場（鷹餌を確保するために設けられた禁猟場所）も縮小された。やがて鷹狩自体が廃止されたが，吉宗の時代には関東に限定して復活した（小柳 2015）。

　徳川政権では鷹狩が統治政策の一環として継承され，ニホンジカ，イノシシの大規模な巻狩が実施された（表3.1）。この大規模な巻狩は，幕府の役人，地方の役所，一帯の村々の人々が動員され，権力を示すとともに軍事訓練に加えて，害獣駆除としての意味もあった（中澤 2011）。巻狩の記録によって，16世紀半ばには江戸の中心部にも原野が広がってニホンジカがたくさん生息していたこと，小金原（千葉県松戸市）の猟場では，吉宗の行った1725年と1726年の巻狩ではそれぞれ826頭，470頭のニホンジカが捕獲されたことも記されている。しかし，家斉の1795年の巻狩では7万人以上もの人々が動員されたにもかかわらず捕獲数は著しく少なかったとされる。さらに時代をくだった家慶の1849年には，捕獲はいっそう少なく，生息数の著しい減少がうかがえる（中澤 2011）。

　明治維新後に小金原の一部は習志野と命名され，軍の演習場と皇室の御猟場となったが，鳥獣の被害がひどく住民はご猟場の解除を願ったという。しかし，大正時代まで猟場は皇族・華族，政治家の狩猟の場として利用された。

表3.1　徳川将軍による巻狩（中澤 2011 より作成）

年月日	実施者	場所	大型獣の捕獲数	動員人数
1610 年 2 月 16 日	徳川秀忠	三河 大久保山・蔵王山（愛知県）	鹿 20 ＋	2 万人
1610 年 2 月 17 日	徳川秀忠	三河 大久保山・蔵王山（愛知県）	鹿 240，猪 22	2 万人
1612 年 2 月 3 日	徳川家康	遠江（静岡県西部）	猪 20〜30	5〜6 千人
1618 年 11 月 26 日	徳川秀忠	江戸（東京板橋付近）	鹿 31	
1625 年 11 月 30 日	徳川家光	江戸 牟禮能城山（三鷹市）	鹿 43	
1634 年 3 月 20 日	徳川家光	江戸（東京板橋付近）	鹿 13	
1635 年 10 月 7 日	徳川家光	江戸（東京板橋付近）	鹿 500 ＋	
1644 年 3 月 22 日	徳川家光	江戸（東京杉並区北西部）	猪 16	
1725 年 3 月 27 日	徳川吉宗	小金原（千葉県松戸市）	鹿 826，猪 5，狼 1	2 万人
1726 年 3 月 27 日	徳川吉宗	小金原（千葉県松戸市）	鹿 470，猪 12，狼 1	2 万人
1795 年	徳川家斉	小金原（千葉県松戸市）	鹿 95，猪 13	7 万人以上
1849 年	徳川家慶	小金原（千葉県松戸市）	鹿 19，猪 95	

3.1.3　藩による狩猟・有害駆除

秋田県男鹿半島のニホンジカは，秋田家領のころに狩り尽くされたのちに，二代藩主佐竹義隆がシカ雌雄4頭を武具の材料の皮革を得るために放逐したところ，その30年後までにニホンジカの数が増え，農作物被害が深刻となった。藩に雇用された「阿仁マタギ」や「船岡村猟師」の雇猟師が，12月から2月の冬季に捕獲を実施し1706年から1772年の約60年間に，数千人の勢子とともに，1772年の27,000頭を筆頭に，合計60,943頭を捕獲したとの記録も残っている（小柳 2015）。男鹿半島ではその後も再導入が繰り返されたものの，現在では生息が認められない。

伊達仙台藩では，藩御用の**マタギ**と在屋のマタギの合計1,000名がおり，1650年には伊達忠宗は勢子2,500余名を動員して蔵王山麓で大巻狩を行い，鹿3,000頭あまりのほか，猪，熊，羚羊100余頭が捕獲されたという（いいだ 1996）。

対馬では，陶山訥庵の指導による猪鹿追詰事業が行われたことが記録されている（長崎県農林部 2011）。1700年から1709年までの10年間に島民のべ23万人が動員され，対馬全域に柵を設置して区画分けが行われ，草木を刈り払い燃やしてイノシシの隠れ場所をな

コラム　対馬のその後のイノシシとニホンジカ

根絶されたとされるイノシシは1994年に成獣1頭が目撃され，1998年には被害が全島に及ぶようになった。1995年度には1頭が捕獲されたが，捕獲数は年々増加し，2012年度にはその数が6千頭台に達した。その後の年間捕獲数は3,000〜5,000頭で推移し，2018年度までの24年間で合計65,931頭が捕獲された（図3.1）。この数値と比較すると，江戸時代に実施された猪鹿追詰事業における捕獲圧がいかに大きいものであったかがわかる。

シカは1966年に長崎県の天然記念物指定となり，狩猟及び有害鳥獣捕獲等は一切禁止された。しかし，1970年代になると農林業被害が目立つようになり，1981年に有害鳥獣捕獲が再開された。1983年に天然記念物指定が地域（302 ha）に限定され，2006年にはすべて解除された。

捕獲数の推移をみると，対馬藩による「大催鹿狩」では，初年度から3,000頭レベルの捕獲圧をかけたとされるが（図3.1），現代では，この数値は駆除を開始してから30年あまり，特定計画制度が始動してから20年経過した2012年にようやく達成された。それは，農業が基盤産業であった江戸時代には，農業従事者が人口のほとんどを占めており，捕獲に大量の人員の動員が可能だったことによるものとされる。一方，対馬での捕獲開始時は，島内に居住する約170人の狩猟者による駆除に依存していたため，江戸時代の捕獲圧には遠く及ばなかった（常田ら 1998）。

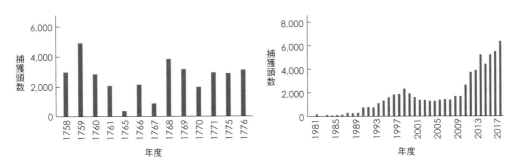

図3.1　**対馬における江戸時代（1758〜1766）のニホンジカの捕獲数**（対馬藩「毎日記」環境省対馬野生生物保護センター 1998），**および現代（1981〜2018）のニホンジカの捕獲数の推移**（長崎県農林部 2011）

くし，合計イノシシ8万頭を捕獲して根絶させた。ニホンジカは資源利用を考慮し根絶はさせなかったが，後に大増殖をみたため，対馬藩は「大催鹿狩」を実施し，1758年から1773年までの16年間に合計33,415頭を捕獲した。最も多い年には5千頭弱が捕獲されたと，記録されている（環境省 対馬野生生物保護センター 1998）。

3.1.4 猟師による狩猟

　豊臣政権が実施した，民衆の武装解除ともいうべき「刀狩令」によって鉄砲も没収されたが，相当の数の鉄砲が村々に隠匿されたとされる。1687年には，徳川綱吉の幕府は，「諸国鉄砲改め」を命じ，鉄砲の使用を用心鉄砲（実弾・治安用），おどし鉄砲（空砲・害鳥獣用）および猟師鉄砲（実弾・狩猟用）に限定し，ほかのすべての銃の没収を命じた。この全国規模の鉄砲取り締まりにより，17世紀末には村方には武士層のもつ以上の鉄砲があったことが明らかにされた。鳥獣害に対しては空砲のおどしでは効果がないため実弾使用が認められ，村が猟師を雇用し，庄屋が鉄砲を所持することが認められた。鉄砲は鳥獣害を防いで農耕を営む上で不可欠な用具であった（塚本 1993）。

　鉄砲改めと**生類憐みの令**の時代として知られる江戸初期には，獣害防除は幕府鉄砲方がみずから出向いて行った。しかし，全国的に広がる獣害対策は不可能であった。そこで，私領の村々では，猪・鹿・狼等の害がある場合には，諸領主が幕府鉄砲方の機能を代行し，実弾によって害獣を討ち取り，事後に幕府に報告した（塚本 1993）。しかし，獣害に対応できるほどの機動力は武士団にはなく，農民は生産手段としての鉄砲に依存する必要があった。このため，おどし鉄砲のほか猟師鉄砲が容認され，猟師鉄砲所持者として農業兼業者のほか専業の猟師が登録された（塚本 1993）。江戸時代の獣害防除は，鉄砲の利用規制の緩和とともに，管理主体が国家から藩へ，そして農民へと移行した。また，猟師のみが捕獲した野生鳥獣の肉や毛皮の利用を許され，猟師以外の者が害獣防除によって捕獲した動物については，その肉・皮の利用は禁止され，埋設が命じられていた（塚本 1993，小柳 2015）。

　近世末期に農業被害が激化した村々が対策のために専門的技術をもつ猟師を雇い入れたことがきっかけとなり，東日本の山岳地帯を中心にマタギと称される専門的狩猟技術者が生まれた。捕獲した獲物の交換換金システムと販路の整備に伴い，旅マタギと称される出稼ぎ狩猟を行うようになった（田口 2004）。

3.1.5 江戸時代の自然資源利用の変遷と獣害の拡大

　江戸時代には，人口増加にともない全国規模（ただし北海道と沖縄を除く）の新田開発によって低湿地や平野部の森林が切り払われ，それが農業への獣害が激化した主要な要因の一つとされている。一方，沿岸の集落では漁業の不振が森林からの薪採取の増加と畑地開発を通じて獣害を拡大させた事例もある。

　駿河湾北東最奥部に位置する内浦湾沿岸地域では，回遊するカツオ・マグロを対象に「待ち」の漁業を行っていたが，およそ40年を周期とする資源変動がもたらした不漁期には，その経済的不足を補うべく薪などの森林資源の採取が重要な生業となった。次の不漁期に備え，薪を採取する森林が山地域に広がり，森林の一部では畑地が開発された。その結果，イノシシによる被害が年々激化し，不漁に見舞われるたびに，防除対策が強化された（高橋 2018）。17世紀末から18世紀前半には，イノシシの好まない作物の品種の栽培や猟師の雇い入れ，頻繁な年貢の軽減の願いなど，18世紀後半には，大規模な矢来型（竹

や丸太で造った仮設物）の猪垣の整備，19世紀には土居（土でつくった堤）による強化が資料から示されている。村で雇用する猟師や猪垣には村入用（村費）があてられ，獣害防除対策が公助としての重要性をもっていたことを示唆する。

上記のように，江戸時代の狩猟は，幕府や藩などの支配者によるもののほか，恒常的な農業被害に対する防除と捕獲個体の肉・毛皮は利用のための民間の狩猟も行われた（常田2015）。一方，獣害対策の実施主体が，幕府から藩，そして村へと変わり，狩猟によって得られた野生動物が飢饉や不漁のおりの代替資源となっていたことも注目される。また，幕府による厳しい鉄砲取締りに対しても，農具としてもっとも有効とされた鉄砲を農民が手放さなかった（武井2010）ことも特筆される。

> ┌ 例 題 ─────────────────────
> 江戸時代に獣害が激化した理由を述べよ。
>
> 　回 答　人口増加による新田開発と森林伐採が拡大し，野生動物の生息地が減少するとともに被害対象地域が拡大したため。
> └──────────────────────────

3.2　近代の野生動物政策と法律

3.2.1　近代の狩猟と鳥獣保護管理に関わる法の変遷

明治時代に入ると，高性能の村田銃の普及，国際市場で売りさばくための毛皮獣の**商業狩猟**，日清日露戦争による軍用毛皮の需要の高まりなどが要因となり大乱獲が生じた。鳥獣は激減し，東北地方においては，ニホンジカやイノシシが根絶された（2章参照，田口2004）。

昭和の世界大戦を迎えると毛皮および肉が重要な資源として狩猟対象となり，戦後の食糧難の時代には，駆除した鳥獣の肉の有効活用が図られた（赤坂2013）。

近代になると，鳥獣が減少したことで被害防除目的の狩猟が大幅に減少した。それに加えて，1960年代以降には化学繊維の普及により毛皮を目的とする商業狩猟も終焉した。野生鳥獣肉の需要が一時拡大したものの，畜産製品の輸入が増加すると**レクリエーション狩猟**が盛んになった（常田2015）。

1960年代までは野生鳥獣の減少傾向が継続する一方で狩猟人口はむしろ増加し，狩猟事故が頻発した。また，天然記念物に指定されたニホンカモシカ密猟事件も起こった（赤坂2013）。1960年代半ばの燃料革命以降，わずか数十年での森林資源の復活，法整備による保護政策，大型獣の増加に寄与する生息地の改変，捕食者や狩猟の減少などの要因が複合的に作用し，ニホンジカ，イノシシなどの大型獣の分布拡大と生息数の激増が生じた。その結果，農林業被害が増加した（2章参照）。1970年代に盛んになったレクリエーション狩猟は，狩猟者の高齢化と減少によって衰退するようになり，それ以降今日まで，被害防除としての狩猟と公共事業的狩猟が優勢になっている（常田2015）。

このような野生鳥獣をめぐる変化に呼応した近代の鳥獣に関する法制度の変遷を表3.2にまとめた。また，近代の鳥獣保護法制の変遷については4時期に区分し，赤坂（2013）および常田（2015），環境省自然環境局野生生物課鳥獣保護管理室（2017）を参考に表3.3にまとめた。

1999 年の鳥獣法改正以降に，野生動物保護政策から個体数管理への大転換が図られた主要な理由を述べよ。

回 答　人口縮小にともなう土地利用の変化などから，大型獣の分布拡大と生息数の増加があり，農林業被害が深刻となったため。

表 3.2　野生動物管理に関わる法律の変遷

年	法律・法令名 (概要)
1873 (明治 6)	鳥獣猟規則の制定 (狩猟者を職業的狩猟者 (職猟) と一般狩猟者 (遊猟) に区分，有害鳥獣の対処は地方官に委譲，全ての鳥獣の狩猟が可能)，銃猟禁止区域 (人家周辺・田畑)
1892 (明治 25)	狩猟規則の制定 (狩猟方法に銃器のほか網などが加わる，危険猟法の禁止，私設猟区制度，保護鳥獣の指定，学術研究・有害鳥獣駆除の捕獲を地方長官の特別許可制)
1895 (明治 28)	**狩猟法** (旧) の制定 (職猟と遊猟区分廃止，地方慣行による共同狩猟地を国の免許制，私設猟区制度の廃止)
1901 (明治 34)	狩猟法 (旧) の改正 (ローマ法無主物先占による自由狩猟が採用される，禁猟区制度の創設，地方長官による銃猟禁止区域の設定)
1918 (大正 7)	狩猟法 (旧) の全部改正，現行法の骨格となる狩猟法の制定 (狩猟鳥獣の指定，共同狩猟地制度の廃止，国，都道府県，郡又は市町村による猟区制度)
1950 (昭和 25)	占領行政下における狩猟法改正 (狩猟鳥の種類を半減して 21 種，狩猟獣からカワウソ，ヤマネコ，サル，メスジカの 4 種を除く，鳥獣保護区制度の創設)
1958 (昭和 33)	狩猟の適正化等 (狩猟者講習会制度，鳥獣審議会を農林省に設置)
1963 (昭和 38)	**鳥獣保護及狩猟ニ関スル法律 (鳥獣保護法)** への改称等 (都道府県知事による鳥獣保護事業計画制度創設，都道府県別免許制度，禁猟区制度廃止，鳥獣保護区特別保護地区制度，休猟区制度)
1971 (昭和 46)	環境庁への移管 (鳥獣保護法の所掌は農林省から環境庁へ移管，自然環境保全法制定)
1978 (昭和 53)	鳥獣類及び狩猟の適正化 (狩猟の場の議論，狩猟免許の全国免許制と都道府県ごとの狩猟者登録制度，国及び地方公共団体以外の者も環境庁長官の許可で猟区設定が可能になる)
1999 (平成 11)	**特定鳥獣保護管理計画制度 (特定計画制度)** の創設及び地方分権 (科学的・計画的管理の開始，鳥獣の捕獲許可は原則として都道府県が行う自治事務，市町村にも委譲可能)，環境省への改組
2002 (平成 14)	法律のひらがな書き口語体化等に伴う鳥獣保護法全部改正 (口語体の現代文に改正，野生動物は狩猟鳥獣から非狩猟鳥獣に拡大され，法律の目的に生物多様性の保全が加わる)
2006 (平成 18)	狩猟規制の見直し (休猟区における特定鳥獣の狩猟の特例，「網猟免許」と「わな猟免許」に区分変更，捕獲数制限のための入猟者承認制度の創設，鳥獣保護区における保全事業の実施
2007 (平成 19)	**鳥獣による農林水産業に係る被害防止のための特別措置に関する法律 (鳥獣被害特措法)** に伴う一部改正 (市町村長へ捕獲許可制限の委譲)
2014 (平成 26)	題目・目的等の改正，**指定管理鳥獣捕獲等事業**の創設等 (**鳥獣の保護及び管理並びに狩猟の適正化に関する法律 (鳥獣保護管理法)** に名称変更と鳥獣の「保護」及び「管理」の定義の規定，特定計画制度の区分変更 (希少獣鳥獣保護計画・特定希少鳥獣保護管理計画 (国)，第一種・第二種特定計画 (都道府県))，**指定管理鳥獣捕獲等事業**の創設，認定鳥獣捕獲等事業者制度の導入)，住居集合地域等における麻酔銃猟の許可，網猟・わな猟免許取得年齢引き下げ

表 3.3　明治期から現代までの鳥獣保護行政の時期区分とその特徴

第 1 期：1873（明治 6）年の鳥獣猟規則制定から 1918（大正 7）年の改正狩猟法前まで

- ・狩猟制度の法制化に向けて，基本的な形を形成するまでの試行錯誤
- ・無主物先占の乱場制と免許制度が狩猟の基本として定着，狩猟の安全性確保，狩猟鳥獣の捕獲制限措置強化と保護鳥獣指定の増加
- ・鳥獣の保護繁殖のための禁猟区制度の創設
- ・有害鳥獣駆除は地方官に委ね，被害状況調査をもとに駆除捕獲期限と区域を定めるなど現在の有害鳥獣駆除事務と同様の方針の策定

第 2 期：1918（大正 7）年の狩猟法改正から 1963（昭和 38）年の狩猟法改正（鳥獣保護及狩猟ニ関スル法律に改称）前まで

- ・江戸時代の狩猟慣行が姿を消し，捕獲を禁ずる鳥獣の指定などから狩猟鳥獣を指定する（1918 年）など，現行制度への道筋を示す，近代の鳥獣保護法の嚆矢
- ・鳥獣保護区制度の発足，保護鳥獣の大幅増加と狩猟獣からの 4 種（サル・カワウソ・ヤマネコ・メスジカ）除外など鳥獣保護繁殖のための措置の強化

第 3 期：1963（昭和 38）年の狩猟法の鳥獣保護法への改正から 1999（平成 11）年の改正まで

- ・「狩猟法」が「鳥獣保護及狩猟ニ関スル法律（鳥獣保護法）」に変更され，鳥獣保護事業と狩猟規制を通じて，鳥獣の保護増殖・有害鳥獣駆除・狩猟事故の予防を図ることによって，「（人間の）生活環境の改善と農林水産業の進行を行うこと」が法律の目的に決定
- ・都道府県知事が鳥獣保護事業計画を作成。狩猟免許を全国から都道府県ごとに限り，入猟税を課すことがその財源

第 4 期：1999（平成 11）年の鳥獣保護法改正以降

- ・保護から管理への方針転換がはかられ，都道府県による科学的な野生動物管理の開始
- ・特定鳥獣保護管理計画（特定計画）制度として，著しく増加あるいは減少している種の地域個体群を適正水準に導くために，都道府県が策定する任意計画制度の創設
- ・捕獲許可等制限が国から都道府県に委譲されさらには市町村にも委譲可能となり，野生動物管理における市町村の役割の増大
- ・法律の目的に生物多様性の保全が加わり，野生動物管理を生物多様性保全のなかに位置付け
- ・2014 年の鳥獣法改正においては，法律名に「管理」を加え，個体数管理を明確に位置付け，環境大臣が広域的，集中的に捕獲を進める必要のある鳥獣に対して国・都道府県が捕獲等の事業主体として実施する「指定管理鳥獣捕獲等事業」ならびに，あらたな捕獲の担い手が参入可能な「認定鳥獣捕獲等事業者制度」の創設
- ・法律上「保護」は生息数もしくは生息地を適正な水準まで増加または維持すること，「管理」はそれらを適正な水準まで減少させることとされ，特定計画は「保護」を行う場合には「第一種特定鳥獣保護計画」，「管理」を行う場合には「第二種特定鳥獣管理計画」と区分
- ・国が実施する希少種対策として，希少鳥獣保護計画と，局所的に過増加によって被害をもたらす地域個体群を対象とする特定希少鳥獣管理制度の創設

3.3 個体数管理の視点からみた現行法の課題━━━━━━━━━━━━━━━━━━

　欧米の野生動物の個体群管理や持続的な狩猟は，モニタリングに基づいて，猟区や管理ユニットごとに捕獲目標頭数を決定する**レクリエーション狩猟**によって実施されている（4章参照）。一方，日本では野生動物の捕獲は，狩猟と狩猟以外のさまざまな許可捕獲および指定管理鳥獣捕獲等の事業により重層的に行われており，捕獲数割り当ての仕組みを欠き，管理の実施主体がさまざまで複雑な様態をなす。その課題を次項で紹介する。

3.3.1　乱場制と自由狩猟

　日本では野生動物が無主物（無主の動産）とみなされており，捕獲した者が所有者となる「無主物先占」（表3.3）に基づき，土地の所有権にかかわらず狩猟が行える自由狩猟が原則とされている。乱場という用語は，鳥獣保護区や禁猟区，所有者による立ち入り制限など狩猟が禁止される場所に対して，狩猟のために立ち入りができる場所を意味するとともに自由狩猟の根拠規定として用いられてきた（小柳 2015）。

　狩猟の場（可猟区域）をめぐる議論は，明治時代に狩猟法を制定する際に始まり，戦後までしばしば繰り返された。1892（明治25）年に私設猟区制度が創設されたものの，一部の狩猟者に限定した排他的な利用が見られたことなどの理由で，3年後に成立した狩猟法では廃止されている（表3.2）。

　狩猟の場に関する検討において考慮されたのは，ドイツの**猟区制度**である。ヨーロッパではフランス革命以降，土地所有権にかかわらず王侯貴族が排他的狩猟を行う狩猟特権が廃止され，狩猟を行う権利は土地所有者に限定された。しかし，狩猟者が増え乱獲で野生動物の生息数が激減したため，新たに狩猟行使権を設けて，猟区の設定には一定面積が必要との制限が加えられた（野島 2010）。ドイツをはじめヨーロッパではこのような猟区制をとっている国が多く，猟区ごとに捕獲数を割り当てることで持続的に狩猟を行う仕組みとなっている。

　日本での狩猟法を立法する際には，土地所有者に限定される狩猟権という考えが特権階級や金持ちによる猟場の独占につながる封建的ものである，との見方により，乱場が導入された（高橋 2008，小柳 2015）。その後，1978年の鳥獣法改正時に最重要検討課題として，自然環境保全審議会で，狩猟の場のあり方の審議が行われたが，意見の一致をみることができなかった。答申には狩猟の有する有害鳥獣駆除機能等から現行制度を維持するものと，狩猟に対して批判的な立場からは，狩猟は指定された可猟地域のみ可能，猟区でのみ可能とする，という3つの意見が併記された（高橋 2008）。

　このように狩猟の場に関して，有害鳥獣駆除機能の効果を発揮するための現行の乱場を維持する立場と，ゾーニングを導入して，狩猟に制限を加えるべきであるとする立場がある。しかし，次項で述べるように，さまざまな事業に基づく捕獲区分，管理主体などによって捕獲が実施されており，現行の乱場制と自由狩猟には，持続的な狩猟や個体数管理に必要な制度として必要な，猟区や管理ユニットごとに捕獲目標頭数を決定し，割り当てるという仕組みが欠落している。

3.3.2　捕獲区分と管理主体の複雑さ

　1999年の法改正以前の捕獲は，狩猟および**有害鳥獣捕獲**（許可捕獲）によって行われていた。狩猟は猟期にリクリエーションや趣味の一環として実施されるのに対し，有害鳥獣

捕獲は原則的に被害を与える個体を間引くことを目的とする。特定計画制度（表3.3）ができてからは，これらに**個体数調整**（許可捕獲）が加わり，計画に基づく個体数管理が実行されるようになった。県によっては狩猟に対しても補助金を交付するところもある。2014年の改正では，新たに「指定管理鳥獣捕獲等事業」と「認定鳥獣捕獲等事業者制度」が加わった（表3.4）。

　鳥獣法とは別に，2007年には議員立法により，**鳥獣被害特措法**が策定された。鳥獣被害特措法は，市町村が被害防止計画を策定して管理を実行し，都道府県は策定市町村に対し，有害鳥獣捕獲（許可捕獲）の許可権限を委譲するというものである（表3.4）。国や県の財政的な支援，市町村による「鳥獣被害対策実施隊」の設置，民間人の隊員の非常勤市町村職員化，隊員の狩猟税の軽減，被害防止に必要な調査の実施，鳥獣の生息状況などの定期的な調査を実施するための鳥獣保護法改正などが盛り込まれ，被害の現場を抱える市町村が主体的に被害防止に取り組める仕組みとなった。2021年の一部改正法においては，捕獲等の強化のために都道府県が市町村と連携して広域な有害鳥獣捕獲等を実施することが明記された。

　このような経緯により現在，日本の野生動物管理に関わる法制度は，環境省所管の特定計画制度（都道府県）と農林水産省所管の鳥獣被害特措法（市町村）によるもののが併存している。その結果，異なる実施主体（国・都道府県・市町村）によって多様な捕獲事業が，互いに重なり合う実施区域において重層的に実施されている。この問題を解決するために，

表3.4　鳥獣捕獲の枠組みの違い（環境省 2016）

分類	狩猟 （登録狩猟）	狩猟（登録狩猟）以外			
		許可捕獲			指定管理 鳥獣捕獲等事業
		学術研究， 鳥獣の保護， その他	鳥獣の管理 （有害捕獲）	鳥獣の管理 （個体数調整）	
目的		学術研究， 鳥獣の保護， その他	農林業被害等 の防止	生息数または生息範囲の抑制	
対象鳥獣	狩猟鳥獣（48種） ※卵，ひなを除く	鳥獣及び卵		第二種特定鳥獣	指定管理鳥獣（ニホンジカ・イノシシ）
捕獲方法	法定狩猟	法定猟法以外も可 （危険猟法等については制限あり）			
実施時期	狩猟期間	許可された期間 （通年可能）			事業実施期間
実施区域	鳥獣保護区や休猟区等の狩猟禁止の区域以外	許可された区域			事業実施区域
実施主体	狩猟者	許可申請者	市町村等	都道府県等	都道府県 国の機関
捕獲 実施者		許可された者			認定鳥獣捕獲等 事業者等
必要な 手続き	狩猟免許の取得 狩猟者登録	許可の取得			事業の受託

市町村の被害防除のために実施する有害鳥獣捕獲と都道府県の実施する広域の個体数管理を**補完性原則**に基づいて整合的に実施することが提案されている（日本学術会議 2019）。

　補完性原則とは，国が都道府県に，都道府県が市町村に権限を分け与える従来のトップダウンの原則から，住民にもっとも身近な市町村に権限を集約し，市町村の対応が困難な場合にはより上位の都道府県や国が補完するというボトムアップの原則である。市町村の主たる役割は農地に侵入する有害鳥獣の駆除（市町村による許可捕獲）によって被害を軽減することが最優先されるべきであり，農水交付金の目的もそこにある。一方，都道府県の主たる役割は個体数調整によって田畑に侵入する野生動物の圧力を低減することにある。したがって，補完性原則に基づく捕獲数割り当て方法は，市町村が実施する捕獲（有害鳥獣捕獲・場合によっては個体数調整）は都道府県の個体数調整と補完して実施され，捕獲数の不足分については，**指定管理鳥獣捕獲等事業**で都道府県が実施することになる。この補完性原則は，実施施主体の階層性と対象とする空間スケールの階層性を考慮した管理方法とも一致する（2章参照）。

例 題

シカ類の個体数管理は，ヨーロッパでは猟区，北米では管理ユニットに目標捕獲頭数を割り当てて狩猟によって実施されている。日本ではどのような方法で個体数管理が実施されているのかを欧米と比較して記述し，どのような課題があるかについても説明せよ。

　回 答　日本では環境省所管の鳥獣保護管理法に基づく都道府県による狩猟や個体数調整，ならびに農林省所管の鳥獣害防止特別措置法に基づく市町村による有害駆除によって捕獲が行われており，狩猟以外の許可捕獲によってニホンジカ・イノシシの大多数が捕獲されている。欧米のように管理対象地（猟区，管理ユニット）に目標捕獲数を割り当てて捕獲を実施する仕組みをもたず，乱場制・自由狩猟によって，複数の捕獲区分による事業が重層的に実施されているため，個体数管理が複雑で困難である。

3.4　野生動物保護管理に関連する法律の体系

3.4.1　生物多様性基本法

　生物多様性の保全について国際的な取り組みとして，「**生物の多様性に関する条約（生物多様性条約）**」が 1992 年にナイロビで開催された国際環境計画で採択され，同年リオ・デ・ジャネイロで開催された国連環境開発会議（通称 地球サミット）で署名が開始された。この条約の目的として，生物多様性の保全，生物多様性の構成要素の持続的利用，遺伝子資源の利用から生じる公正衡平な配分の 3 つが掲げられている。この条約は生物多様性の保全と持続的利用のための国家的な戦略もしくは計画の策定を求めており，日本は生物多様性国家戦略を 1995 年，2002 年，2007 年と三次にわたり策定した。2008 年に制定された**生物多様性基本法**に基づき，**生物多様性国家戦略**が法定計画となったことから，2010年には「生物多様性国家戦略 2010」が策定された。

　生物多様性基本法は，循環型社会形成推進基本法とともに環境省の環境基本法の 2 つの主軸のうちの一つであり，この基本法のもとで 9 つの法が整備されている（図 3.2）。

　この上位法の目的にあわせて，2002 年の鳥獣保護法改正，2009 年の自然公園法改正および自然環境保全法改正，2013 年の種の保存法改正のおりに，生物多様性の確保が目的

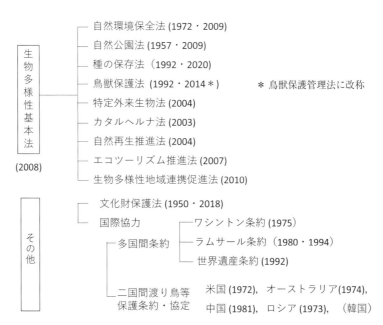

図3.2　生物多様性および野生動物に関する法体系（制定年・最終改正年）

に加わった。

3.4.2　生息地の保全に関わる法律

　生息地の保全に関わる法律としては，自然環境保全法（原生自然環境保全地域・自然環境保全地域），自然公園法（国立公園・国定公園・都道府県立自然公園），種の保存法（生息地等保護区），鳥獣保護法（鳥獣保護区），文化財保護法（天然記念物の地域指定・天然保護区域）などがある（図3.2）。

　これらの生息地の保全は土地所有権にかかわらず区域が設定される。日本の自然公園は**地域性公園**と称され，各種行為を地種区分（ゾーニング）によって地種ごとの規制によって目的を達成しようとする公園制度を採用している。この制度は国土が狭隘な英国なども採用している。これに対して，アメリカ，カナダの国立公園では，公園当局が土地を公有地として取得して設定する**営造物公園**の制度を採用している。地域性公園は土地所有権にかかわらずに設定可能であるという利点がある一方で，営造物公園とは異なり，人の利用規制や道路，河川などを含めた統合的な管理ができないという課題もある。

　2009年に自然公園法が改正され，国立公園の生態系の維持又は回復を図ることを目的とした**生態系維持回復事業計画制度**が創設され，ニホンジカの対策も進められている。環境省（2019）は，全国で深刻化する国立公園におけるニホンジカによる生態系被害を踏まえ，ニホンジカ対策を科学的かつ順応的に進めるために，「ニホンジカに係る生態系維持回復事業計画策定ガイドライン」を作成した。ニホンジカを対象とした生態系維持回復事業は，知床国立公園（全域：2015〜），尾瀬国立公園（全域：2014〜），南アルプス国立公園（全域：2016〜），霧島錦江湾国立公園（霧島地域：2016〜），屋久島国立公園（屋久島：2016〜），阿寒国立公園（全域：2013〜），釧路湿原国立公園（全域：2016〜），富士箱根伊豆国立公園（箱根地域：2017〜）等で実施されている。

> **例　題**
>
> 野生動物の保全管理を実施するうえで，地域性公園の長所と短所を営造物公園と比較して
> 述べよ。
>
> 　**回　答**　地域性公園は土地所有権にかかわらずゾーニングによって設定するので，国
> 　土が狭隘な場合に適している。一方，さまざまな土地管理者が関わっているので，人
> 　間の利用制限などを一元的に管理することが困難である。

3.4.3　種の保全に関わる法律

　種の保存に関わる法律としては鳥獣保護管理法，**種の保存法（絶滅のおそれのある野生動植物の種の保存に関する法律）**，**特定外来生物法（特定外来生物による生態系等に係る被害の防止に関する法律）**，文化財保護法がある（図3.2）。

(1)　鳥獣保護管理法（2014 年　鳥獣保護法から改称）

　都道府県知事は環境大臣の示す基本方針に基づき，鳥獣保護管理事業計画を定めることが義務づけられた。鳥獣保護管理事業計画には，計画期間のほか，鳥獣保護区の指定等の鳥類の保護を目的とするものや，第二種特定鳥獣保護管理計画に基づく個体数調整等の鳥獣の管理，狩猟の規制や適性化など狩猟の取り締まりなどが網羅されている。詳細は表3.3 参照。

(2)　種の保存法

　種の保存法は，1993 年 12 月に発効した国際法生物多様性条約および日本が 1980 年に批准したワシントン条約に対応する国内法として制定された。種の保存法では，国内に生息・生育する，または，外国産の希少な野生生物を保全するために必要な措置を定めている。種の保存法で対象となる希少野生動植物種には，次の 4 つの種群が含まれる。

　　① 国内で絶滅のおそれのある「国内希少野生動植物種」

　　② ワシントン条約（付属書Ⅰ）および「二国間の渡り鳥等保護条約・協定」により，
　　　国際的に協力し保護すべき「国際希少野生動植物種」

　　③ 絶滅したと思われていた種が再発見された場合などに，3 年間に限り指定する「緊
　　　急指定種」

　　④ 商業的な繁殖が可能な「特定国内希少野生動植物種」

　種の保存法は鳥獣保護法と比較して，あらゆる野生生物を対象として幅広く指定できる利点があるものの，実際には国内希少野生動植物に掲載された種はレッドデータブックに掲載された絶滅危惧種のうちのごくわずか（82/3155）であること，レッドデータブックでは絶滅のおそれのある地域個体群が掲載されているにもかかわらず，種レベルしか指定できないこと，水産生物が対象外となっていること，ワシントン条約（付属書Ⅰ）のクジラ，ツキノワグマを例外としていることなどの課題がある（吉田・草刈 2010）。また，ジュゴンは 2004 年に国内希少野生動植物選定要件に該当することが認められ，2007 年にはレッドリストの絶滅の危険がもっとも高い絶滅危惧ⅠA類に評価したが，2020 年現在，政治的理由により国内希少野生動植物への指定が行われていない。

　2017 年の改正では以下の制度が創設された。

　　①「特定第二種国内希少野生動植物種」制度

二次的自然に分布する絶滅危惧種保全のために販売・頒布等の目的での捕獲等及び譲渡し等のみを規制する制度

② 「認定希少種保全動植物園等」制度

保護増殖のために一定の基準を満たす動植物園等を認定する制度

③ 国際希少野生動植物種の登録手続の改善及び象牙製品を取り扱う「特別国際種事業者」の登録制度

④ その他

生息地等保護区の指定を促進するための制度改変，土地所有者の所在の把握が難しい土地への立入り等の規定の新設，国内希少野生動植物種の提案募集制度の創設，科学委員会の法定化

(3) 特定外来生物法

特定の外来生物による生態系，人の生命・身体，農林業への被害を防止することを目的とする（10章参照）。特定外来生物とは，もともと日本にいなかった外来生物の中から生態系に被害を与えるものが指定された種であり，飼育・栽培・保管・運搬・販売・譲渡・輸入などが原則禁止される。

外来種は生物多様性国家戦略2012-2020において第3の危機「人間により持ち込まれたものによる危機」に位置づけられている（2章参照）。

(4) 自然再生推進法

自然再生を総合的に推進し，生物多様性の確保を通じて自然と共生する社会の実現を図り，あわせて地球環境の保全に寄与することを目的としており，自然再生事業を，NPOや専門家を始めとする地域の多様な主体の参画と創意により，地域主導のボトムアップ型で進める新たな事業として位置づけ，その基本理念，具体的手順を明らかにしている。

(5) 文化財保護法

文化財を保護・活用し，国民の文化向上に貢献することを目的とした法律で，従来の国宝保存法・重要美術品等の保存に関する法律・史跡名勝天然記念物保存法などを統合して1950年に制定された。野生動物の特別天然記念物としては，哺乳類のニホンカモシカ，

コラム 現場の取り組みを推進する国の制度づくり

奈良県と三重県の境界に位置する吉野熊野国立公園大台ケ原ではシカによる森林被害が1980年初頭に顕在化した。しかし，地元自然保護団体の反対もあり，個体数管理の開始には，特定計画制度に基づいて環境省が2001年度に大台ケ原地区ニホンジカ保護管理計画を策定するまで多くの時間を必要とした。2002年度に自然再生推進法が制定されると，2004年度に策定された自然再生推進計画と一体となりシカ捕獲を含む自然再生の取り組みが継続されている。特定計画制度の創設によって，国も計画を奈良県と三重県と同時期に作成し広域にわたる個体数管理が可能となり，加えて自然再生推進法がその設置を定める法定協議会において，多様な主体の参加のもとに合意形成をしたうえで事業が進められている。これらは，現場の取り組みを推進する上で国の制度作りの重要性を示す例であるといえる（田村ほか 2014）。

イリオモテヤマネコ，ニホンカワウソ，アマミノクロウサギの4種が，鳥類のトキ，コウノトリ，タンチョウ，アホウドリ，カンムリワシ，ライチョウ，ノグチゲラ，メグロの8種が指定されている。

　これらのうち，ニホンカモシカの保護管理は，鳥獣保護管理法と文化財保護法の両者に基づいて行われている。農林業被害の増加にともない，1979（昭和54）年の環境庁（現　環境省），文化庁，林野庁による3庁合意に基づき，特別天然記念物としてのカモシカは，種指定から地域指定へと扱いが変更され，文化財行政では「カモシカ保護地域」の設定とそこでの保護を目的とした施策，鳥獣保護管理行政においては1999年の特定計画制度に基づく保護管理の対象種となった。しかし，予定されたカモシカ保護地域の一部で設定が遅れ，天然記念物の種指定から地域指定への法的な変更は行われていない。そのため，農林業被害の軽減と地域個体群の安定的な存続といった個体群単位での保護管理の実現が困難な状況にある（環境省 2010）。

(6) 世界遺産条約

　正式名称は「**世界の文化遺産及び自然遺産の保護に関する条約**」。世界的に重要な文化遺産，自然遺産を保護するために1972年のユネスコ総会で採択され，科学的な方法によって世界文化遺産と世界自然遺産を永久に保護する体制の確立を目的としている。世界自然遺産地域としては，白神山地（青森県・秋田県），屋久島（鹿児島県），知床（北海道），小笠原諸島（東京都）の4か所がある。知床が世界自然遺産地域に登録されるにあたり，常設の科学委員会が設置され，すべての自然遺産地域にも設置された。ニホンジカが高密度な知床，屋久島，近年侵入している白神山地では科学委員会で検討に基づくシカの個体数管理などの対策が進められている。

演 習

大型獣は季節移動や分布域が広く，行政の境界を越えて生息することが多い。そのため，コラムで紹介した大台ケ原のシカの管理の事例にあるように，ひとつの県の特定計画ではカバーできない。複数の県を束ねる広域管理計画を作成することによる利点と課題について，大台ケ原や関東山地ニホンジカ広域管理指針（関東山地ニホンジカ広域協議会 2017 https://www.env.go.jp/nature/choju/effort/effort2/kanto-shika.pdf）の事例を参考に自分の考えを述べよ。

　　回 答　行政の境界を超えて分布する大型獣について，広域管理指針を都道府県の特定計画の上位に設定することにより，共通の目標，モニタリング，生息数推定，管理の効果測定が可能となる。課題は，現段階では，ごく限られた獣種で一部の地域でのみしか実行されていないことである。

---

4. ヨーロッパと北米の野生動物管理

本章では狩猟を通じて有蹄類管理を行っているヨーロッパと北米に焦点をあてて，その歴史と課題を学ぶことによって，現在の日本が直面している急増する大型獣の管理を展望する上での参考とする。

4.1 ヨーロッパにおける有蹄類管理の現状・課題・展望━━━━━━━━━━

4.1.1 ヨーロッパにおける有蹄類の歴史：減少と回復

ヨーロッパにおいては，狩猟採集から農業主体の生活スタイルに変化すると全域で野生有蹄類の生息数と分布域が減少した。ヒトによる生態系への圧力が最大となった19世紀の終わりから20世紀の初頭にかけて，多くの大型獣が減少した。なかでも大型有蹄類は食料として捕獲され，そのハビタットも森林破壊と家畜との競合で大きな圧力を受けた。これにより，多くの地域個体群が絶滅した（Linnell and Zachos 2011）。一方，この時代には大型有蹄類の狩猟獣としての価値が高まり，有蹄類個体群の復元や再導入が行われた。狩猟者は好みの狩猟獣の生息地を拡大し，土地所有者はヨーロッパに生息していない外来種を導入した。同時期には土地利用にも劇的な変化が生じ，動物の隠れ場所となる森林がヨーロッパ各地で再生し，家畜の減少，限界耕作地地域（とくに高地）の減少，法律の改正などが，大型有蹄類の再生に大きな役割を果たした（Linnell and Zachos 2011）。こうして，アカシカやノロジカ，イノシシはヨーロッパでもっともポピュラーな狩猟獣となった。しかし，一方で遺伝的に異なる個体群の保全，ヒトによる選択的な捕獲，移動，生息地の分断など多くの地域課題が残された。

4.1.2 ヨーロッパにおける有蹄類管理のさまざまな法律と行政システム

ヨーロッパの国々ではそれぞれが独自の法律と行政による野生動物管理システムを有しているが，おおまかには狩猟動物の法的地位（国に属すのか，土地所有者か，共有物か，無主物か）と，それぞれの国の狩猟の歴史に由来する狩猟に対する文化的な態度が野生動物管理システムを決めている（Putman 2011）。以下，その概要を紹介する。

(1) 狩猟動物は誰のものか

ヨーロッパにおける**狩猟動物の法的地位**は，狩猟動物が土地所有者には所属していない点では一致しているが，共有物か無主物かについては一致していない。この相違は，国家が野生動物の管理体制あるいは実行の決定あるいは介在する程度に大きく関わっている。つまり野生動物が「共有物」の場合には，国家は，個人や狩猟グループに対し，土地所有者にかかわらず狩猟のためのライセンスを販売することを選択するか，**狩猟管理区（猟区）**に管理を割り振る。一方，狩猟動物が「無主物」である場合には，狩猟権は土地所有者あるいはその代理人とのなんらかの契約によるのが一般的である。

　野生動物を「共有物」とする国は，フィンランド，オランダ，ポーランド，リトアニア，クロアチア，スロベニア，スイス，ハンガリー，ルーマニア，ポルトガル，イタリアである。一方，「無主物」とする国は，オーストリア，イギリス，ノルウェー，スウェーデン，ベルギー，ドイツ，エストニア，ラトビア，チェコ，スペインである。

(2) 狩猟権と管理システム

　狩猟動物の法的地位は**狩猟権**に関わっている。国家あるいは州政府が狩猟獣の所有権者である国では，国あるいは地域が，土地の所有権にかかわらず，定められた狩猟管理区の狩猟獣管理を行う狩猟者協会あるいは狩猟クラブに管理を委任する。このようなシステムを採用するのは，スイスの一部（一部は国家が管理），クロアチア，ポーランド，ポルトガル，ルーマニア，スロベニアである。イタリアのように狩猟が州に委任されている場合には，州政府が狩猟管理区を決めて管理している。

　それ以外の国では，狩猟権が土地所有者（国家も含まれる）に属している。しかし，土地所有者が狩猟権を自由に行使するのではなく，一般的には，国家と私的土地所有者間で何らかの共同経営とする仕組みが存在する。

　オーストラリア，ベルギー，チェコ共和国，エストニア，ラトビア，ドイツ，ハンガリーなどでは狩猟権は土地所有者に属する。狩猟あるいは狩猟獣管理が実施される管理ユニットの最小の面積が決められており，この面積を満たさない場合にはグループ化によって面積を確保して管理ユニットとされる。なお管理ユニットの最小面積は国や州，種類によって異なる。

　フランスとフィンランドは，これらとは異なったシステムを採用している。狩猟権は土地所有者に属するものの，国家（地域あるいは部局）が捕獲すべき種とその個体数（齢・性）を決定する権利をもつ。土地所有者は自分で狩猟する権利あるいは他者にその権利を売ったり貸したりする権利をもつ。スカンジナビアの国すべて（ノルウェー，スウェーデン，デンマーク），スペイン，イギリスでは，狩猟権は土地所有者に独占的に属しており，土地所有者はその権利を自ら行使したり他者にその権利を売ったり貸したりできる。しかし，イギリスを除いて，これらの国では捕獲目標頭数と管理計画は地方政府機関による承認が義務づけられている。国家が狩猟規制や猟獣管理に対して全責任を負っている国家（フィンランド，フランス，スロベニア，スイス）では，管理計画の策定は国の義務となっている。オランダではすべての種類の野生動物は完全に保護されており，国民の生命や財産，自然環境などに害を与える場合に限って捕獲が許可される。

　ヨーロッパの国々の狩猟に関する法律では，狩猟の季節，狩猟方法の規制などでは異なるが，多くの共通点が認められる。それは，EUの法律に対する個々の国の対応が反映（狩猟獣の肉の取り扱いや死体の標識装着など）していることに加えて，汎ヨーロッパの法律に基づくからである。ヨーロッパで狩猟免許取得のためには，通常，狩猟協会による試験があることも共通する。試験に加えて，野外での「教師あり訓練」（ポーランド，リトアニアなど）が課せられたり，狩猟免許取得後にも指導者のもとでのみ狩猟ができる審査期間が設けられている（ルーマニア）などがある。ドイツでは，狩猟免許取得後3年を経過しないと猟区での狩猟ができない。一般にドイツ語圏では狩猟免許取得のために多くの訓練が義務付けられており，たとえばドイツでは120時間の講義と試験，ハンガリーやポーランドでは狩猟クラブでの1年間の訓練が課せられる。

　定義された管理地域（猟区など）を賃貸する狩猟クラブや狩猟協会を有する多くの国々

では，**環境収容力**とバランスをとって野生動物を管理する法的な義務を負う。多くの事例では，狩猟クラブや狩猟協会は，シカや他の有蹄類によって引き起こされた農業，林業，その他の土地利用上の被害に対し，個別あるいは集団的な責任を負っており，被害補償を請求される。

農業や私有林の**被害補償**を狩猟者あるいは狩猟協会が行う国は，バルト三国，ベルギー，ハンガリー，ポーランドとチェコ共和国があるが，その被害補償額は実際の被害額に比較して低い。そのほか，狩猟借地人が農業被害を補償する国としてスイスが，国家・地方・州政府が農林林業被害の双方またはいずれかを補償する国として，フィンランド，イタリアがある。オランダでは国が農業被害を補償する制度を有している。

以上のようにヨーロッパの野生動物管理は，国が管理猟区区域，管理目的，管理計画，捕獲割当/捕獲目標などすべてを決めている国（フィンランド，デンマーク，スイス，フランス，ラトビア，ルーマニア）から，土地所有者組合/ハンター協会などにすべて任せる国（イギリス，スウェーデン（ヘラジカを除く））までさまざまであり，その中間のタイプを含めると5つに区分できる（Putman 2011）。

ヨーロッパの有蹄類管理システムは多様であるにもかかわらず，有蹄類の狩猟資源としての価値が高く，明確な管理区域を定めて捕獲割当を配分し，管理主体の役割分担が明確であり，狩猟を通じた持続的な資源管理を行っている点で共通している。

例 題

ヨーロッパの多様な有蹄類管理システムに影響を与えている要因は何か。また多様であるにもかかわらず共通している点は何かを述べよ。

　　回 答　　狩猟動物の法的地位（所有権）および狩猟に対する文化的な態度がヨーロッパの有蹄類管理システムの多様性をもたらす一方，狩猟資源としての価値が高く，明確な管理区域を定めて捕獲割当を配分し，管理主体の役割分担が明確であり，狩猟を通じた持続的な資源管理を行っている点で共通している。

4.1.3　ヨーロッパにおける有蹄類管理の現状と課題

ヨーロッパでは20種類の有蹄類が1,500万頭まで増加し，農林業被害，生態系被害，交通事故などの諸問題をもたらしている。一方で，狩猟（食肉用利用とリクリエーション）の対象としての価値は高い。絶滅状態から有蹄類個体群を保護し，個体数を増加させる政策は成功したが，個体数を安定させたり減少させることについては社会が許容する水準までには至っていない（Apolonio et al. 2010）。ヨーロッパにおいて過増加した有蹄類の個体群管理の主要な課題として次の9つが挙げられる（Apolonio et al. 2010）。

① **明確な管理目的の欠如及び適切な管理目的に対して異なる土地利用で生じる利害関係の調整の欠如**

　　有蹄類個体群の効果的な管理には，管理目標を明確に定めることが必要である。イノシシのように，地元の利益が極度に差別化されている場合，明確で広く受け入れられる解決策に到達するためには，大きな努力が必要とされる。

② **隣接（局所的・地域的）する管理ユニット間での管理目的の調整の欠如**

　　効果的な管理のためには，個体群の分布域全体に対して間引きを実施する必要がある。国境の境界にある狩猟地域や，狩猟地域と保護地域が隣接して異なる管理がされている地域では，調整が欠如している問題がある。

③ 国境をまたいで移動する有蹄類の国間での調整の欠如

④ スケールに関係する問題

　　実際の有蹄類個体群分布と管理面積のミスマッチにより，個体群の生物学的な範囲にまたがって管理が調整されない。

⑤ 不適切な法律によって生じる問題

　　希少種や絶滅危惧種の密猟に対する効果的な法律や法執行が求められている。国によって狩猟許可の要件，犬を用いる狩猟の許可の有無，猟銃の口径や狩猟シーズンの相違などがある。狩猟期が狩猟対象有蹄類の発情期や出産期にまたがって設定されている。

⑥ 不適切なモニタリングシステムによる有蹄類の個体数調査とその影響評価

　　個体数推定方法が確立しておらず，個体数推定に用いられる方法が国または隣接する狩猟ユニットで異なるため，全体の調整が困難である。また，生息数調査手法の正当性についての検証や，有蹄類が環境に与える影響評価が欠如している。

⑦ 個体群密度と動態に基づいた適切な狩猟捕獲数割り当ての欠如

⑧ 適切な狩猟割り当てをセットした場合でも，それを達成するための管理ユニットの設定の失敗

　　間引き計画が欠如（単に頭数のみで，性・齢クラスの指示がない，あるいは極端にオスに偏っている）し，捕獲割当を達成できていない。

⑨ 選択的捕獲がもたらす潜在的な効果に関する知識の欠如

　　著しくオスに偏った選択的捕獲による有効個体数（effective population size）の減少，遺伝的多様性の損失，若いオスに偏った年齢構成がもたらす死亡率の増加あるいはホーンや枝角のサイズに与えるトロフィーハンティングの影響などが不明であり，解決すべき課題として残されている。

　　☞アドバイス　　有効個体数とは，繁殖にあずかる個体数を意味する。

例　題

ヨーロッパにおける有蹄類管理の狩猟管理の主要な課題9つのうち，管理ユニットにかかわる課題はどれか。複数をあげよ。

　　回　答　課題②，③，④，⑧

　　以上のようにヨーロッパで急増した有蹄類の個体群管理の課題は日本（2章参照）と類似しており，ヨーロッパにおける国境を日本の県境に置き換えるとそのまま当てはまる事例が多い。課題解決に向けて強調されているのが，科学に基づく管理の必要性である。とりわけ，生息数調査技術の有効性の検証，捕獲計画の健全性と管理の効果の検証，急増する個体群の効果的な管理方法の確立，捕食・被食システムと有蹄類が植物群落に及ぼす影響の適切な分析，将来シナリオのモデル化が求められている（Apolonio et al. 2010）。

　　近年，ヨーロッパの35名の研究者が，最新の生態学的な知見に基づいて，有蹄類個体群を長期的に維持するための保全管理上の重要な提言を行った（Apollonio et al. 2017）。その内容は，有蹄類を生態系から切り離して単独で管理するのではなく，**生態系エンジニア**としての役割に目を向けて適切に管理すること，有蹄類個体群を害獣としてではなく再生可能な資源と見なして管理する必要があること，に要約される。

実現に向けた提言のうち，ニホンジカ管理に関係する項目としては次のものがある。

・シカを生態系の構成要素として管理するために，シカが生息地や生態系に与える影響を評価する**生態的指標**の長期的研究とモニタリングを実施すること。

・近年，季節移動パターンが自然要因および人為的要因により変化していることを踏まえ，季節移動パターンの維持や変動を説明するための研究，および季節移動による年間の空間利用を考慮した管理ユニットの設定が必要であること。

・市民科学に基づく有蹄類の収獲，分布，および生息数に関する空間的および時間的情報を備えたオンラインのリモートアクセス可能なデータベースを開発して，有蹄類と環境および人間の活動との相互作用に関するデータを国および汎ヨーロッパ規模で提供すること。

4.1.4　ヨーロッパの国立公園における有蹄類管理

　国立公園の主な目的は，自然のプロセスと種の両方の保全を含んでいる（IUCN ガイドライン）。しかし，ヨーロッパの多くの国々の保護区は，強度に管理された土地（私有地）からなり，人為的な介在を必要とせずに自然に委ねて**生態的プロセス**を発展させることが可能な国立公園は数例しかない。その理由として，自然の推移に委ねる（**自然調節**）戦略がとれるのは，公園の規模が十分に大きく，公園の外での管理の影響を受けないか，管理が公園の周辺にも移行できる場合に限られていること，大型捕食者が不在であるか生息数が少なく，生産性の高い生息地では有蹄類個体群の捕食者による制限が不十分であること，捕食者—有蹄類の被食者の自然の動態を受け入れるには規模が小さすぎることなどがあげられている（Grignolio et al. 2014）。

　そのため，公園内では狩猟などによる個体数削減が必須であり，29 か国の 209 のヨーロッパ国立公園を対象とした大規模なアンケート調査によると，国立公園の 68％で，有蹄類の個体数調整が駆除（40％）あるいは狩猟（11％），または両方（17％）によって実施されている。人工給餌は国立公園の 81.3％で行われており，公園面積の 75％以上の規模で人為的に介入しないゾーンをもっていたのはわずか 29％のみであった（van Beeck Calkoen 2020）。また，人為的圧力が高い地域では，野生動物の多様性が低く，家畜種の数が多い傾向があること，一方で人間の介入（駆除と人工給餌）の程度は，公園の目的が国際自然保護連合（IUCN）によって設定されている場合には小さいことも報告されている（van Beeck Calkoen 2020）。

　ヨーロッパの国立公園における有蹄類管理は，公園の内外を含めた広域な地理スケールでの統合的な管理手法や方針が重要であり，IUCN のガイドラインにあるように，国立公園の内部では人間の介在はできるだけ減少させることが課題となっている（Grignolio et al. 2014，van Beeck Calkoen 2020）。

4.1.5　国境を越えた野生動物管理の取り組み

　有蹄類管理の課題の一つに，国境をまたいで移動する有蹄類の国間での調整の欠如があげられている（4.1.3 参照）。これらの有蹄類個体群の個体群動態と移動パターンを考慮すると，効果的な管理を実施するためには，ランドスケープレベルでの個体群管理が必須であり，または少なくとも対象とする個体群の生物学的な生息範囲をすべてカバーしていることが望ましい。ヨーロッパ国内でも有蹄類管理は国によってバラバラに実施されている状況があるため，国家間の管理の調整は難しいが，EU の自然指令（生息地指令や野鳥

指令）が国家間の有蹄類管理の調整に適用されることが期待されている（Fonseca et al. 2014）。

　ヨーロッパの野生動物の政策と法律で他の国と比較して際立った特徴は，高度の国際的な法律の枠組みである**ベルン条約**（ヨーロッパの野生生物と自然生息地の保全に関する条約）と EU の自然保護の法的枠組みである **EU 自然指令**（生息地指令と野鳥指令）を有することである。ベルン条約は締約国，EU 自然指令は EU メンバー国（28 か国）において，野生動物の保護と生息地の保全に対して法的な義務がある。ベルン条約は 28 の EU メンバーを含む 51 か国の締約国からなり，アフリカの国も含まれている。野鳥指令では EU の約 500 種の鳥類の保護管理や利用規則を含んでいる。生息地指令は 220 の生息地タイプとおよそ 1,000 種の野生動植物を貴重な野生種として定め，その生地の保全が義務付けられている。この 2 つの EU 指令は，EU の生物多様性保護の柱となっており，「Natura 2000 ネットワーク」とよばれる EU 全体の面積の 1/5 をカバーする生物保護区が設定されている。

　オオカミ，クマ，リンクス，クズリなどの大型肉食獣個体群は，低密度で広大な面積に生息し，個体のホームレンジは $100 \sim 1,000 \ km^2$ におよび，これらの多くの個体群は国境をまたがって生息しているため，国境を越えた調整が要点となる。ベルン条約と EU 生息地指令はこれら 4 種の大型肉食獣とその生息地の保護の義務を課している。しかし，これらの義務は個々の国に焦点をあてたものに留まり，国の境界を越えた野生動物個体群に適合した共同の保全に対する規約は，一般的な声明以上のものとはなっていない（Trouwborst & Hackländer 2018）。大型肉食獣や有蹄類の国境をまたがる管理は挑戦的な課題として残されている。

4.2　北米における狩猟獣管理の現状・課題・展望

4.2.1　北米における野生動物管理の歴史

　アメリカ合衆国とカナダの野生動物管理システムは，北米の開拓時代の歴史が色濃く反映し，商業狩猟による乱獲が多くの種を絶滅の淵に追いやったという反省に基づき，野生動物保全のための独特の管理システムが**北米モデル**として構築されている。まず，その歴史的背景を Organ et al（2012）を参考に紹介したい。

　北米の開拓は，大陸の再生可能な天然資源の富と，それらを利用する個人による自由な機会によって根本的に動機づけられている。これらの天然資源が市民に属しているという感覚が，今日の野生動物の保全プロセスにおける民主的関与を促進している。一方，産業革命による都市住民の増加に伴い，毛皮や食用肉のための野生動物市場が形成され，商業狩猟者は，野生動物資源が枯渇すると，活動の場を大西洋沿岸や東部の森林地帯から西部に移した。バイソン，エルク，その他野生動物を捕獲しては，鉄道によって東部の都市へ輸送した。結果的にこれらの商業狩猟によって，多くの種が絶滅寸前となる。

　都市では，フェアプレーの条件下でのスポーツ狩猟が盛んになり，スポーツ狩猟者は，野生動物保護区を設定し，狩猟獣を保護する法律を作った。その代表的な存在だったルーズベルトとグリンレルらは，1887 年に「狩猟獣と魚の法律の制定と実施に関するすべての事項を担当する」ことを目的とした組織である the Boone and Crockett Club を結成している。彼らは北米を自立心とパイオニアスキルによって荒野のフロンティアを切り開いたことが，強い国家を形成したと信じており，開拓によって都市人口が増えフロンティアが失われることを恐れた。そのため，スポーツ狩猟を通じてパイオニアスキルとフェアプ

レーの感覚を育て，それによって国家の性格を維持することを目論んだ。

　米国とカナダは連携しながら法整備などを進め，20世紀初頭までに，かなりの野生動物保護インフラが整備されたが，1920年代までは，そのシステムが限定的な狩猟獣の法律に重点を置いていたために，野生動物の衰退を食い止めるには不十分だった。

　レオポルドらは，1930年に"American Game Policy"（Leopold 1930）を出版して，保全の法的枠組みを強化するためのプログラムを提案した。彼らは，訓練を受けた生物学者に野生動物管理者の職業を提供するための安定した公的資金を求め，職業としての専門職の確保と大学における教育プログラムに基づく訓練を実現した。政策として求めたものの多くが10年以内に実現され，ミシガン大学とウィスコンシン大学に最初の狩猟獣管理カリキュラムが実施され，野生動物共同研究ユニットの創設，野生生物協会（The Wildlife Society）の結成などが実現した。

4.2.2　野生動物保全の北米モデル

(1) 北米の野生動物管理の基礎：公共信託法理と持続的利用

　北米の野生動物政策と法律の進化はイギリスで発達したアイデアと方法（狩猟は余剰動物の収獲に限定，マグナカルタなど）に辿ることができる。一方で，野生動物の所有についての鍵となる考えは，イギリスとは異なる植民地としての事情が反映している（Leopold 2018）。生存のための狩猟の必要性とイギリスの君主制と特権階級の否定の両方の動機にもとづき，開拓者は，実利的で民主主義的な狩猟と野生動物資源についての考えを採用した。野生動物は全国民のために管理すべき公共信託資源であるという考えである。野生動物の持続的利用のための管理も，北米での植民地時代の経験から生まれたもう一つの重要な考えであり，持続的収獲のための原則と方法は近代社会における野生動物管理の基礎をなしている。

(2) 北米モデルの7原則

　野生動物保全の北米モデルは，米国とカナダの野生動物の保全と管理の形態，機能，成功に結び付いた一連の原則であり，このモデルは以下の7つの原則から構成されている（Organ et al. 2012, Organ 2018）。このモデルの概念の発案者は，カナダの生物学者であり，カルガリー大学の環境デザイン学部の名誉教授ヴァレリウス・ガイスト博士である（Organ et al. 2012）。

① 公共財としての野生動物

　　野生動物は個人のものではなく，全国民の信託を受けて政府が責任を負うという考えは英国のマグナカルタに由来するものであるが，公共信託法理（Public Trust

---

> **コラム　フェアチェイスとは？**
>
> 　フェアチェイス（公正な追跡）は，ハンターが大物動物を狩る倫理的アプローチを表すために使用する用語で，北米で最も古い野生動物保護グループであるブーンアンドクロケットクラブは，「自由に行動できる北米原産の大型野生動物に対し，倫理的で，スポーツマンのように，合法的な追求により，ハンターに不適切な利点を与えない方法で捕獲することである」と定義している。フェアプレーに関わるひとつの概念としてフェアチェイスがある。

Doctrine）として広く知られる野生動物管理の北米モデルの基本概念となった。公共信託法理は，野生動物の所有権は州政府にあり，州政府は現在と将来の世代の利益のために責任を有する。

② 狩猟獣市場の排除

北米では規制のない**商業狩猟**によって多くの野生動物が激減し，絶滅寸前となったことから連邦政府と州政府は法律によって，野生動物の商業狩猟と密猟を禁止した。野生動物の不正取引の禁止によって，死んだ動物の価値がなくなる一方，スポーツ狩猟が盛んになり，野生動物の個体数の増加や分布の拡大に転じた。最近では過増加した狩猟獣の個体数管理のために，規制された市場の設置が提案されている。

③ 法律による捕獲数の割当ての決定

野生動物を利用する権利は北米の狩猟制度の中心に位置付けられており，利用権が伝統的にエリートに属しているヨーロッパの国とは対照的である。公共のプロセスによる野生動物の割り当ては，連邦，群や州により，季節，捕獲頭数制限，狩猟方法，保護などによってなされ，市民はこの割り当てに参加することができる。

④ 捕殺の合法的な目的への限定

野生動物は理不尽な殺戮からは保護されており，法律で認められている状況でのみ捕獲することができる。

⑤ 国際的な自然資源としての野生動物

米国とカナダは 1916 年に渡り鳥条約を締結し，第二次世界大戦後，国際的な野生動物の商取引が種の保存に悪影響を及ぼすようになると，ワシントン条約（CITES）を締結し，野生動物政策を国際的に共有している。

⑥ 科学的根拠をもとにした**野生動物管理政策**

レオポルドは，科学が野生動物政策決定の基礎的な情報として扱われるようになったことを評価して，ルーズベルトドクトリンという造語をつくり，「科学は責任を負うための道具」と述べて，野生動物管理は科学に基づくという方向づけを行った（Leopold 1933）。

⑦ 一般に開かれた狩猟

北米ではすべての市民が経済や地位にかかわらず，すべての市民に狩猟の機会が与えられている。

4.2.3　実現のための施策と制度

北米の野生動物管理システムの特徴は，州政府が管理ユニットごとに捕獲数を割り当て，

コラム　魚類野生動物共同研究ユニット

米国地質調査所（The United Geological Survey: USGS）は内務省に属しており，気象学から野生動物の疾病までの基礎的な科学調査の最前線を担っている。USGS は魚類野生動物共同研究ユニットを所管しており，大学院生の研究を支援し，その成果を州の野生動物管理者に提供し，かつ将来の人材を養成するため最先端の役割を担っている。このユニークなパートナーシップの起源は 1935 年にたどることができ，州魚類野生生物局，ホスト大学，野生生物研究所（The Wildlife Management Institute）で構成され，38 州 40 大学でプログラムが実施されている。

狩猟によって個体数管理を実施していること，狩猟獣市場を排除し自家消費に限定していることである。野生動物管理システムの実効性を担保するための取り組みとしては，大学における野生動物管理のためのカリキュラム導入，連邦政府や州による野生動物管理・保全に対する財政措置の法律明文化，連邦政府や州機関と大学が魚類や野生動物研究及び教育において相互に協力できる体制の整備，**魚類野生動物共同研究ユニット**（Cooperative Fish and Wildlife Research Unit）として知られている全国規模のネットワークの構築や野生動物管理や保全の科学的専門団体の野生生物学会（The Wildlife Society: TWS）の設立，野生動物管理専門職の地位及び将来の専門家を育成するための教育課程の確立などがあげられる。TWS の役割には大学のカリキュラムを受講し要件を満たした者を認定野生動物学者（Certified Wildlife Biologist）として認証することが含まれている。

例 題

北米とヨーロッパの野生動物管理システムの共通点と相違点をあげよ。

　回 答　明確に定義された狩猟管理対象地に捕獲数を割り当てて狩猟を通じて個体数管理を実施する点では共通している。一番大きな相違点は，ヨーロッパでは捕獲した野生動物の市場への流通を認めているのに対し，北米では自家消費に限定されており，市場への流通を禁止していることである。

4.3　米国の国立公園の有蹄類管理

4.3.1　米国の有蹄類個体群管理の歴史

　1800 年代の米国では，狩猟鳥獣の大量殺戮と捕食者（ピューマ，クマ類，ハイイロオオカミ）の駆除と根絶が進んだ。1886 年 8 月，モーゼス・ハリスが騎兵隊をイエローストーン国立公園（国立公園の指定は 1872 年）に派遣し，管理に関わらせることで，それまで横行していたこの地域での密猟を抑制し，米国でのバイソン，ムース，エルクの絶滅の回避に寄与した。国立公園局 National Park Service（NPS）は，公園設立の 44 年後の 1916 年に設立されたが，それ以前はこのように軍隊が野生動物の保護管理を担っていた。

　NPS は国立公園を次世代のためにその価値を損ねることなく管理することを目的としているが，有蹄類は NPS の設立以来の時期に応じて異なる管理思想に基づいて管理されてきた。4 つの異なる期間の NPS の管理の結果の概要は次の通りである（表 4.1　Plumb et al. 2014）。

表 4.1　米国の国立公園の歴史（Plumb et al. 2014）

期　　間	できごと
～1900～1930 年	**初期の取り組み**：人間による収穫，給餌，捕食者の間引きまたは根絶などの保護による有蹄類の生息数と可視性の増加を強調
1940～1968 年	**管理プログラム**：主に NPS スタッフによる間引き，生息地の悪化を緩和するための有蹄類の密度を低下させるための移送
1970 年～	**自然調節政策**：自然のプロセス（生息地の状況，天候，捕食，密度依存性応答など）に依存した個体数調節
1995 年～	**有蹄類個体群管理計画**：植生回復のために個体数を 50～90％削減

　初期（1900年代当初〜1930年）には，国立公園の管理に明確な方針がなく，有蹄類の人為的な間引きのほか給餌も実施された。捕食者の間引きや根絶など，有蹄類保護政策により，生息数が増加した。第2期（1940〜1968年）には，さらに有蹄類個体群が増加して生息地に被害が生じたため，NPSスタッフによる人為的な間引きや公園外への移送が実施された。第3期（1970年以降）は，有蹄類個体群を制御するために自然のプロセス（すなわち，生息地の条件，天候，捕食，密度依存性応答など）に依存する「自然調節」が重視された。しかし，人為的な影響によって生態系プロセスが変更された場合には，自然調節プロセスを補足するための人為的介入が必要とされた。実際に自然調節方針に基づく管理が一貫して行われたのはイエローストーン国立公園とロッキーマウンテン国立公園のシカの管理だけである。

　「自然調節」の概念をめぐる論争は学術誌上で継続してなされ，論争の初期にはイエローストーン国立公園の北部生息地における主要な植生に対するエルクの影響が，自然または歴史的な変動範囲外であるか否かに焦点が当てられた（例：Singer et al. 1994，Singer and Cates 1995，Wagner et al. 1995）。しかし，1995年に導入されたハイイロオオカミの個体数が増加すると，主要な論点は，ハイイロオオカミがエルクの個体群動態，移動，および間接的に植生に与えた影響に関心が移った（例：White and Garrott 2005a, 2005b, Beyer et al. 2007）。

　1995年以降，NPSは有蹄類（とくにエルクとオジロジカ）の管理オプションと植生への影響を再評価して，公園の自然資源に永続的な損失が生じない水準に有蹄類個体群を維持するための管理計画を策定した。植生回復のために，計画開始時の個体数の50〜90%の削減が目標と目指されている（Plumb et al. 2014）。

4.3.2　NPSによる米国国立公園の有蹄類管理の課題と提言

　NPSによる米国国立公園の有蹄類管理のレビューでは次にあげる7点が主な調査結果として挙げられており，それに対する提言がなされている（Plumb et al. 2014）。

（1）主要な調査結果

　① 在来および非在来の有蹄類がNPSの面積の98%に生息（在来種の2倍の外来種が存在）し，積極的な人為的管理が増加した。

　② NPSでは，ヨーロッパから白人がアメリカに到来する以前の原始的な原風景の保護に重点を置いた管理から，規模が大きく複雑な生態学的および社会的問題と関連する新たな有蹄類管理への変更が必要とされている。

　③ 多くの国立公園では，有蹄類またはその管理について現場で利用可能な詳細あるいは長期的な生態的・社会科学的な知見が欠如している。

　④ 最近のNPS有蹄類管理計画では，有蹄類個体群の密度を減らして主要な植生資源を保護することに焦点が当てられている。

　⑤ 過去20年間に実施されたNPSによる有蹄類の復元または保全の取り組みは，比較的少ない。

　⑥ 非在来有蹄類管理に関するNPSによる天然資源政策の解釈と適用は，非常に多様である。

　⑦ より強力な利害関係者のサポートとパートナーシップを通じて有蹄類個体群管理のために組織能力の強化が必要とされているにもかかわらず，高い優先順位となっ

ていない。

　NPSによるレビューに基づく提言は，従来の受動的な「自然調節」指針から脱却して，個体数管理による植生復元という積極的な管理に転じるべきであると要約される。その実現のために，多様なパートナーと連携して戦略的計画を立てること，ダイナミックな生態学的および文化的役割と合致する大規模な景観スケールで在来での有蹄類個体群の積極的な復元，保全，管理の実行が管理指針として示されている（Plumb et al. 2014）。

4.3.3　イエローストーン北部地域における野生有蹄類管理の歴史

　イエローストーン北部地域は，野生有蹄類群集の規模が西半球で最も大きく，最も多様性に富んでいる。その野生有蹄類群集のなかでは在来のバイソンとエルクの2種が優占している。この地域のバイソンは，1800年代の乱獲により，1901年にはわずか25頭しか残っていなかった。再導入と冬季間の給餌により個体数が回復すると，1950年代から1960年代にかけて，年平均48頭を間引くことによって，原生の自然状況下での個体数に相当する200〜300頭が維持されてきた。1968年にNPSがバイソンの間引きを中止すると，バイソンの個体数は次第に増加し，1980年代から1990年代の初期に約500頭に達したのちに急増し，2018年には3,969頭とヨーロッパ人入植前の個体数の10倍もの規模となった（図4.1）。

　北部地域のエルクは1860年代と1870年代の乱獲によって激減した。その後，国立公園の設立，狩猟禁止の保護政策により，個体数が回復すると生息地の被害が拡大したため，NPSは間引きや生け捕りして北米各地に移送して個体数を抑制した。1968年以降NPSによる公園内の間引きは行われなくなったが，公園の外では今日まで狩猟が継続している。1950年代から1960年代にはエルクの個体数は4,000〜5,000頭であり，ほぼ入植前の個体数に等しいと想定されていたが，間引きが終了すると個体数は急増し，1970年代半ばには11,000〜12,000頭となり，1988年と1994年には19,000頭の個体数のピークに達した。その後，2012年から2014年にかけて3,000〜4,000頭とピーク時の60%ほどに個体数が減少したが，2018年までの4年間で再増加し7,579頭となっている（図4.2）。

　北部地域（とくにイエローストーン国立公園内）の落葉性低木や樹木は，今日よりもかつてははるかに豊富だったが，エルクとバイソンによる過剰採食が繰り返されたために減少し，現在も継続しているために生息地の植生はさらに劣化している（Kay, 2018）。イエ

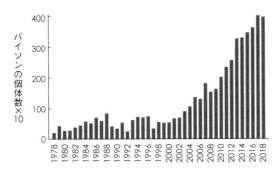

図4.1　北部地域のバイソンの個体数変化（1978〜2018）
（Mosley and Mundinger, 2018）

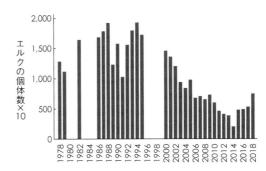

図4.2　北部地域のエルクの個体数変化（1978〜2018）
（Mosley and Mundinger, 2018）
欠測はカウントがなされなかったか，調査条件が悪くて信頼性が低かったため。

ローストーン国立公園内のバイソンとエルクの個体数の減少が，オオカミ，グリズリー（ハイイログマ），マウンテンライオンによる捕食の増加によって達成される可能性は低い。その理由として，これら肉食動物の個体数が，テリトリー内の種内競争によって制御されていることが指摘されている（Mosley and Mundinger, 2018）。今日の北部山脈のバイソンとエルクの個体数が不自然なほどに過剰に増加したのは，イエローストーン国立公園が1872年に設定される以前の何千年もの間，ネイティブアメリカンによる狩猟と火入れが，北部地域の生態的プロセスの基本的な構成要素だったとする生態学的重要性を考慮しない誤ったパラダイムに基づく現代の管理指針による（Yonk et al. 2018，Mosley and Mundinger, 2018）。今後は連邦，ネイティブアメリカンの部族，州，民間のパートナーと協力して，北部地域のバイソンとエルクの個体群管理を強化することで，豊かな植物相と動物相を維持し，生態系プロセスの自然な機能を回復させる順応的な管理戦略の策定が求められている（Kay, 2018，Mosley and Mundinger, 2018，Yonk et al. 2018）。

演習

ヨーロッパと米国の国立公園における有蹄類管理を比較し，その共通点と相違点を述べよ。

回答　ヨーロッパの多くの国々の保護区は，強度に管理された土地（私有地）からなり，規模も小さいために，人為的な介在を必要とせずに自然に委ねて生態的プロセスを発展させることが可能な国立公園は数例しかない。ヨーロッパの国立公園における有蹄類管理は，公園の内外を含めた広域な地理スケールでの統合的な管理手法や方針が重要である。小さい国が多いので国境をまたぐ国立公園については国間での調整が必要である。高度の国際的な法律の枠組みであるベルン条約とEUの自然保護の法的枠組みであるEU自然指令（生息地指令と野鳥指令）を有しており，EUの国立公園における野生動物管理に適用されている。

一方，米国の国立公園は広大であり，営造物公園制度のため有蹄類の一元的な管理が可能である。しかし，従来の受動的な「自然調節」指針から脱却して，個体数管理による植生復元という積極的な管理に転じ，その実現のために，多様なパートナーと連携して戦略的計画を立てる方向に転換した。

以上のように，共通点としては有蹄類の積極的な個体数管理，相違点としてヨーロッパは，公園内外を含めた管理が必須であるのに対し，米国ではそのような事例（イエローストーン北部地域）もあるが，公園ごとで対応可能なことがあげられる。

5. 野生動物の基本生態と社会的課題1
―ニホンジカ・イノシシ

急激な増加を見せるニホンジカとイノシシについて，適切な管理手法を学ぶために，生態特性などの管理に求められる基本知識と政策の実例を解説する。

5.1 増加力の高いニホンジカとイノシシの管理の基本

　野生動物は，その生態的特性や生活史が種により多様である。それらの特性に応じてもたらされる被害や発生時期にも特徴がある。野生動物管理においては，被害の特徴を十分に理解した上での対策が必要である。本章で扱うニホンジカ *Cervus nippon*（以下，シカ）とイノシシ *Sus scrofa* は，被害の発生時期や内容が異なるが，ともに高い身体能力と**学習能力**，そして高い**個体群増加率**をもつため，**個体数管理**と適切な防護柵による**被害管理**とが重要な管理ツールとなる点で共通している。高い警戒心と学習能力をもつことを認識して対策を考えることも必要である。両種の個体数の増加や分布域の拡大が継続している現在（2020年），個体数の増加を食い止め，地域社会が許容可能なレベルにまで，生息密度を低減させることが社会的な目標になっている。

　1980年代から90年代前半にかけて，両種とも個体数は比較的少なかったことから，**有害鳥獣捕獲**は，被害が発生した農地周辺にのみ認められていた。2000年代に入ると主にシカにおいて，各地で過増加が確認され，広域における低密度化の必要性が認識され，山地域における有害捕獲活動も認められるようになった。ただし有害鳥獣捕獲の強化は，あくまでも被害を減らす目的で行われるべきで，被害に直接関係のない捕獲，つまり捕獲しやすい場所での捕獲は，被害問題の解決につながらない。

　そのため，被害を減らす有害鳥獣捕獲と低密度化のための山地での**狩猟**や**指定管理鳥獣捕獲等事業**など捕獲方針に従って個体数管理の手段を選択することが重要なポイントとなる（3章の表3.4参照）。

　被害対策では，農地の防護柵の設置や維持管理は両種に共通するが，出没時期に応じた対処や設置柵の種類などは異なる。同一地域で両種による被害が増加しているため，集落柵では，イノシシに破壊されない地面側の強度とシカに飛び越えられない高さの両方を兼ね備える必要がある。イノシシが地際から柵を破損させると，シカをはじめさまざまな獣種がその場所を共通に利用し，被害が深刻化してしまう。シカの生息地域では電気柵の線を4段設置する必要がある。どちらも柵の管理を適切に行うには，相当の労力を要する。

　この章では，両種に共通する管理手法と，種ごとの対応内容を理解し，地域社会の課題を見据えた上で，保護管理方針と具体的対策の戦略を構築するうえで前提となる，それぞれの生態的特性とそれに応じた管理のための留意視点を解説する。

5.2　ニホンジカの基本生態

　　シカ科は熱帯のキバノロ *Hydropotes inermis inermis* から寒帯のトナカイ *Rangifer tarandus* まで，世界に約32種以上生息し，それぞれ環境に適応した形態や生態をもっている。ニホンジカは，中程度のサイズのシカであり（図5.1），ベトナムからロシア沿海州までの南北の中で広い範囲に生息している。多くのシカ科の種は，類似した生息環境，つまり一定の緯度帯に分布している場合が多い。典型的な例はヘラジカ *Alces alces* である。これに対して，オジロジカ *Odocoileus virginianus* は南北に広い分布域を持っており，生態的特徴も多様である。ニホンジカはオジロジカほどではないが，分布域が南北にとくに広く多様な環境に適応したシカである（図5.2）。日本列島では，沖縄から北海道まで多様な自然環境に適応している。分布域の異なる亜種には，体サイズに差異が認められる（図5.3）。自然環境や生息密度に応じて多様な生態を示す「**可塑性**」をもっており，それが管理を難しくしている側面がある。

図5.1　シカ科の体サイズ比較
ヘラジカ（800 kg），キョン（15 kg），ニホンジカ（80 kg）

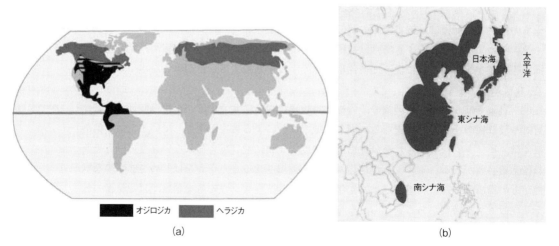

(a)　　　　　　　　　　　　　　　　　　(b)

図5.2　シカ科の特徴的な分布域とニホンジカの分布域
(a) ヘラジカとオジロジカの分布域，(b) ニホンジカの分布域

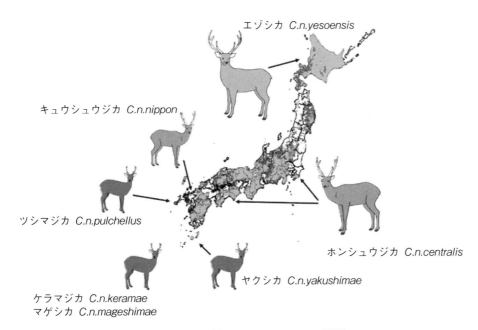

図 5.3　ニホンジカ *Cervus nippon* の亜種

5.2.1　分布の変遷

　江戸時代まではシカは平地にも多く生息していた。明治以降，農地開発等が平地全域に拡大するとシカは平地から駆逐され，山地に生息地が限定された。その後乱獲の時代を迎え，昭和初期には絶滅寸前に陥った（2章参照）。戦後の保護政策により徐々に分布を拡大させたが，現在では，山地から低地に移動しているのは，元の生息地に戻ってきたともいえる。岩手県の保護区を除いて，東北地方には長く分布していなかったが，それは江戸時代の根絶作戦が影響している（2章参照）。2010年以降，北陸・東北地方への再分布が加速し，分布域は全国に拡大した。環境省の報告によると1978〜2018年までの40年間で分布域は2.7倍ほどに拡大した（環境省2021）。

　ニホンジカは世界のシカ科の中では中型で，成獣の角の形状が美しいとされる。そのため，欧州において狩猟獣として好まれ，イギリスや東ヨーロッパなどに導入された。スコットランドでは，外来種としてのシカが急増し，近縁のアカシカ *Cervus elaphus* より管理が難しい種とされている。また，東ヨーロッパではアカシカとの交雑が問題となっている（Bartos 2009）。

5.2.2　形　態

　国内のシカは形態学的な特徴から6〜7亜種に分類されており（図5.3），亜種間の体サイズや食性の差が大きい。ただし遺伝的には本州中部を境に2系統群であるとされている（Goodman et al. 2001）（2章参照）。ニホンジカの体サイズ（体重と頭蓋最大長）は緯度が高くなるほど大きくなり，ベルグマンの法則に従っている（Kubo and Takatuki 2015）。また，南西諸島のニホンジカの相対的な四肢の長さは，急斜面を有する島々で短いが，この形態学的変化は局所適応の結果であることが遺伝学的研究によって実証されている（Terada and Saitoh 2018）。体重は，北海道のエゾシカは成獣オスで100〜150 kg，成獣メスで70〜100 kgと国内で最も大型であるが，体重は季節的に大きく変動する。ホンシ

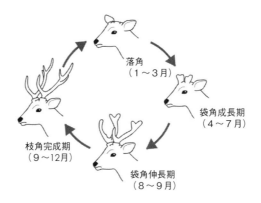

落角
（1〜3月）

袋角成長期
（4〜7月）

袋角伸長期
（8〜9月）

枝角完成期
（9〜12月）

図 5.4　シカの枝角の成長サイクル

ュウジカは，西日本では，成獣オス 60〜80 kg，成獣メスで 30〜50 kg 程度であり，体重の季節的変化は少ない。資源的管理，とくに食資源を考える際には，体重や体長の季節変化は，利用量算出にとって重要な情報となる。

　ニホンカモシカ *Capricornis crispus* などウシ科の角（英語で horn）は，皮膚由来であるのに対して，シカ科の角は骨由来の枝角（antler）である。シカの枝角はオスのみにあり，毎年生え変わる。1 歳でのみ 1 本角とよばれる小さな角であるが，2 歳以降は，3 叉 4 尖の角が生える（図 5.4）。ただし，若齢や老齢では栄養状態によって，2 尖あるいは 3 尖の場合もある（枝角数と年齢は 2 歳以降では一致しない）。体格の良いオスの角は大型化し角幅が広がる傾向にある。冬が終わるころにホルモンバランスが変わり，3〜4 月に落ち葉が落ちるのと同じように落角する。4〜5 月にベルベットに包まれた柔らかい角が生えはじめる。血流が多いこの時期に傷つけると角の成長に影響する。変形した場合，繁殖行動に影響が及ぶと考えられる。8〜9 月まで成長した後，骨化しベルベットがはがれ，枝角が完成する。

5.2.3　生活史特性

　シカは，9〜10 月に交尾期，5〜6 月に出産する**季節繁殖性**である。秋に発情し，オスはラッティングコールとよばれる鳴き声をだす。この鳴き声はメスを呼ぶ効果をもつだけでなく，オス同士のランク付けにも効果がある。オスどうしのランク付けの行動は主としては，体格や角のサイズなどを見せ合うことで，直接闘争を避ける傾向にある。体格や角が互角な場合のみ，角突きなどの闘争でランクが決まる。オスは，約 2 か月続く交尾期間中はほとんど採食をしないため，交尾前に体脂肪を蓄えるが，晩冬には体脂肪が減少する。体脂肪の変化は北方のシカほど顕著である（ニホンジカ：Yokoyama 2009）（図 5.5）。1 歳以上のメスは，交尾期間中 24 時間のみ発情し，約 7 か月間の妊娠期間を経て，5〜6 月の新緑のころに出産する。通常は，1 頭の子を出産し，約 1 年間は母子で過ごす。メスの子は，その後も母親とともに行動を続けるが，オスは満 1 歳ごろに親から離れる。

5.2.4　食　性

　シカ科の動物は，植物食であり，木本を主に食べるタイプ（ブラウザー browser）と草本を食べるタイプ（グレイザー grazer），その中間型が知られている（Hofmann 1985）。ニホンジカは，中間タイプであり，北方のシカはブラウザー，南方のシカはグレイザーとし

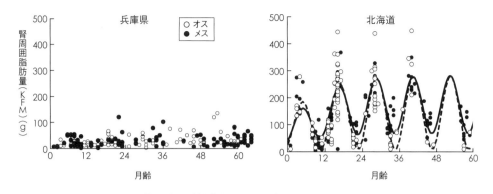

図 5.5　体脂肪の季節変化の地域比較（Yokoyama 2009 を改変）
ホンシュウジカ（兵庫）とエゾシカ（北海道）の体脂肪量（腎周囲脂肪量）の季節的変化。横軸
は月齢（6 月に出生すると仮定し，月齢を査定）。エゾシカのオスは秋に蓄積した脂肪を初冬
までに使い果たすが，メスは冬期でも脂肪量を維持していた。ホンシュウジカの蓄積量はオ
スもメスも季節的特徴は少なく，個体差が大きい。

ての特徴が勝る（Takatsuki 2009）が，**可塑性**も大きい。低密度下では嗜好する植物を主に
採食するが，高密度化すると普段は食べない植物でも利用するようになる。高密度での生
息が長期間継続すると，森林内の下層植生を食べつくし，森林生態系へ大きな影響を与え
ることがある。立ち上がり，高さ 2m 以上に位置する枝葉を利用する行動も見られる。高
密度になっても食べない不嗜好性植物もある（橋本・藤木 2014）が，地域別にみると種類
が限られている。

　樹皮の採食は，他に食物資源がない場合にみられるが，低密度下においても樹皮を利用
することがある。たとえば北海道の落葉広葉樹林帯では，冬にハルニレ *Ulmus davidiana*
などの樹皮を低密度でも選択的に利用していた（Yokoyama et al. 2000）。近畿圏では，低
密度状態においても 6 月ごろのリョウブ *Clethra barbinervis* の樹皮を利用する。樹皮より
も形成層を選択的に食べる。西日本の樹皮剥ぎは，夏に発生することから食物不足による
だけでなく，ミネラル等の摂取を目的としているとも考えられている。

5.2.5　行動圏と行動特性
　オスとメスは 1 年の多くの期間，別々の群れで生活している。メスは母系を単位とした
群れで活動するが，オスは単独，もしくは数頭のオスの群れを形成する。メスの群れは，
母シカと幼獣（0 歳）の 2 頭もしくは，亜成獣（1 歳）を加えた 3 頭の群れが基本である。
冬期には，基本単位の組み合わせとしてのメスを主体とする大きな群れを形成することが
ある。ただし，群れを率いるリーダーなどはいない。血縁同士が集まる場合もあるが，大
きな群れは，単に条件の良い越冬地に周辺から集まって形成される。

　行動圏や移動については，**季節移動**，標高移動，亜成獣の分散行動がある。全国の調査
から，定着的なタイプと季節移動を行うタイプの両方の存在が報告されている（Yabe and
Takatsuki 2009）。北海道では，夏の生息地から越冬地へ季節的に長距離移動するタイプ
が見られ，その移動距離は 100 km におよぶ。平均的には 30 km^2 程度の移動距離である
（Igota et al. 2007）。

　本州では，定着的もしくは小規模な季節移動の報告が多い。神奈川県丹沢では，越冬場
所に通年滞在する傾向が報告されている（永田 2005）。高標高に生息している日本アルプ

図5.6　くぐりながら侵入するニホンジカ
柵の補修に使用されていた丸太の隙間をくぐる様子。

ス山系では，1600〜2300 m を利用しており，夏の生息地と冬の生息地を行き来する平均 30 km ほどの季節移動が報告されており，個体差も大きい（瀧井 2013）。これらの例にも示されるように近年の GPS テレメトリなどの研究が進み，行動圏や季節移動は，地形や食物資源量，積雪などにより，地域差が大きいことが明らかになっている。

　身体能力としては，跳躍力があることはよく知られているが，姿勢を低くしてくぐる動作にも優れている（図5.6）。跳躍して柵を乗り越えると考えられがちであるが，イノシシなどが破壊して開けた穴などからくぐって侵入する場合が大多数を占めている。行動が活発になるのは，薄明薄暮であるが，農地などへの侵入は真夜中であることも多い。警戒する場合は，高く短い鳴き声をだす。

5.2.6　成　長

　出生体重は 3〜6 kg ほどであり，新生子は出生後数時間たてば，自力で動くことができる（**晩成性**）。満 1 歳までに成獣の 8 割程度の大きさまで成長し，満 2 歳で成長は完了する。2 歳までの間の栄養条件が悪いと**小型化**するが，良ければ体格が大きくなる。とくに 0〜1 歳の栄養状態は，その後の成長や繁殖に大きく影響を与える。高密度地域では，小型化する傾向にある。

5.2.7　繁　殖

　オスもメスも約 1 歳 4 か月程度で性成熟し，メスは満 2 歳で初産を迎える。分布拡大地

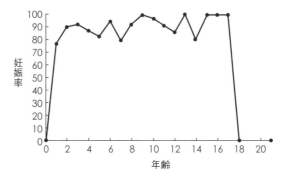

図5.7　ニホンジカの齢別妊娠率（Koizumi et al. 2009）
1980 年代後半の兵庫県における齢別妊娠率

や低密度地域では亜成獣（1歳）と成獣の**妊娠率**は100％に近い（Suzuki et al. 1992, Koizumi et al. 2009）（図5.7）が，1歳の妊娠率は**密度依存的**な餌資源制限によって低下することが知られている（松金・横山 2016）。1歳では，栄養条件が良好な場合でも受胎が遅れる場合があり，稀であるが夏に出産する事例も報告されている。1歳は成長期でもあるため，高密度化による資源制限は栄養状態を悪化させ，十分な体重に達しない場合は，発情できず，妊娠率は低下する。さらに長期的な資源制限がある地域では，成獣の妊娠率も低いことが報告されている（Minami et al. 2009）。

　メスは，約7か月間の妊娠期間を経て5月下旬から6月中旬に出産する。1産1子である。2歳以降は毎年出産するため，捕獲がなければ個体群は年20％程度の増加率で成長し，個体数は4年で倍増する。指数関数的な増加をするために，個体数が増加した段階での個体数管理は困難となる。たとえば兵庫県の個体数ピーク時の16万頭と推定された年の翌年には3万2千頭生まれることになり，3万頭を捕獲しても個体数は増加していくことになる。なお，個体数増加の理由を双子が増えたことによるといわれることがあるが，実際に双子の確率は，0.3％ほどと稀である。

5.3　シカの社会的課題

5.3.1　主な被害形態

　シカは，深刻な農業林業被害をもたらす。主な農業被害は，田植え直後の水稲，豆類，葉物野菜類，牧草類などである。林業被害は，拡大造林を行っていた1970年代に，植林木（スギ・ヒノキ）の稚樹・幼樹の枝葉被害が深刻であったが，成林後は，剥皮被害が問題となった。一方，シカの生息密度が高まると，自然林への影響も深刻化する。希少植物や嗜好性の高い植物が消失するだけでなく，森林内の下層植生やシカの首が届く高さ2mまでの低木相，草本類が衰退する現象が各地でみられる。これにより**森林更新が阻害**され，森林全体の景観が大きく変化する。また**群落構造の変化**や植物種の消失により，そこに生息する動物相にまで影響が及ぶ。国立公園などでも知床半島，大台ケ原，屋久島など景観が改変された地域は全国に及ぶ（環境省 2019）。さらに，高密度状態が長期化すると，植物相の消失により，急傾斜地域を中心に土砂流出の危険性が高まる。そのため，水源地の保全や防災害の観点からも密度管理が重要である。

　シカは，高密度化すると群れサイズが大きくなり，大きな群れで農地に出没する。そのため，個体数と被害量の間に強い関係性があり，森林環境が多い地域ではその傾向がさらに強まる（高木ほか 2018）。つまり生息数が多ければ被害も著しくなる。被害防止には防護柵の設置が効果的であるが，柵が設置できない道路や河川があるとそこからの侵入確率も高まる。農地を完璧に囲うのは非常に困難であるため，柵の維持管理のためにも個体数を管理し，地域の生息密度を下げることが被害対策としても必要である。

5.3.2　歴史から読み取る個体数管理

　シカは，2章で述べられているように，大正〜昭和初期までに乱獲により個体数が激減，第二次世界大戦後には絶滅寸前となった。1940年代までに平野部からは一掃されたと推察されている。乱獲の要因は，毛皮や食肉資源，鹿茸（ロクジョウ）などの漢方薬など資源的価値が高かったことによる（エゾシカの場合，個体数激減は明治期であり，乱獲に加えて大雪による影響があった）。さらに大正・昭和初期までには，海外での毛皮需要の高ま

りにより，毛皮が大量に欧米諸国に輸出され，外貨獲得に一役買っていた（田口 2000）。その後，狩猟を厳しく制限したことにより，緩やかに個体数を回復させた。拡大造林によりスギ・ヒノキの幼木が，山林内でのシカの好適な食物となったことも絶滅を免れた要因の一つである。再び平野部に出没するのは，1980年代であり，以後急激な個体数増加と農林業被害の発生が認められるようになった。

　一般的に，「戦後の都市化や開発行為により，生息地を奪われ餌を求めて出没している」と誤解されているが，上記のように資源利用のための捕獲圧が原因で，昭和初期までに日本各地で絶滅に瀕するほど減少していたため，その間には被害が生じなかったのである。

　シカは，その語源からも人間の食物，被服として非常に重要な資源であったことがわかる（肉を表す「シシ」に加え毛皮を表す「カ」が合わさったなど諸説ある）。歴史的にもシカとイノシシは縄文時代以来，重要な生活資源だったが，これらの利用が著しく低下したのは現代になってからである。

　1994年まではオスジカのみ狩猟獣であり，法律上，メスジカが狩猟獣になったのは，2007年であった（表5.1）。保護政策によって，メスジカを長期間捕獲しなかったことが，その後の個体数増加に影響を与えたと考えられる。

　以上のように，歴史を振り返ると，人間の捕獲圧の多寡がシカの管理の鍵であることは明らかである。人間がシカの最強の捕食者として機能していたのである。そのため，人間がシカの捕獲圧をどのレベルに設定するのかが，シカの個体数を決めると考える必要がある。

5.3.3　特定鳥獣保護管理計画に基づく管理

　1990年代に入り，北海道道東地域，岩手県五葉山，栃木県日光，千葉県房総半島，兵庫県但馬地域において被害が顕在化すると，メスジカ狩猟の必要性が議論にあがった。

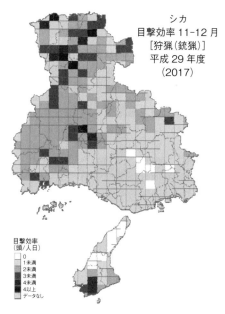

図5.8　兵庫県におけるシカの目撃効率（密度指標）の分布
（兵庫県森林動物研究センター HP より）

表 5.1　兵庫県におけるシカ管理計画の経緯（兵庫県シカ管理計画（2017）を改変）

年　度	内　　容	捕獲目標	捕獲実績
1994	本州部 40（現 15）市町でメスジカ狩猟獣化		5,755
1998	狩猟期間延長（12/1～1/31 → 11/15～2/15）：環境省		8,985
2000	第 1 期シカ保護管理計画策定 本州部 63（現 26）市町でのメスジカ狩猟獣化	8,000	9,923
2001	個体群管理事業の開始		11,246
2002	第 2 期シカ保護管理計画策定 県単独での防護柵設置への助成開始	12,000	12,035
2003	本州部 63（現 26）市町での狩猟期間の延長（11/15～2/15 → 11/15～2 末），1 日当たりの捕獲制限緩和（1 頭→ 2 頭）メスジカ狩猟獣化 淡路地域 6（現 3）市町でのメスジカ狩猟獣化		13,447
2005		14,000	15,078
2007	第 3 期シカ保護管理計画策定 県下全域での狩猟期間の延長（11/15～2/15 → 11/15～2/ 末），メスジカ狩猟獣化	16,000	16,241
2008	メスジカ狩猟獣化：環境省		19,744
2009	第 3 期シカ保護管理計画第 1 次変更 本州部での 　狩猟期間の延長（11/15～2/末→ 11/15～3/15） 　捕獲制限撤廃（1 人 2 頭→無制限） 　地域別捕獲目標の設定 淡路地域での 　捕獲制限緩和（1 人 1 頭→ 2 頭） 　直径 12 cm 以上のくくりわな解禁 県下全域での 　わな猟捕獲促進，新型捕獲方式の開発・普及	20,000	20,106
2010	第 3 期シカ保護管理計画第 2 次変更 本州部での地域別捕獲目標の増 淡路地域での捕獲制限撤廃（1 人 2 頭→無制限），地域別捕獲目標の 　設定 県下全域での狩猟報奨金制度創設，個体数調整 事業の拡充，わな猟による捕獲促進，新型捕獲わなの開発・普及	30,000	36,774
2012	第 4 期シカ保護管理計画策定		31,835
2013	集落捕獲支援事業の開始	35,000	38,992
2015	ニホンジカ管理計画策定		45,569
2016	指定管理鳥獣（シカ）捕獲等事業開始	45,000	43,682
2017	第 2 期ニホンジカ管理計画策定		37,675
2018	捕獲専門家チーム制度創設	46,000	37,234
2019	獣害対策チームによる被害対策の総合的な推進	46,000	40,937

1994年には，北海道，岩手県，兵庫県，長崎県（対馬）で試験的なメスジカ狩猟が10日間限定で実施された。1996年には，保護管理計画（任意計画）を策定した地域において，都道府県単位でのメスジカ狩猟が環境省によって許可された。

1999年の法の改正では，被害が深刻な野生哺乳類を対象に科学的で計画的な管理，すなわち，**特定鳥獣保護管理計画**の策定による対策が可能となった。特定計画を策定することにより，当時非狩猟獣であったメスジカの捕獲や猟期延長など捕獲に関わる規制が緩和され，都道府県の実情に合った意思決定や施策実施が可能になる。

表5.1には，兵庫県におけるシカ管理の経緯と捕獲目標，捕獲実績を示した（兵庫県2017）。メスジカの狩猟獣化，猟期の延長，頭数制限の撤廃など，法令の範囲内で徐々に規制が緩和されてきたことがわかる。2000年の計画策定当初は，少ないデータから個体数推定を行い，半減を目標としていた。しかし，データや国が示した推定手法が不十分であることが否めなかったことから，2007年からは，個体数推定に基づく目標設定から農業被害に基づく目標設定に変更した。2014年からは農業被害に加えて森林生態系被害の指標である下層植生の衰退に関する指標も併用している。2010年以降は，県独自の個体数推定結果が得られるようになり，従来の推定が過小評価であったことが明らかになったため，捕獲目標数を2009年の2万頭から3万頭以上の捕獲に変更した。また，5年に1度の計画見直しでは，対応が遅れるため，2010年度より，**年度別事業実施計画**を策定する体制をとり，毎年のモニタリング結果からの個体数推定と農業被害の状況から効果を検証し，翌年の計画を修正している。現在では，県全体として個体数が大幅に削減し，農業被害の減少も確認されている。しかし，これまで生息していなかった分布の周辺地域において，個体数の急増も認められ，地域による個体数と被害の増減の差が拡大している。

一方で防護柵の設置は，さまざまな補助金制度を活用し，兵庫県では，2019年度までに総延長9,300 kmに及んでいる。防護柵を有効に機能させるためには，設置時に維持管理体制を明確にしておく必要がある。しかし，現状では，防護柵の管理体制が，概して不十分であるため，これに関する集落指導を強化している。

> ☞アドバイス　シカの採食生態や環境への適応力，増加率などの生態的特性から高密度化した場合に発生する問題を理解し，個体数管理と被害管理を適切に実施することが重要であり，管理の基本となる。

5.3.4　有効活用にあたっての留意点

近年，シカについても資源としての活用に関心がおかれるようになった。シカでは，人獣共通感染症は非常に少ないが（11章参照），食資源として肉を利用する場合は，食品衛生法を遵守した上での処理が必須である。消費にあたっては，家畜と同等の加熱調理が必要である。シカ肉の喫食による食中毒の大半は，加熱処理を行っていれば防げたものである（鈴木・横山2014）。シカ肉について問題となる疾病は，E型肝炎ウイルスによるものであるが，全国規模での抗体検査の結果では，シカがE型肝炎に罹患した割合は0.3%程度であった（Matuura et al. 2004）。家畜の豚では出荷までに80%，野生イノシシでは30%程度の抗体保有率であったことを考えると，シカによるこの人獣共通感染症のリスクは極めて低い。一方で，家畜同様，消化器官内に存在する一般食中毒菌による食中毒のリスクは高いため，加熱調理が必要である。そのほか，近年，筋肉内に住肉胞子虫，肝臓に肝蛭と槍型吸虫が確認されている（横山2012）。

すべての野生哺乳類には外部寄生虫であるマダニが寄生しており，取り扱う際には注意

が必要である。とくにシカへの選好性のあるフタトゲチマダニなどに SFTS（重症熱性血小板減少症候群）ウイルスの存在も確認されている（岡部ほか 2019）。対策者が，マダニ対策をしっかり行うことが重要である（疾病に関しては 11 章を参照）。

5.4 今後のシカ管理

これまでの管理では，個体数の過小評価によって，必要な捕獲数が低く設定されてきたことや戦略的な捕獲作戦を支える体制がなかったことが課題であった。そのため，今後は，科学的な個体数管理を実施することが望まれる。科学的な管理にあたっては，シカの個体数を毎年推定し，どの程度の捕獲圧をかければ，低密度状態を維持できるのか，地域ごとに捕獲目標を設定し，捕獲を実行する。また実施後には効果検証を行うことが求められる。個体数の推定にあたっては，データを収集し蓄積する体制の整備が重要である。

推定には専門性が求められ，最低限の推定の基礎を理解することは計画・対策にかかわるすべての者にとって欠かせない（14 章参照）。現在は，捕獲等の経年変化を利用した Harvest – based estimation によるモデルでの推定が一般的である。重要な点は，分析に用いる捕獲に関わる指標（捕獲数，捕獲日・捕獲地点・性・齢・**捕獲努力量**など）と，捕獲とは独立した野外調査による指標（**糞塊密度調査**等）を的確に収集することにある。2000 年代初めの頃にはデータと分析手法のいずれもが不十分であり，多くの地域で個体数が過小推定されており，その結果，個体数の増加を招いた。

シカ・イノシシなど大型獣の分布拡大と，個体数の急増がもたらす農林業被害の激化を背景に，2014 年には法の改正があり，環境省も捕獲促進に舵を切った（3 章参照）。2014 年の国全体の個体数管理の目標は，249 万頭（2012 年度北海道を除く推定生息数）を 10 年後に半減させることに設定された（3，8 章参照）。捕獲促進強化のために，指定管理鳥獣

例 題

1. ニホンジカの生態的可塑性について述べよ。
2. ニホンジカの近年の個体数の爆発的増加の要因を述べよ。
3. ニホンジカが引き起こす 2 つの被害について述べよ。
4. ニホンジカに求められる科学的管理についてまとめよ。

回 答

1. 南北に広く分布するニホンジカは，形態学的にも生態学的にも変異が大きく，環境変化に柔軟に対応するため，可塑性があるという。とくに食性は北方ではグレイザー，南方ではブラウザーの特徴を示す。また高密度下になると，それまで採食しなかったものでも採食するようになり，やがて下層植生を衰退させ，森林生態系の多様性低下を招くことがある。
2. 狩猟資源として捕獲圧が高まり，昭和初期までに絶滅に陥った地域が多い。東北地方ではほとんどの地域で絶滅した。第二次世界大戦後の保護政策により，徐々に個体数は回復した。増加の兆候を把握する仕組みがなく，増加しているにもかかわらず，捕獲制限が強く，とくにメスジカは長期間捕獲禁止であった。被害発生後も個体数は過小評価され，爆発的増加につながった。
3. 農業被害と森林生態系被害（生物多様性の低下）
4. データの蓄積による個体数の動向把握とそれに基づく個体数管理を行うこと。

捕獲等事業制度と認定事業者制度が創設された。

　しかしモニタリングデータに基づく管理体制の整備や予算化が遅れ，データの不足により，個体数推定が十分に行われていない地域も多い。捕獲推進のためには，的確な個体数推定が行われることが望まれる。そのためにも必要な管理情報を迅速に収集し，関係者間で共有することが求められる（14章参照）。

　以上のように，シカの管理の基本は，データに基づく捕獲数の設定と低密度化，そして防護柵による農地管理が二大柱である。2020年時点では，低密度化に成功している地域はまだ少なく，高い捕獲圧をかけなければ，個体数減少が見込めない状況にある。持続可能な捕獲を実施しうる体制の整備が必要な段階である。

演 習

ニホンジカが爆発的に増えた理由を踏まえたうえで，なぜ個体数管理が必要であるかを述べよ。

　回 答　ニホンジカは古くから貴重な資源として捕獲圧が高かった。とくに大正・昭和初期までは，欧米諸国における毛皮需要の高まりから外貨獲得に一役買っていた。また，軍服用の毛皮や薬としての資源的価値が高く，乱獲され，絶滅の危機に陥った。戦後の保護政策により，個体数は回復したが，生息状況を把握することも行われず，農林業被害の発生により，狩猟規制緩和が行われた。しかし，増加のペースが高く，状況判断が遅れ，個体数が激増していった。このような歴史的な背景から，人間による個体数管理が行われないとシカの増加を抑えることができない。高密度化した地域では，森林生態系の多様性が失われていった。そのため人間による捕獲による個体数管理は，被害管理とともに重要な管理ツールとなっている。

5.5　イノシシの基本生態

　イノシシはユーラシア大陸の多様な環境に適応した動物である。海辺から高山帯までの幅広い標高，また湿地帯から砂漠までのあらゆる環境に分布していることから，ハビタットの制限を受けない適応幅の広い動物とされる。日本では，主に広葉樹林帯に生息するが，放棄農地が広がる人為的環境なども利用する。そのため，中山間地域に広がる里地と山地が入り組んだランドスケープは，イノシシにとって，最も好適な生息環境であり，そのような場所で被害が大きくなる傾向がある。さらに都市環境にも容易に適応することが世界各地で観察されている。2011年の福島原発事故の後，人がいなくなった住宅地などにイノシシが住み着く事例も報告されている。市街地や都市環境は食物と隠れ場所を提供する好適な環境であるといえる。

5.5.1　分布の変遷

　北海道を除いて本州・四国・九州にニホンイノシシ，南西諸島にリュウキュウイノシシ *S. s. riukiuanus*（亜種）が分布する。イノシシは，縄文土器などにも描かれていることから，当時から食資源などとして利用されていたと推測され，人とのかかわりの歴史が古いことがうかがえる。

　本州のイノシシは，かつては全域に広く分布していたが，江戸時代に東北地方からは一掃された。冷害によるイノシシ飢饉に加え，イノシシによる農作物被害が深刻だったため，

積雪の多い地域で，冬期に大規模な追い込み猟を実施，根絶したとされる。長崎県対馬においても根絶されたという記録がある。

　第二次世界大戦後は，西日本を中心に分布していたが，ボタン鍋など食資源・狩猟資源としての価値が高く，1990年代中盤までは低密度に抑えられている地域が多かった。しかし，資源的な価値の低下および人口縮小に伴う社会経済の変化（2章参照）に応じて個体数は急激な増加に転じ，西日本では2000年以降，被害と捕獲数の急増をみた。さらに2010年以降は北陸・東北地域への急激な分布の拡大も続いている。環境省の報告によると1978〜2018年までの40年間で1.9倍の分布面積の拡大が認められるという（2章参照，環境省 2020）。

　世界的にはユーラシア大陸に広く分布しており，30亜種ほどに分類され，亜寒帯のヨーロッパ北部から，アルプス山脈などの山岳地帯，インドなどの亜熱帯地域，砂漠地帯まであらゆる環境に適応している。ヨーロッパにおいては狩猟資源としての価値が高く，イギリスやデンマークなどでは，一旦絶滅した歴史もあるが，飼育個体などの再野生化により，現在再びヨーロッパでは個体数増加が問題となっている（Massei et al. 2015，Keuling et al. 2017）。また，オーストラリアやカナダにも導入されている。北米大陸南部で生息を急激に広げているのは，家畜の豚（ノブタ）が野生化したものであるが，イノシシと同様の被害と分布拡大が，北米で大きな問題となっている（Snow et al. 2017）。

5.5.2　形　態

　イノシシは有蹄類であり，個体差は大きいが，成獣ではオスは60〜160 kg，メスは40〜80 kgほどである。リュウキュウイノシシは，これより小さく50 kg程度である。これら2亜種の外部形態の差異は少ないとされているが，下顎骨は本州産のものに比べてリュ

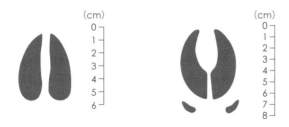

図5.9　シカとイノシシの足跡の違い

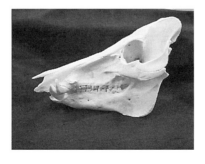

図5.10　イノシシ（オス）の犬歯
上下の犬歯とも擦れ合いながら一生伸び続けるため，鋭利に研がれた状態となっている。

ウキュウイノシシは小型であることが報告されている（Endo et al. 1998）。遺伝的には，比較的大きな変異が認められているため，別種とする説もある。

　蹄の副蹄が地面につくため，足跡はシカとイノシシを見分けることができる（図5.9）。四肢が短く，積雪期に移動が制限されるため，降雪後には銃猟での捕獲効率が高まるが，多雪地域にも生息している。頭蓋骨は他の大型哺乳類の中で最も厚みをもち頑丈である。オスもメスも牙（犬歯）をもつが，オスの牙は著しく大きく発達し，さらに生涯成長し続けるため，上下の牙が常に擦れ合い，鋭利に研がれているような状態となる（図5.10）。そのため，イノシシに突進され牙が突き刺さると，深刻な人身事故となり，場合によっては死亡事故をまねく。

5.5.3　生活史特性

　イノシシは**季節繁殖性**であり，交尾期は，12～1月をピークとし4か月の妊娠期間を経て5月下旬に出産が行われる。ただし，交尾期間が長く，シカに比べて出産がみられる期間が長いことも観察されている。オスは5月ごろまで交尾能力があると考えられている。メスは，出産後すぐに子を失った場合などに，**発情回帰**が見られ，周囲に交尾可能なオスがいれば，春に再び妊娠することもある。その場合は出産は，9～10月ごろになる。秋子

図5.11　イノシシの幼獣の模様，体サイズの差
下：5月に捕獲された0歳1.2 kg，上：12月に捕獲された0歳28 kg

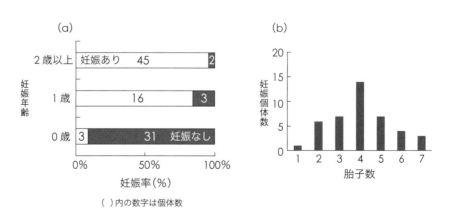

（ ）内の数字は個体数

図5.12　イノシシの繁殖特性　(a)年齢別妊娠率，(b)胎子数
（辻・横山 2014 より引用）

は，成長や生存に不利になり，1歳まで生存する確率は非常に低いとされている。生まれ
てから4か月ごろまでの幼獣には縞模様があり，「ウリボウ」とよばれる。出生時の体重
は800gほどで，1歳までに30kgに達する（図5.11）。0歳の秋，10月以降の成長は目覚
ましく7か月ほどで，体重が20キロを超えるようになる。栄養状態が良好な場合，11月
の時点で40kg以上となった事例も報告されており，稀ではあるが0歳で妊娠していた例
も報告されている。骨格の成長は，満2歳で完了する。

　兵庫県におけるイノシシの繁殖調査によると1歳での**妊娠率**は85%，2歳以上では95
%で平均**産子数**（胎子数）は4頭と高い繁殖力をもつ（Tsuji et al. 2013；図5.12）。かつて
は出生後の初期死亡率は高く50%ほどと考えられていたが（仲谷 1987），近年は，初期死
亡率は低いと考えられている。数%程度存在する秋子（辻・横山 2014）は，体温調節能力
が低い新生子期が秋となるため育つ可能性は限られている。そのため，個体数への寄与は
小さいと考えられる。しかし，近年では温暖で食物資源の多い瀬戸内海の島々に渡るイノ
シシが急増しており，これらの島では，秋に生まれた子が1歳以上まで生存した例が確認
されている。出生直後は低温に弱いため，温暖な条件に恵まれれば，秋子の生存率が高く
なると考えられる。

　また，市街地に出没するイノシシでは，産子数が多くなる傾向も認められているため，
栄養条件が良好な場合，産子数が増加することも示唆される。なお，ヨーロッパイノシシ
においては，成獣の産子数は平均6.28頭と現在の日本で明らかにされている数値よりも
大きい。ヨーロッパイノシシでは，産子数は緯度と正の相関を示すことが知られている
（Bywater et al. 2010）。

　以上のように，イノシシは，産子数が多いことから，毎年の個体数の変動幅が大きいと
推測される。しかし，科学的なデータは極めて少なく，国内での環境条件に応じた差異に
ついての研究が待たれるところである。

5.5.4　食　性

　イノシシがあらゆる環境に適応している主要な要因は，その食性にある。イノシシは雑
食性であり，季節を問わず主要な食物は，ミミズなどの土壌性昆虫，サワガニやカエルな
どの小動物，そして植物の地下茎である（小寺ほか 2013）。春にはタケノコ，夏には，昆
虫類，秋には堅果類，キノコ類などの栄養価の高い植物を好むので，高栄養な資源を常に
利用すると誤解されやすいが，粗食で大食漢である。農地を利用できる，あるいは廃棄さ
れた作物など栄養価の高いものが得られる場合は，それに執着する。動物の死体なども好
んで利用する。

5.5.5　行　動

　イノシシのオスは単独で，メスは血縁で結ばれた母系グループで主に活動する。出産後
は複数のメスが集まり，母親の異なる子が共に作る集団が観察される。農地周辺の森林な
ど条件の良い環境では，10km²ほどの行動圏をもち，定着性が高い（横山ほか 2014）。イ
ヌなどにより追い払ってもすぐに元に戻る，潜んでやり過ごすなどの行動をとる。身体能
力は高く，土などを鼻で掘り返す行動はよく知られているが，鼻先で70kgほどのものを
持ち上げられる力があり，成獣は1.2mほどの高さをジャンプすることもできる。柵を
巧みに破壊して，くぐり抜けることもある。嗅覚に優れており，鼻探索を基本とする（江
口 2003）。

　最も注目すべき能力は，警戒心と学習能力である。通常とは異なる環境の状況に遭遇すると，鼻を使って探索し警戒する。危険性がないとわかるとその環境を学習し，慣れが生じる。安全で資源が豊富な場所と学習すると，被害が甚大となる。たとえば，防護柵に不備があるなどで侵入しやすい農地には出没を繰り返し，行動がエスカレートすることもある。このような学習能力は，被害防除を難しくする要因の一つである。

> 🖙アドバイス　イノシシは学習能力が高く，増加率が高い。あらゆる環境に適応できるため，被害管理が難しい。1頭でも加害個体がいると農業被害や生活被害が深刻化するため，イノシシの特徴を把握したうえで被害発生初期からの対策が求められる。

5.6　イノシシの社会的課題

5.6.1　主な被害形態

　イノシシはあらゆる農作物を利用するが，とくにイモ・ダイコンなどの根菜類，ミカン・ビワなどの果実，乳熟期の水稲などを好む。そのため，田畑や果樹園（放棄地を含む）の被害が甚大となる。多くの作物では，収穫直前に被害にあう。作物の食害以外にも土壌中のミミズや地下茎を採食するため，掘り返しの行動により畦の破壊，柵の破壊，公園・緑地などでも被害が生じる。学習能力が高いため，防護柵の不十分な場所には繰り返して出没する。被害を与えるようになったイノシシは1頭でも甚大な被害を及ぼすことがあり，局所の個体数と被害と間には必ずしも関係があるとは限らない。しかし，個体数が多い場合は，防護柵が壊される可能性も高まり，防除がいっそう困難となる。個体数を低密度に保つことは，防除を行う上でも重要である。また，人身事故では死亡事故を引き起こすこともあり，出没そのものを潜在的被害とみなければならない。

5.6.2　歴史から読み取るイノシシ管理

　西日本では，高い繁殖率により，大正から昭和にかけての高い捕獲圧の下でも絶滅に追い込まれることはなかった。この点はシカがたどった経緯と異なる。一方，東日本では，江戸時代の深刻な農業被害対応として，積雪期に追い込み猟により根絶させた歴史もある（2章参照）。積雪により移動能力が制限されるという特性を利用した捕獲が，徹底して行われたためである。積雪地帯では，降雪後は足跡を追うことが容易となるため，銃による捕獲効率が高まることも知られている。

　イノシシの分布拡大，個体数増加は，1980年代ごろから主に中山間地域において目立つようになったが，耕作放棄地の増加などの社会的な変化が，イノシシのハビタットを増加させることで，集落へと誘引したことが遠因として挙げられている。

　1990年半ば（バブル崩壊）以降には，食肉としての価格が下落し，狩猟圧が弱まったことが，現在の個体数急増につながったと考えられる。2000年ごろから有害鳥獣捕獲が急増しているが，個体数増加の勢いは抑えられなかった。狩猟による捕獲では多くの肉量を得られる大型のイノシシ（成獣）を捕獲する傾向があったが，有害鳥獣捕獲では，1頭ごとに報奨金が支払われることや，箱わなで捕獲しやすい幼獣（0歳）の捕獲が主になったことも個体数増加を十分に抑えられない理由である。箱わなによる捕獲では1頭ごとの捕獲であり，同時に生まれた幼獣をすべて捕獲できていないこと，成獣を捕獲できていないこと，母系の群れの1頭が捕獲されると他の個体がわなの危険性を学習・忌避することなども個体数抑制に効果が認められない理由である。

捕獲における幼獣・成獣の選択性などは，イノシシの場合はとくに個体数増減に大きな影響を与える（後藤ほか 2016）。捕獲にあたっては，地域の個体群の動向を把握し，捕獲圧のかけ方を十分検討する必要がある。加害個体を捕獲する場合は農地周辺に出没する個体を着実に捕獲（箱わな）することに加えて，地域全体の個体数の低減を図ることも必要であり，そのためには，山林を含め 3 つの捕獲手法（箱わな・くくりわな・銃猟）を組み合わせて成獣と幼獣両方の捕獲が必要である。

被害防止のためには，加害行動を抑制する取り組みも重要である。物理的に農地を囲う金網柵やワイヤーメッシュ柵，心理的な防護柵である電気柵のいずれもが効果的であるが，弱い箇所があれば破壊されやすいため，定期的な点検・補修が重要である。

5.6.3　特定鳥獣保護管理計画によるイノシシ管理

イノシシは乱獲の時代に他の獣種が絶滅の危機に陥っても，絶滅することなく主に西日本において低密度で維持されてきた。肉や皮革などの資源的価値が高く，捕獲圧が高かったにもかかわらず，絶滅しなかったのは，多胎であるなど繁殖率の高さが影響していたと考えられている。猪垣やトタンによる防護柵など農地を防衛する取り組みは古くから続けられており，個体数管理よりも被害管理が主であったことがわかる。

また，イノシシは生息数の年変動が著しく，生息動向を把握しにくい。加えて，糞が残りにくく，痕跡なども定量化が難しいため，イノシシの生息指標の開発は難しかった。そのため，被害管理による対策に重点がおかれ，科学的管理を基本とする特定計画を策定しない県が多かった。しかし，2010 年前後から個体数増加による被害の深刻化，捕獲数の急増などにより，科学的管理の必要性が高まり，現在までに 44 府県で特定計画が策定されている。計画の多くは，シカと合わせた狩猟期間の延長やくくりわな 12 cm 規制の解除など，捕獲強化の方策と被害防除を中心とするものである。

イノシシの場合は，親とその子を同時に捕獲することが最も効率が高いと考えられ，ICT を活用した群れ捕獲などが試みられるようになってきたが，依然として 0 歳獣ばかりを捕獲している地域も多く，捕獲数が急増しても，被害や生息数にはあまり変化が見られていない。2010 年以降 40〜60 万頭 / 年ものイノシシが捕獲されているが，被害低減に至っていない。

生息数の動向に関する個体数の指標は，捕獲数に加えて**捕獲効率**，目撃効率など捕獲に関わる指標が収集されているが，多くの計画において，個体数や捕獲数の目標設定はない。近年，自動撮影カメラによる有蹄類の局所密度の算出が可能となり（Nakashima et al. 2018），この密度と相関がある指標，「くくりわな捕獲効率（CPUE）」，「掘り返し痕跡密度」との関係性が高いことが明らかになり，イノシシの密度推定の取り組みが始まっている（14 章参照，Higashide et al. in press）。

2018 年に岐阜県で獣畜共通感染症である**豚熱**（CSF）が発生し，個体数もしくは密度管理の必要性が高まりつつある。ワクチン散布とともに高密度地域をなくす捕獲対策の強化が進められている。CSF は畜産業に大きな影響を与えるが，他にも日本紅斑熱や SFTS ウイルスなどダニ媒介性の疾病が人の生命に影響を与えており，データに基づく戦略的な低密度化のノウハウを蓄積していくことが喫緊の課題である。

被害対策には捕獲とともに，防護柵の設置と管理が重要である。しかし，すでに述べたように，イノシシは構造物を容易に破壊したり，良質な食物資源の場所を学習する能力が高い。集落に設置する金網柵は，風雪や風倒木などにより，柵に弱い部分が生じやすく，

そこから容易に壊され農地に侵入されるため，定期的な防護柵の点検維持管理が被害防止のポイントとなる。

この学習能力の高さを逆手にとって，人為的環境に対する警戒心を高める防除が効果的である。電気柵は，警戒しながら農地に近寄っている段階で，電柵を鼻探索すると，鼻先に高電圧電流が流れるため，高い忌避条件付けが可能となる。身体的に生死を感じるほどの刺激を与えられると，**忌避条件付け**ができ，電気柵を見ただけで逃げるようになる。また，餌で誘引し，わな内を安全な餌場として学習させることで群れ捕獲が可能となる。

ただし，現状ではこの学習能力の高さを適切に被害防除につなげていく努力は十分ではなく，2000年以降，イノシシによる農業被害は年間50億円以上にのぼっている。イノシシの場合，農地に侵入すると作物を食べるだけでなく，踏み荒らしなどの被害も多く，大面積に被害を及ぼすことがある。そのため，個体数が少なくても被害金額が大きくなることがある。

5.6.4　市街地への出没

イノシシによる都市や市街地への出没は年々増加傾向にある。出没状況は，突発的なものから餌付けやゴミ管理の不徹底による誘引・人馴れ行動によるものなど多岐にわたる。1960年代後半からイノシシが生息していた神戸市六甲山系では，当時野生動物が珍しい存在であったため，登山者による餌付けがなされるようになり（松金・横山 2014），人を見ると餌が得られると学習したイノシシが都市に侵入し，ゴミ箱あさりや甚大な人身被害を与えるようになった。そのため神戸市は2002年イノシシ**餌付け禁止条例**を制定し，徹底したゴミの管理，餌付け禁止対策を実施した（神戸市 2014）。被害の増加を食い止めることはできたが，ひとたび人間の食べ物を覚えたイノシシの行動を矯正することは難しく，

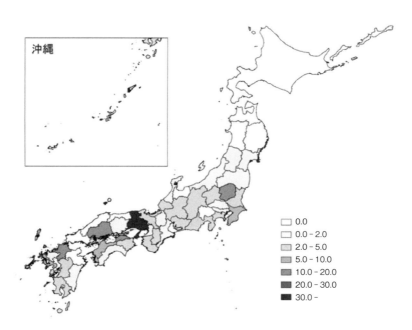

沖縄

□	0.0
□	0.0 - 2.0
	2.0 - 5.0
	5.0 - 10.0
	10.0 - 20.0
	20.0 - 30.0
■	30.0 -

図5.13　イノシシによる人身事故件数（2016〜2019年）
（環境省（2020）「イノシシによる人身被害について」より引用）

市街地で定着してしまえば，駆除以外の方法がない。都市部では，駆除を行うと，日常的に野生動物の被害にあう農村地域と異なり，被害と関わりのない都市住民からの愛護的クレームが多く，行政的な判断が難しくなる場合が多いなど，問題が複雑になりやすい。安全面からも駆除が必要とならないよう市街地への侵入予防を第一に考える必要がある。

　一方で，予兆がなく突然市街地に出没する例も報告されている。しかし，市街地周辺まで分布が拡大していても，適切な把握がなされないまま，市街地に逸出する個体を生じているケースが少なくない。2019 年に東京都への出没は，荒川と多摩川という比較的離れた場所で，同時に発生した。荒川は千葉方面からの突発的出没と考えられた。多摩川では，それまでに目撃情報が多発しており，東京都の監視システムでも把握されていた。

　市街地に出没してからの人身事故も多く報告されている。環境省によると 2019 年は 19 府県で人身事故が発生した（環境省 2019；図 5.13）。古くから餌付けによってイノシシが都市に出没している神戸市六甲山系では人身事故は多いが，対策もあらゆる観点から実施されているため，死亡事故には至っていない。それに対して熊本県，愛媛県，静岡県，群馬県などは死亡事故が報告されている。近年出没が増加している香川県などでは，出没対応のガイドラインやマニュアルが整備されている（香川県 2016）

> ☞アドバイス　　現在世界中でイノシシは増加し，管理が難しくなっている。とくにイノシシは，**アフリカ豚熱**（ASF）など致死的な疾病が家畜に甚大な被害を起こすことから低密度化に向けた個体数管理が重要となっている。

5.7　両種に共通する管理の留意点

　シカ・イノシシの管理を困難にしている一つに，哺乳類に共通してみられる環境適応能力と学習能力の高さが挙げられる。害虫に対しては，発生時期や効果的な農薬や忌避剤などが作物ごとあるいは地域ごとに明らかにされ，それに応じた防除技術が発達している。しかし，哺乳類の場合，音（超音波も含む），光など忌避物質は，生死を感じるほどに痛みなどと関連付けられなければ，数日で学習してしまう（江口 2013）。警戒心の強い哺乳類に対して確かに，数日間に限って驚かすことは可能であるが，長期間の栽培時期を通じて，あるいは農地全体で効果があるものはない。野生動物の学習能力に関する情報は，農水省のホームページにおいて動画で公開されている（農水省 2020）。野生動物の特性を正しく理解すればこれらが効かないことはすぐに理解できるだろう。管理の実践に入るためには，まずそれぞれの対象動物の生態的特性を踏まえたうえで，対応方策を考える必要がある。

　また，野生動物管理においては，主観的な判断ではなく，客観的なデータ，つまり科学的情報に基づいて，個体数管理，被害管理，生息地管理を実施することが肝要である。野生動物の生息状況や被害実態に応じて，この 3 つの管理手法を組み合わせた計画を立案したうえで，管理主体の連携のもとで実施体制を整え，順応的に実行する必要がある（2 章，9 章を参照）。

例 題

1. イノシシの分布域の特徴を述べよ。
2. イノシシの繁殖の特徴を述べよ。
3. イノシシの食性の特徴を述べよ。
4. 被害管理の上で重要なイノシシの生態的特徴と管理の2本柱を述べよ。

回 答

1. ユーラシア大陸に広く分布し，生息環境は砂漠地帯から亜寒帯まであらゆる環境に生息している。日本では落葉広葉樹林帯を中心に北海道以外の全域に生息しているが，人為的環境も好んで利用する。市街地に住み着くことも少なくない。
2. 12〜1月ごろ交尾期，5〜6月ごろ出産という季節繁殖性であるが，出産直後に子供が取り除かれるとメスは発情回帰し，秋に出産することがある。1度に平均4頭ほど出産する。出生時は800 g程度であるが成長が早く1年後には30 kgほどになる。
3. 地下茎の植物やミミズなどの土壌性昆虫を中心に採食する雑食性である。基本は粗食な資源を利用するが，栄養価の高いものは好んで食べ，ゴミなど人為的な餌に対しては執着を見せる。
4. 学習能力と高い繁殖力が管理を難しくしている。適切な管理には，①防護柵の設置と維持管理，②加害個体や成獣を中心とした捕獲が重要である。

演 習

イノシシでは，被害管理を中心に実施されてきたが，近年個体数管理の重要性が高まっている。その理由を述べよ。

回 答　イノシシは低密度であっても加害個体が1頭でもいると農地への被害が甚大である。そのため，防護柵設置などの被害対策が重要であった。しかし，近年個体数が急増し，高密度化している地域が増えてきている。高密度であると柵が破壊される確率も高まり，被害対策がうまくいかない。また，獣畜共通感染症である豚熱が急激に広まっており，イノシシが養豚業に深刻な影響を及ぼしている可能性が指摘されている。ウイルスは高密度な場所で蔓延するため，低密度化が必要である。また，マダニによるSFTSや日本紅斑熱（11章参照）などの人獣共通感染症のリスクも高まり，人の生活圏にイノシシを誘引しないような対策が必要である。また，これまでイノシシが生息していなかった東北や瀬戸内海の島嶼部に分布が急拡大しているため，個体数の適切な管理が求められている。

> **コラム**　餌付けの功罪—都市に住み着いたイノシシ—
>
> 　神戸市は 150 万人が暮らす大都市であるが，六甲山等の森林が市域の 3 分の 2 を占める自然豊かな環境がある。六甲山では昭和 40 年代に登山客がイノシシに餌付けをはじめ，その後市街地にイノシシが流入し，人身事故が頻発するようになった。しかし，現在まで市内各地でイノシシへの餌付けが後を立たない。餌付け場所では，以下の写真のようにイノシシが長期間暮らし，この場所で繁殖するようになってしまった。
>
> 　餌を与えられると動くことも土を掘り返すこともなく，1 日中河川内で眠り続けている状況となった。本来のイノシシの食物と比べると，極端に高カロリーである人の食物を長期間与えられた個体では，蹄の変形や極端に牙が伸びる，皮膚病が見られるなど身体の状態が悪かった。とくにイノシシの牙は生涯伸び続けるため，上顎骨の牙が折れると下顎骨の牙が伸び続ける。下顎骨の牙が極端に伸びていた個体は，下顎骨の中でも伸び続けて骨を突き破る状態になっていた。このような異常個体は，これまでに 4 頭ほど確認されている。なぜここまで深刻な状態になったのかはわかっていないが，環境，食性，栄養状態などが関わっていると考えられ，人為的な食物はイノシシの体に深刻な影響を与えていたことが示唆されている。
>
>
>
>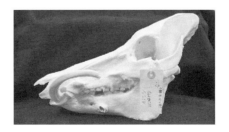

6. 野生動物の基本生態と社会的課題2
―クマ類

付き合い方を間違えると大きな人身事故の可能性があるクマ類。適切な管理のため，その生態的特性を踏まえた被害防止と，地域個体群の保全管理の基本を学ぶ。

6.1 出没対策を基本とするクマ類の管理

　日本のクマ類（ヒグマ，ツキノワグマ）は，森林内を単独で行動し，警戒心が強いため，通常は人を避ける行動をとる。しかし，近年，生息地に近い人里ではクマ類の人馴れが進み，人の生活圏への出没が頻発している。大型で身体能力が高い動物であるため，対応が遅れると人身事故につながりやすい。また，人身事故の危険性に対する恐怖心などの精神的な被害を発生する。農作物や家畜の被害の場合であっても，1度の出没で甚大な被害が生じがちである。一旦出没すると対応策が限られ，駆除以外の選択肢がない。しかし，被害を及ぼす加害個体を適切に捕獲することが困難な場合が多く，被害が継続する。したがって，出没をいかに抑制するかという**予防原則**にたった対策に力点を置くことが管理のポイントである。

　クマ類は，調査そのものが困難ではあるが，行政データとして収集可能な情報，たとえば，目撃や痕跡情報，捕獲情報のデータベース化とそれらの分析によって，被害対策を効果的に進めることは可能である（横山 2014）。ただし，抜本的な対策を進めるためには，出没のバックグランドとなる生息動向と行動特性などを把握する必要があり，生態学的な調査が欠かせない。保全と管理の方針を定めるためには，常に管理の現場と方針の離齬を埋める体制が不可欠であり，そのためには，客観的なデータが必須である。クマ類が多い地域では，しっかりとした現場対応の体制が無ければ，有効な対策を実行することが難しい。潜在的に人への殺傷能力を有するクマ類の対策には，それに応じた技術と経験が必要である。すなわち，十分に訓練された人材とその適切な配置，適切な連携で対策に取り組むための組織の構築が必要である。以下に，保全管理の視点に絞り，クマ類の基本生態，また人とクマ類とのかかわりの歴史を述べ，管理について解説する。

　　☞**アドバイス**　　予防原則（Precautionary Principle）とは，環境保全や化学物質の安全性に関わるリスクについて，環境や人への影響及び被害の因果関係を科学的に十分証明されていない場合でも予防のための政策的決定を行う考え方である。補償などでは補えない，不可逆的な被害の発生（怪我や病気など）リスクを回避する考え方である。

図6.1　ヒグマの親子（左）とツキノワグマ（右）

6.2　クマ類の基本生態

6.2.1　分布の変遷

　国内には，ヒグマ *Ursus arctos* とツキノワグマ *U. thibetanus* の2種が生息している（図6.1，図6.2）。世界的にはヒグマはヨーロッパ，ロシア，北米大陸と広く生息しているが，ツキノワグマは，東南アジア，北インドからアフガニスタン，チベット，中国の限られた地域にのみ分布しており，その分布はほぼブナ科植物の分布と一致している。

　ヒグマは北海道のみに生息し，1980年代には，生息数が激減し，絶滅のリスクが高まった。1991年に，環境省のレッドリスト（環境庁 2020）において，石狩西部と天塩・増毛地方のヒグマは，絶滅のおそれのある**地域個体群**（**LP**）と指定された。1990年には，全道において，春グマ駆除の停止など保護政策がとられた。近年には生息数が回復し，分布域も拡大傾向にある（北海道 2020）。一時はその絶滅が危ぶまれた石狩西部においても，南部の渡島半島の個体群と接するまで分布が拡大したとされている（環境省 2020）。

　地域集団間の地理的変異を検出する指標となる**ミトコンドリアDNA**のハプロタイプから，北海道のヒグマ個体群は3つの集団（道北―道央，道東，道南）に分けられることが確認された（Matsuhashi et al. 1999）。その変異は，大陸から日本列島への移入の時期や場所が異なることを示していると解釈される。

　ツキノワグマは現在，本州と四国に分布している。1991年には，6か所の地域個体群（下北半島，紀伊半島，東中国山地，西中国山地，四国山地，九州）はLPに指定された（図6.3）。九州では1941年を最後に捕獲されていない。1957年に死亡個体が確認されたが，その後生息確認がないまま50年以上経過したため，環境省は，2012年に絶滅を宣言し（1987年に大分県で捕獲されたツキノワグマは本州由来とされている：大西・安河内 2010），レッドリストからも削除された（環境省 2020）。自治体単位では，34都府県から生息の報告がある。東北から中部地域までの東日本地域では，比較的多くの個体が生息していると考えられ，狩猟も認められている。一方で，レッドデータブックに記載されていない個体群においても，滋賀県以西では，1990年代までに個体数が極端に減少し，生息域も分断され絶滅の恐れが大きい。そのため，2000年代半ばまでに滋賀県以西の府県で狩猟禁止または自粛となり（間野ほか 2008），錯誤捕獲の放獣や有害個体の学習放獣などが進められている。

　環境省による自然環境保全基礎調査では，第2回（1978年）から第6回（2004年）までの25年間にヒグマでは6.5%，ツキノワグマはで5.7%の分布域拡大が報告されており，出

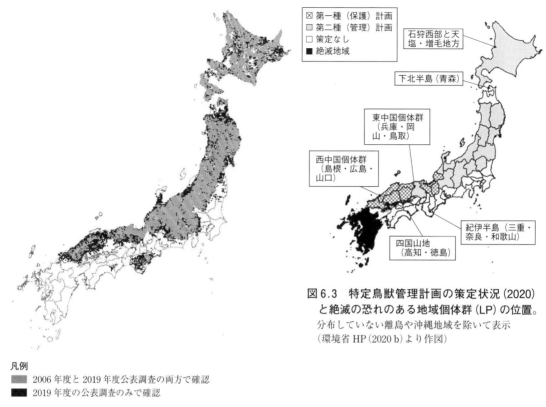

図6.3 特定鳥獣管理計画の策定状況(2020)
と絶滅の恐れのある地域個体群(LP)の位置。
分布していない離島や沖縄地域を除いて表示
(環境省HP(2020 b)より作図)

凡例
　2006年度と2019年度公表調査の両方で確認
　2019年度の公表調査のみで確認

図6.2　日本のクマ類の分布(出典:環境省 生物多様性センター)

没情報や捕獲数も増加していることから個体数は増加傾向にあると推測できる(図6.2)。2019年に公表された分布データでは,LP個体群のうち5か所がすでに近隣個体群と接するまでになっている。四国個体群のみ分布は縮小している。そのほか,分布が認められていなかった茨城県や栃木県東部への分布拡大などが認められている。

6.2.2　形　態

　成獣の平均体重は,ヒグマのオスで200 kg,メスでは100 kg,ツキノワグマのオスでは60~160 kg,メスで40~80 kgほどであり,両種の間にはかなり大きな体格差がある(図6.4 a)。両種とも体重には顕著な個体差が認められ,ヒグマのオスでは400 kg級の報告がある一方で,ツキノワグマのメスでは,27 kg程度の小さい個体の報告もある。オスとメスの成獣の体重差が大きく,性的二型が顕著である。両種とも冬眠するため,体重の季節変動も大きい。ヒグマの毛色は茶色系だが,稀に黒色のものや,胸にツキノワの模様があるものもいる。ツキノワグマの毛色は黒で,多くの個体で胸にツキノワの模様があるが,全くないものもいる(図6.4 b)。

　クマ類は,頭部の大きさに比べて目が小さく,視力は弱い。しかし,聴力と臭覚は優れている。イヌと類似した鼻腔をもつため,嗅覚はイヌに匹敵すると考えられる。また,相当遠くから人間の接近を察知し,逃げ出す行動が報告されていることから,聴力・臭覚は鋭敏であると考えられる。音や匂いが届きにくい雨の中や沢沿いでは,視力の弱いクマは人間の接近を察知できない。山菜採りや釣り人がクマに突発的に遭遇してしまうのはその

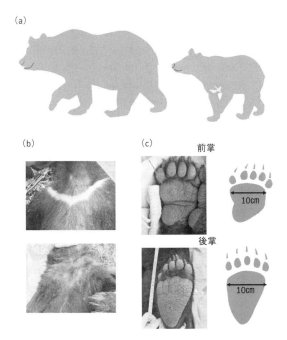

(a)

(b)　(c)　前掌

後掌

図6.4　クマ類の体の特徴
(a) ヒグマとツキノワグマの体格と大きさの違い概略（成獣オス）　(b) ツキノワグマの胸の斑紋の例　(c) 前掌球と後掌球の形状とサイズ（成獣オス）

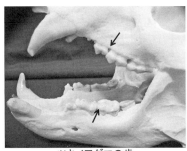

ツキノワグマの歯

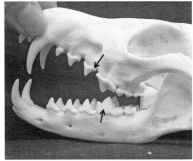

キツネの歯

図6.5　ツキノワグマとキツネの裂肉歯
上顎第4小臼歯と下顎第1大臼歯をあわせて裂肉歯（矢印）という。

ような場面であることが多い。

　歯の形態では、獲物を捕らえるための犬歯は発達しているが、肉を切り裂く「裂肉歯（れつにくし）」の形状は他の肉食獣と比べてそれほど発達していない（図6.5）。大臼歯は植物などを磨り潰すことに適した形態である。肉食獣でありながら、獲物が少ない氷河期を乗り越えることができたのは、木本類から草本類の枝葉、堅果類など、植物資源も利用できるような適応進化によるものと推察される。

　残された足跡のサイズからは、どのような個体が出没しているのかを判定することができる。目安となるのが足跡の幅である。地域差もあるが、兵庫県のツキノワグマでは、前掌球幅（前足）は、成獣のオス10.2cm、メス8.6cm、後掌球幅（後足）はオス9.8cm、メス8.1cmと顕著な雌雄差が認められる（中村ほか 2011b）。これ以下の場合は、亜成獣や幼獣の可能性が高い（図6.4c）。

6.2.3　生活史特性

　クマ類は、生活史の特徴が出没や被害の要因と関連することが多い。基本的には、ヒグマもツキノワグマも冬眠する。ツキノワグマでは日本・中国東北部のように生息域の落葉性の樹木（ブナとナラ類）の地域では冬眠するが、東南アジア－ヒマラヤ山麓など常緑性（カシ類）の地域では冬眠しない。クマ類の生活史の顕著な特徴の一つは、冬眠と繁殖が密接に関係していることである（図6.6）。冬眠期間は地域により大きな差はあるが、その期間中3か月から6か月ほどは採餌も飲水も行わず、排泄・排尿もしない。冬眠にはいる11月末頃までに体脂肪を蓄積できた成獣メスは、妊娠し、2月ごろ出産する。その後約3か月間は冬眠しながら、授乳をするという特殊な生理特性による保育が行われる。

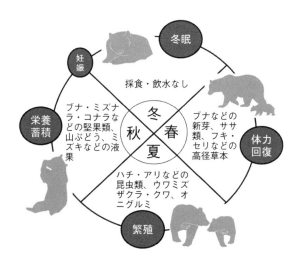

図6.6　クマ類の生活史特性

　クマ類の冬眠のメカニズムは哺乳類の中でもやや特殊である。一般的な哺乳類の冬眠は，体温が37度から徐々に4度にまで下がり，一切の生理的な活動は休止する。しかし，クマ類の場合，体温低下はわずかであり，冬眠中では体温が約34度に維持される（図6.7）。この間，排泄や排尿もなくなり，腎臓での水分が再吸収されるなど特別な生理状態になる（Nelson et al. 1984，坪田 2000）。

　オスもメスも3，4歳で性成熟し，条件が良ければ，メスは隔年で出産する。メスグマは，冬眠入りのタイミングと同時に妊娠する。交尾期は初夏であるが，交尾後，受精卵ができてもすぐには着床（妊娠）しない。秋に母グマ自身の生存と胎子の生育に十分なエネルギー（皮下脂肪）が蓄積された時点で受精卵の着床が起こるといわれている（Foresman and Daniel 1983，Spady et al. 2007）。これを「着床遅延」という。十分な脂肪が蓄えられないと着床が起こらずに妊娠しない。環境条件が悪くなると，出産を調整し環境収容力近くで個体数を維持する典型的なK戦略者といわれる理由である。

　妊娠したメスは，着床からわずか60日で出産する（Tubota et al. 1987）。2月上旬頃に非常に未熟な子どもを1～3子，冬眠穴で出産する。出生体重は，ヒグマで500 g，ツキノワグマで300 g程度である。産子数は，ヒグマではしばしば3子は確認されているが，ツキノワグマでは3子の報告例は少ない。新生子は毛も生えず目も見えない。子グマは母グマの授乳によって冬眠明けまでに，体重が10倍になるほどまで育つ。母グマは，その間，栄養摂取はなく，体のタンパク質重量の変化はないことから，体脂肪を効果的にエネルギーに変換していると考えられる。母グマにとっては，冬眠期間は，出産・子育てという重要な時期とも重なる。そのため，冬眠穴は「第二の子宮」ともよばれる。未熟な子を保育するには，冬眠穴は重要な場所となるため，とりわけ安全な場所が選択される。

　冬眠から目覚める時期は，性別や年齢に応じた成長ステージによって異なる。3月下旬頃から成獣オスが目覚め始め，次に若い個体や出産しなかったメスが冬眠から目覚め，出産したメスは子グマとともに4月下旬頃から5月上旬に冬眠穴から出る。ただし，冬眠する時期や目覚める時期，冬眠期間などには個体差が大きく，不明な点が多い。北海道の道北地方では，1990年代後半エゾシカが急増し，冬季の死亡が増えた頃から，エゾシカの死体を採食しているヒグマの姿が3月上旬から見られるようになった。このことから，同

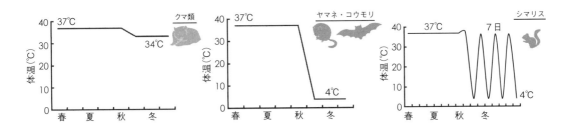

図 6.7　冬眠時の体温変化の概念図

一個体であっても餌の利用可能性など環境の状況に応じて柔軟に冬眠時期を変える可能性も示唆されている。

　春の山菜が豊富になる頃，冬眠穴を出た子グマは母グマの後を追い，生活力を身に付けていく。このときの学習は，その後の行動にも大きく影響を与える（Mazur and Seher 2008）。母グマははじめ狭い行動圏で動くが，子グマにある程度運動能力がつくと親子は採食しながら行動圏を徐々に広げていく。

　冬眠明け直後は行動が不活発であるが，6月に入ると交尾期に入って活発化する。交尾期のオスは，交尾相手を探すために通常より行動圏を広げる。0歳の子を連れたメスは，冬眠穴近くで活動し，交尾期にもオスを受け入れない。ヒグマでは2歳，ツキノワグマで1歳をすぎた子グマ連れのメスは，6月ごろ，子グマを自分の行動圏から追い出し（子別れ），オスの交尾を受け入れる。オスもメスも複数の相手の交尾を受け入れる乱婚型の配偶システムである。オスどうしの闘争は激しく，傷つく個体も多い。また，0歳獣を殺し，メスを発情回帰させる，いわゆる「子殺し」も確認されている。

　交尾期は7月末頃まで続くため，6，7月には出没が増加する。出没が繁殖活動による行動圏の拡大によるものであれば，ほぼ7月末に出没は収束する。8月になっても出没が続くのは，冷夏などで夏の食物が不足した場合である。ヒグマでは，この時期に，ビート（砂糖大根）やデントコーン（家畜用飼料）などの農作物被害が多く発生する。かつて開拓の時代に人や家畜を襲う被害が発生していたが，問題行動を行うヒグマの駆除により，1980年代末までは被害は減少傾向にあった。しかし，近年再びウシやイヌなどを襲う事例が増え始めている。道東地域など秋になると遡上するサケ・マス，堅果類などの食料が豊富になる地域では，ヒグマの出没は秋には収まることが多い。

　ツキノワグマに関しては，晩夏からスイカやトウモロコシ，果樹などの被害が発生する。9月中下旬より，採食行動はいっそう活発化する。長期の冬眠に対応するため，皮下脂肪を蓄積する時期に当たるためである。ツキノワグマは，この時期，ブナ科堅果類を積極的に利用する。これらの堅果類をはじめ，森林内における食物条件が悪い年には，10月をピークに農作物やゴミを求めて人里への出没が増加する。

6.2.4　食　性

　クマ類は食肉目に分類される動物種であるが，ヒグマ，ツキノワグマともに植物食の強い雑食性（山中・青井 1988，小池 2011）であり，森林のフェノロジー（生物季節）の進行に応じて季節的に食べるものを変化させる。

　春は木本類の木の芽から高茎草本などの植物を中心に採食する。夏になると資源量の豊

富な社会性昆虫（ハチやアリ）をよく食べる。高山帯に生息するクマ類は，高山植物（草本），ハイマツやチョウセンゴヨウマツの球果などを利用する（佐藤 2011，小池 2011）。落葉広葉樹林帯の森林は，初夏はサクラやイチゴなどの液果類が豊富にあるが，盛夏以降，植物の葉や茎は硬くなり，実は未熟であるなど食物条件が悪くなる。この時期には，数を増やす昆虫の利用が増加する。初秋には，クルミ類やクリなど一部の堅果，またヤマブドウやサルナシなどの液果類・漿果類を利用する。資源不足に陥る年には，この時期から農地や果樹園に被害を与える。

　秋は冬眠に向けて食欲を増す時期（飽食期）であり，とくにブナ科堅果類（ドングリ類）を積極的に利用する（小池 2011）。堅果類の実りが凶作の年には，農作物や人里にある残飯や放棄果樹に深刻な被害を与える年がある。半年近い冬眠期を生き抜くために春夏の体重の30％ほどに当たる体脂肪を蓄積する（中村ほか 2011a）。メスグマの場合は冬眠中に妊娠，出産，授乳を行う分の脂肪を蓄積する必要がある（Harlow et al. 2002）ため，食物を介した脂肪蓄積は，繁殖の成否にも影響を与える。

　近年，ヒグマ，ツキノワグマともシカの死体やわなにかかったシカの捕食などが確認されている。

6.2.5　行　動

　ヒグマもツキノワグマも本来，警戒心が強く臆病な動物である。一方で，学習能力は極めて高い。人里の食物を安易に利用できることを学習すると，次第に執着し，繰り返しの出没に発展するなど行動はエスカレートしていく（Stirling and Derocher 1990）。状況変化への対応能力も高い。

　行動圏や行動パターンに関する研究は，日本各地で行われているが，その高い移動能力と多様な行動様式が明らかになっている（間野 1990，Yamazaki et al 2009，青井 2011，横山ほか 2011）。「なわばり」はなく，行動圏はオスもメスも重なる（図6.8）。また同一個体でも，餌の豊富な年には行動圏は狭いが，悪化すると従来の行動圏から大きく逸脱し，資源の豊富な場所に移動する（Kozakai et al. 2011，横山ほか 2011）（図6.9）。このような年次変動のほか，生息環境の特性，個体差，そして経験値などによって，ハビタット選択

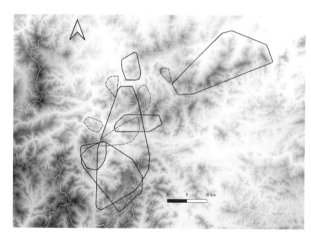

図6.8　行動圏の重複（横山ほか 2011 を改変）
実践はオス，破線はメスの行動圏

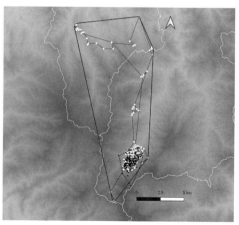

図6.9　同一個体の行動圏の年変化
（横山ほか 2011 一部改変）
白丸は凶作年，黒丸は豊作年

は大きく変動し行動圏サイズも変化する。

　近年 GPS を用いた追跡が可能となり，広い行動圏や多様な環境の利用が報告されるようになった。たとえば，従来の地上波を用いて調査分析した行動圏（最外郭100%）は，ツキノワグマのオスで 23.5〜130 km^2，メスで 6.9〜37.6 km^2 までの範囲であった。**GPS 首輪**を用いた方法では，オスは 256 km^2，メスは 205 km^2（Yamazaki et al. 2009）などが報告されている。同様の方法によって，兵庫県の東中国個体群では，オスで 185.6 km^2，メスで 102 km^2（横山ほか 2011）などの行動圏に関するデータが得られている。また，ダイナミックな標高移動を行うことも明らかにされている（Izumiyma and Shiraishi 2004）。

6.3 クマ類の社会的課題

6.3.1 主な被害形態

　クマ類による被害は，人が山菜やキノコ採り，登山などで山間部や森林内に入り込みクマと遭遇することによる人身事故と，クマが人里に出没し農地や集落内を徘徊することなどによって引き起こされる被害がある。後者の場合，農作物や生活への多様な被害，人身事故が発生する。出没そのものだけでなく，遭遇するかもしれないという恐怖心からの**精神被害**ももたらされ，地域社会の生活に多大な影響を及ぼす。

　ヒグマは，晩夏の出没が多い（佐藤 2005，早稲田・間野 2011，葛西 2011）。デントコーン畑やメロンやスイカなどの農産物に被害を及ぼすが（北海道環境科学研究センター 2000），近年は，家畜への被害も発生している。

　ツキノワグマは，1990年代までは森林内や山間の集落などにおける被害が多かったが，2000年以降は都市を含むさまざまな人間の居住地への出没が増加した。

　兵庫県において2010年に発生した大量出没の分析（稲葉 2011）によると，全目撃情報

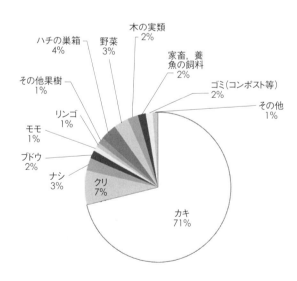

図6.10　兵庫県におけるツキノワグマの被害情報（513件）の内訳（2013年度）と被害を
　　　　与えているクマの様子
　　　　柿の木に滞在する親子（右上），コンポストに誘引され住宅敷地に出没した様子（右下）

図6.11　ツキノワグマによるヒノキの剥皮被害

のうち，集落内での目撃は62.8％と前年2009年（非出没年）の27.9％と比べ大幅に増加した。また出没の時間帯は7〜8時と19〜20時に出没のピークがあり，人の活動が活発になる時間帯とクマの行動時間帯が重なっていた。被害の内容は，物的損失を伴う被害が50.7％，そのうちの85.5％が果樹被害であった。果樹被害の71％はカキで，クリ，ナシ，ブドウ，リンゴの順でそれに続いた（図6.10）。果樹以外では，生ゴミ，コンポスト，ゴミステーションなどゴミとそれに関連するものの被害が多かった。そのほか，数は少ないが，蜂蜜，牛・馬などの家畜飼料，ヤマメ養魚用飼料，倉庫内の米・米ぬか類の被害などがあった（図6.10）。

　そのほか，林業被害として，スギやヒノキの剥皮被害がある。形成層に歯型が残るため，シカの剥皮被害とは明確に区別がつく（図6.11）。人身事故は，全国で年間50〜100件ほど発生している（図6.12）。しかし，2019年度には，大量出没がこれまで最も顕著であった2010年を上回る157件の人身事故が発生した（環境省 2020）。被害は年々深刻化しているが，とくに社会的に大きな問題となった事例は，2017年に秋田県で繰り返し人が襲われた事件や2019年にヒグマによって牛が被食された被害，海を渡って生息していなかった島（北海道利尻島，宮城県気仙沼市大島）に出没したことなどが挙げられる。

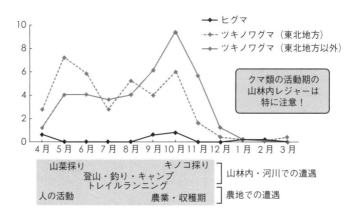

図6.12　クマ類による月別の平均人身被害件数（2011〜2016年度）
（出典：環境省クマ類のガイドラインより）

　2000年ごろからは，人を恐れないクマが目立つようになり，「新世代ベアーズ」と称されている。この傾向は，2020年現在も続いており，住宅街への出没が発生している。そのような個体は，人の存在を気にせず大胆な行動をとるので，きわめて危険な状況が生じることもある。観光地で人とクマの距離が近づき過ぎることも難しい事態を引き起こす。知床国立公園では再三にわたる観光客に対する注意喚起にもかかわらず，現在でも餌付けを行う観光客が後をたたず，国立公園管理者の管理負担が大きくなっている。

6.3.2　管理の視点

　クマ類に対しては，出没や被害に際して，人間側の恐怖心から，駆除の要望が高まることが多い。一方マスメディア等で被害が報道されると，被害地から離れた地域からは，動物愛護の立場からの保護の要請も高まり，対策者や行政担当者が駆除と保護の主張の板挟みにあうことが少なくない。そのような状況下で，管理を進めるためには，生息や被害のデータに基づく状況診断による客観的で透明な対策方針を明示し，具体的な手法などについて，丁寧に説明するなどの理解を得るための努力が必要である。このプロセスは，特定計画制度を活用した計画的・科学的管理でもある。以下に，特定計画を策定する上で踏まえておくべきことと，特定計画制度を活用したクマ類の保全管理について解説する。

6.3.3　出没要因

　クマ類の保護管理においては，出没要因を明らかにすることが被害対策の前提となる。出没要因は，季節によって異なり，地域や個別の要因もあるが，ここでは共通性の高い主なものを取り上げる。

　まず，出没時期は，大きく分けて，**交尾期**の6～7月，食物利用に関する端境期である8月，冬眠に向けて食欲が増す10月前後の3時期である。交尾期の出没は，交尾相手を探すオスが行動圏を広げることに由来し，突発的なものが多い。子別れの時期にも当たるため，1歳の亜成獣が警戒心なく人里に近づくことも起こりやすい。亜成獣の分散時期に出没が多くみられる場合，個体数が増加している可能性もある。この時期に，行動圏に誘引する食物（農地やコンポストなど）があれば，良好な餌場として学習する可能性がある。交尾期が終わったのちにも出没が認められる場合には，夏の食物不足が生じている可能性があり，農作物の被害が深刻化する。

　ツキノワグマによる被害が，最も深刻になるのは，秋季であり，人里への出没要因は，秋の山の実りであるブナ科堅果類が凶作であること（Oka et al. 2004，藤木ほか 2011）による。冬眠を控えた時期には，脂質や糖を豊富に含むブナ，ミズナラ，コナラなどのブナ科堅果類を好むが，堅果類の豊作・凶作のリズムは，種内で地域的に同調することが知られている（藤木ほか 2011，中静 2004）。

　多様な樹種がある森林では，たとえ1種類が凶作となっても，他の種類の植物の実が**代替食物**となる（Arimoto et al. 2011，Kozakai et al. 2011）。しかし，複数種が一斉に凶作になるような年には，森林内での資源が不足し，広域に移動できるツキノワグマは，行動圏を拡大して食物を探索する（青井 2011，横山ほか 2011 a，Kozakai et al. 2011）（図6.9）。人里でカキやクリなどが収穫されずに放置されていれば利用する。出没初期段階は，出没が深夜であるため，やぶ化した山側のカキやクリが食べられても人間は気づかない場合が多い。ツキノワグマは，人里に近づいても追い払われもせず，簡単に栄養価の高い果実を大量に，しかも安全に食べられる場所であることを学習してしまう。人間がクマ類の出没

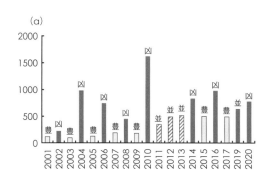
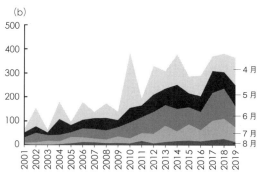

図6.13　兵庫県におけるクマ類の目撃情報の経年変化
目撃情報の総数（a）と春から夏の月別変化（b）

に気付いたときには，すでに出没が繰り返され，餌場への執着が高まっており，追い払いも捕獲も難しい。

　近年は各地で春から夏の出没が増えているが，それは秋の堅果類の豊凶だけでは説明できない。たとえば兵庫県の目撃情報は，2010年までは堅果類の豊作，凶作に影響されていた（図6.13a）。2011年以降は並作や豊作であっても年間の出没数は減らず，とくに春から夏の出没が急増している（図6.13b）。前述のように6〜7月は交尾期にあたり，オスの行動圏が拡大し，出没は増加する時期であるが，毎年この時期の出没が増え続けており，個体数増加が反映していると考えられる。

　ヒグマの場合，夏の出没が多く，北海道の自然環境や大規模面積を利用した畜産・農地の生産体系の観点から，防護や管理は非常に難しい。ひとたび被害が発生するとヒグマの行動はエスカレートし，家畜を襲うなど被害が深刻化することはすでに述べた。

　自然生態系では，資源は年変動するが，学習能力と運動能力の高いクマ類は，移動によりこの資源変動に対処する（横山 2009，横山 2011）。被害を防ぐためには，生息地のブナ科堅果などの資源変動のパターンを予測し（Fujiki 2018，Fujiki 2021），事前に対応策を検討する体制が必要である。食物資源が不足しているときに，人の生活圏に侵入すると，すでに述べたように，高い学習能力によって，行動がエスカレートしたり，執着したりと危険な行動を誘発する可能性があるからである。

　出没を加速させる要因として，直接要因のほかに間接的な要因もある。クマ類の生息地域近くの過疎化，高齢化による人里の状況変化（放棄農耕地の増加，人里周辺のやぶ化など）や森林環境の変化である。これらの要因は複合することが多い（横山 2009，2011）。被害を拡大させないためには，クマ類の出没に関する情報をできるだけ広く収集し，速やかに地域の対策へ反映させる仕組みが必要である。

6.3.4　具体的な管理手法

　クマ類の出没対策として主要な管理手法は，①誘引物除去（不要果樹類の伐採，ゴミの管理，家畜類の管理など），②電気柵等の設置による防護柵の設置，③学習放獣（移動放獣），④加害個体の駆除，⑤集落環境の整備（バッファゾーン整備）の5つである。出没の理由は，クマが食物を求めて人里に出没することなので，予防のための対策は具体的な誘引物をつきとめて，それを取り除くことである。

　分布が市街地まで広がると対策がきわめて難しいため，分布拡大の状況把握は重要であ

図 6.14　出没地に設置された電気柵

図 6.15　学習放獣の事例
捕獲時にカプサイシンスプレーをかけ，遠隔でわなの扉を開けたのちに，
轟音玉で追い払うなどの忌避条件付けを行う。

る。以下に具体的な対策を解説する。

① **誘引物除去**：収穫されなくなったカキ，クリなどの果樹が誘引物となりやすい。放置せず，撤去する必要がある。管理できないほど巨木化した場合，伐採には，行政の支援が必要である。そのほか，養鶏場の鶏，牛舎や養魚場の餌や餌の置いてある作業小屋，コンポストやゴミ集積場も誘引の効果が高い。夜間のゴミ出しにより誘引した例もある。利用可能な食物がなければ，クマを引き寄せることがないことを地域住民，事業者に周知することが重要である。

② **電気柵等の防護柵の設置**：クマの場合，金網柵はよじ登るため，農地の防衛には効果がない。心理的に忌避させるには電気柵が効果的である（9 章参照）。クマ類は警戒心が高いため，農地に侵入する際には，鼻探索を行う。警戒心が強くなっている時に電気柵に鼻が触れると効果が高い。ただし，誘引物への執着度が高く，鼻探索の行動をとらないまでに行動がエスカレートしている場合には，背中の毛が電気柵に接しても刺激は生じないためほとんど効果がない。被害が生じる前の早い段階での電気柵設置（図 6.14）が望ましい。

③ **学習放獣（移動放獣を含む）**：個体群が絶滅の危機に瀕している，あるいは個体数が減少傾向にあるような場合は，捕殺を可能な限り減らす必要がある。学習能力が高いため，忌避条件付けを行い，人里へ接近させないための行動修正の機会とする。非致死的手法の代表的なものとして，捕獲したクマを麻酔等で不動化し，覚醒させる際にカプサイシンスプレーを吹きかけ，さらに放獣の際に轟音玉（ごうおんだま）などをなげて，強いストレスを与えてる手法がある。このような対策は，森にクマがいても人

図6.16　有害捕獲のためのドラム缶わなの設置事例

図6.17　バッファゾーン整備

集落環境に茂った樹木を伐採し，草刈りなどにより山側と集落の間の見通しをよくする整備

里に近づかなければ，人身事故が起こることはないとの仮定のもとに行われている。この取り組みが最初に行われた北米イエローストーン国立公園は，広大な生息地が連続して広がっているため，忌避条件付けと同時に移動放獣が有効であった。また，米国グレイシャー国立公園では，長距離の移送が効果的であることが示されている。短距離ではすぐに被害地へ回帰するからである（Mcarthur, 1981）。日本国内では，このような効果のある移動距離を確保することは困難であり現実的ではない。また，国内で学習放獣を行う場合は，捕獲した自治体が責任をもって放獣する必要があり，当然，同一市町内で行うことになる。各行政区内の空間スケールでは，どこに放獣してもすぐに元の捕獲地点に戻る可能性がある。放獣地点は，人間とクマ双方の安全を考えて選定され，多くの場合その行政区内の最も高い標高のエリアが選定される場合が多い。学習放獣は，西日本で広く採用されており（図6.15），絶滅の危機を回避することが

できた地域が多いことから，ある程度の効果があったと考えられる。また，北米では，放獣する際にクマ対策犬（カレリアン・ベアドッグ）を用いた忌避条件付けが行われることがあり，国内でも長野県軽井沢町で導入例がある。

④ **加害個体の駆除**：個体数が少ない地域では，上記の忌避条件付けなどを行っても行動を修正できなかった個体に対して，次の段階では有害捕獲が行われる。個体数が安定，あるいは増加している地域では，殺処分の上限数設定などを毎年検討し，個体群に影響のない範囲で，人の生活圏周辺に侵入したものに対して有害捕獲を行う。ただし，人の生活圏に出没するような切迫した状況になった場合や人馴れ行動が確認された場合には，速やかな有害捕獲を行わなければならない。人へ危害が及ぶと捕殺要求が高まり，共存という考え方が拒絶されることになる。共存が難しい個体は適切に取り除き，人里の被害低減を図る一方で，森林にはクマ類が生息することへの理解を促すことが必要である。そのためには，管理責任者は有害捕獲が必要な場面であるか，あるいは誘引物除去等などで対応できる可能性があるか判断することが求められる。捕獲にあたっては，クマを安全に捕獲するために開発されたドラム缶式のわなが使われる（図 6.16）。シカやイノシシを捕獲するわなでは，強度が十分でない場合があり，また，捕獲後に移動が難しい。

⑤ **集落環境の整備（バッファゾーン整備）**：出没が増加した背景に山側がやぶ化し，動物たちが集落に侵入しやすくなっている状況がある場合には，集落環境管理などを実施する必要がある（図 6.17）。昨今では，過疎高齢化，空き家や放棄農耕地などさまざまな社会的要因により管理が放棄されている地域が多い。①の誘引物などとともに集落周辺と山側の間に広い空間を設けるために，山側の樹木を伐採し，やぶ化しないように草刈りなどを行う。集落柵などと組み合わせて実施すると効果的である。

6.4　人とクマのかかわりの歴史

　クマ類についても人とクマのかかわりの歴史を理解することは，今後の対策や管理方針を考えるうえで重要である。クマ類は，1940 年代までは貴重な，換金価値の高い狩猟資源であった。肉や毛皮，内臓や血液，脳にいたるまで，体のあらゆる部分が活用された。とくに，胆嚢は万能薬の「熊の胆」として貴重品であり（姉崎 2002），現在でも漢方薬として知られている。

　クマ類は，古来信仰の対象であり，世界中にさまざまな儀式が残されている。ヒグマでは，アイヌ民族による「クマおくり（イオマンテ）」の儀式がある。神を意味する「カムイ」という名前を与え，「キムンカムイ（よいクマ）」と「ウェンカムイ（悪いクマ）」とクマを識別していた（姉崎 2002）のは，有害性判断に基づいて実施する現代のヒグマ管理（北海道 2014）につながる考え方である。

　ツキノワグマは，猟師を生業とするマタギ集団などにとっては，伝統的な狩猟の対象であった。獲物は地域の冬の主要な食料であったが，明治時代以降は日本の狩猟獣の換金価値が高まり，外貨獲得を目的とした捕獲が増加した（田口 2000）。そのため，ツキノワグマは数を激減させ，捕獲制限が強化された。一部の個体群が絶滅の危機に陥ったのは，昭和初期までの乱獲の影響が大きい（田口 2000）。

　資源的利用が行われていた一方で，村がヒグマによって壊滅的な打撃を受ける事件も発生している。北海道に入植者が増えた明治・大正時代に発生した「三大事件（札幌丘珠，

苦前，石狩沼田）」は，ヒグマによる悲劇的な事件である（木村 1995）。クマ類は人身への殺傷能力がある生物であるため，クマ問題は人身事故と駆除の繰り返しの歴史であるともいえる。

　昭和初期から第二次世界大戦後の日本は食糧難であった。とくに戦後は，国内の資源は枯渇しており，人家周辺や田畑には，簡単に栽培できるカキやクリの木が大量に植えられた（鈴木ほか 2011）。当時，これらの自家栽培の果樹は，食料として重要な役割を果たしたが，高度経済成長以降，利用されなくなり，管理が放棄された。高齢化の著しい中山間地域では，秋に大量の実が放置され，野生動物の格好の餌となった。管理が 20 年以上も行われず，巨木化している果樹も多い。

　学習能力の高いツキノワグマは，資源が不足する年に広域に動き回る。森林から集落までの環境がやぶ化し，集落近くまで移動できることから栄養価の高い人里の放棄果樹は，格好の食物資源となった。資源の年次変動に対応するクマと人里の放棄果樹が結びつくまでには，時間を要しただろうが，ある時点から学習は加速したと考えられる。近年では，倉庫などに入り込んだり，牛舎の飼料を狙ったり，鶏小屋を襲うなどのエスカレートした行動につながる事例が増えている。クマによる被害と判定されないと，出没初期に適切な対応をとれずに被害が深刻化する場合が多い。

6.5　特定計画に基づく保全管理の実際

　現在クマ類が生息する 34 都道府県のうち 22 道府県（第一種 8，第二種 14）で特定計画が策定されている（環境省 2020 b，図 6.3）。2020 年現在は，北海道から中部地方（岐阜 長野）までは第二種（管理計画）が中心であるが，福井県は第一種（保護計画）である。西日本の府県では，2017 年の法改正以降，兵庫県の計画が第二種となったが，それ以外の府県は第一種（保護計画）である（環境省 2017）。

6.5.1　目的と体制

　クマ類の特定計画では，多くがその目的に，①人身事故および農林業被害の防止と，②安定的な個体群の維持の 2 つを挙げている。つまり，人間社会への被害低減（リスク管理）と個体群の安定的維持（個体数管理）を二本柱としている。

　計画の策定には，生息動向を把握する必要があるが，クマ類の場合，個体数推定の努力はなされているものの近畿圏以外では生息数の推定のための十分なデータがそろっていない地域が多い。具体的な推定生息数を挙げていても，その算出根拠が不明確な場合が多い。このような場合には，当面は，前節に示したように出没要因を探ることに重点を置く一方で，継続的にデータを集める仕組みを構築することも重要である。長期間のデータ収集によって，生息動向を判断するのに有効なデータを集める仕組みである。北海道では，生息数が推定できていない間は，任意計画とし策定していた。ある程度の精度で生息数推定が可能となった 2017 年より法定計画を策定している（北海道 2017）。

　クマ類の管理には，被害対策や個体数管理の実行体制が必要となるが，これらの体制整備が多くの地域でなされていないため，保全管理には課題が多い。2020 年現在で，実行体制を備えている地域は，北海道知床半島（葛西ほか 2011），兵庫県（兵庫県 2020，横山 2013），島根県（金森ほか 2009）だけである。実行体制の一部を外部委託などで予算確保を行っている地域は，長野県，滋賀県，京都府，鳥取県，岡山県などである。

6.5.2　個体数管理

　クマ類は現行法では，狩猟獣であるため，生息数が多い中部以北の地域では，過度な捕獲を避けるために有害捕獲の上限設定を行う計画が多い。上限に達した場合は，その後の狩猟の自粛を要請するなどの措置を行っている。しかし，近年は，出没被害が深刻化し，対策が捕獲に傾き，**捕獲上限数**を大幅に超える地域が増えている。上限を超える捕獲や推定生息数の半分以上を捕獲するものの，被害は収まっていない地域が多い。被害を防ぐためには，被害防除と捕獲をあわせて実行し，捕獲の効果を適切に評価することが必要である。

　生息数が少ない，あるいは減少傾向にある場合は，出没個体の加害性などを判断し，放獣や殺処分の基準などを設定する「**個体管理**」が有効である。近畿圏では，2000 年代に府県レベルで狩猟を禁止もしくは自粛し，有害捕獲個体の学習放獣，イノシシ等のわなに錯誤捕獲された個体の放獣体制を取り入れ，不要な捕殺を減らす取り組みを約 10 年間実施した実績がある（横山ほか 2008，横山・高木 2018）。捕獲個体を放獣する際には，すべての個体にマイクロチップを挿入し，個体を登録し，捕獲時にマイクロチップリーダーで，新規捕獲か再捕獲であるかを判定，それらの情報を活用して，**捕獲−再捕獲法**によって個体数推定している。兵庫県では捕獲記録と上記の捕獲−再捕獲法のデータから個体数を推定することを 10 年間継続し，推定個体数の結果に基づき捕獲許可の基準を設けてきた。その結果，近年は生息数が回復し，分布域も拡大していることが示された。推定された見かけの増加率（繁殖や移入による増加から自然死亡と移出による減少を除いたもの）は，2005 年から 2019 年の幾可平均で年 12.3％と報告されている（兵庫県 2020）。これは，スカンジナビア半島のヒグマが個体数を回復させていた期間の値と類似している（Sæther

表 6.1　ゾーニングの考え方（環境省クマガイドラインより）

ゾーン	目　的	概　念	被害のリスク
コア生息地	クマ類の保護	健全な個体群の維持（繁殖や生息）を担保するうえで重要な地域（奥山）。 低山帯であっても，個体群の保護に不可欠な地域であればコア生息地となる。 鳥獣保護区が設定されている等，狩猟等を行わない区域にコア生息地を設定する。	登山者などとの突発的な遭遇
緩衝地帯	防除・排除地域への出没抑制	コア生息地と防除地域・排除地域の間の地域であり，クマ類の生息地である。環境整備や狩猟等の人間活動により，物理的または心理的に人間とクマ類の空間的・時間的棲み分けを図る。	森林作業者，登山者山菜等の採取者などとの突発的な遭遇
防除地域	農林水産業被害防止	農業，林業，水産業など人間活動が盛んな地域。クマ類の人為的食物への依存や人慣れを回避する対策（被害防除・出没抑制対策）が必要である。 広域的なゾーニングにおいては，緩衝地帯から排除地域へのクマ類の侵入を抑制する対策が必要となる。	農林水産業被害，突発的な出没や集落近隣に定住した個体による人身事故
排除地域	人身事故防止	市街地，集落内の住宅密集地など人間の居住地であり，人間の安全が最優先される地域。 クマ類の人為的食物への依存や人慣れを回避する対策が必要である。	突発的な出没や近隣に定住した個体による人身事故

et al. 1998)。なお，ヒグマの個体群が回復した後の，2000年代は5～10%ほどの増加率が確認されている（Kindberg et al. 2011）。

2020年現在では，兵庫県では，有害捕獲時の学習放獣は，被害管理不足の場合に限るなど要件を緩和する措置が進められている。錯誤捕獲については，引き続き放獣が行われている。これらが実行できたのは，適切な放獣体制と予算措置が行われたことによる。一部自治体では，個体数の増加傾向が続いているため，狩猟の部分解禁が実施されている。たとえば，兵庫県では個体数の回復が見られ，2016年に推定個体数の中央値が800頭を上まわったことから，狩猟を解禁したが，再び絶滅に向かうことのないよう800頭を上回った年に1か月間の限定とし，毎年の個体数推定結果に基づいて，年度ごとに可否の判断が行われている（兵庫県 2017）。

2017年の特定計画のガイドライン改定（環境省 2017）によって，ゾーニングの考え方（表6.1）が示され，地域ごとに排除地域，共存地域を設定し，捕獲規制に強弱をつける管理が推奨された。地域個体群の生息状況を踏まえたうえで，人とクマ類との棲み分けという

表6.2 クマ類の個体数水準と保護・管理の目標（環境省クマガイドラインより）

個体数水準	保護・管理の目標	
	分布域	個体数
1（**危機的地域個体群**） 【成獣個体数】 100個以下 【分布域】 きわめて狭く孤立	分布域及び周辺地域の環境保全と復元により分布域の維持・拡大を図り，周辺の地域個体群との連続性を確保する	個体水準2への引き上げ 【捕獲上限割合】狩猟禁止。緊急の場合は，捕獲数を最小限にとどめるため，可能な限り非捕殺的な対応により捕殺を避ける（捕獲上限割合は成獣の個体数の3%）。
2（**絶滅危惧地域個体群**） 【成獣個体数】 100-400頭程度 【分布域】 狭く，他個体群との連続性少ない	分布域及び周辺地域の環境保全と復元により，分布域の維持・拡大を図り，周辺の地域個体群との連続性を確保する	個体数水準3への引き上げ 【捕獲上限割合】狩猟禁止，捕獲上限割合は成獣の個体数の5%
3（**危急地域個体群**） 【成獣個体数】 400-800頭程度 【分布域】 他個体群との連続性が制限	分布域の維持，分布域内の環境保全	個体数水準3の維持または水準4への引き上げ 【捕獲上限割合】狩猟と被害防止目的捕獲及び特定計画に基づく個体数調整捕獲の合計数（捕獲上限割合）を総個体数（目標が水準4へ引き上げの場合は成獣の個体数）の8%以下に抑えるように努める。
4（**安定存続地域個体数**） 【成獣個体数】 800頭程度以上 【分布域】 広く連続的	分布域の維持，分布域内の環境保全 分布域拡大により人間との軋轢が顕著に増加している場合には分布域の縮小，分布域内の環境保全	個体数水準維持と持続的な狩猟の維持，適正個体数への誘導 【捕獲上限割合】狩猟と被害防止目的捕獲及び特定計画に基づく個体数調整捕獲の合計数（捕獲上限割合）は総個体数の12%以下に抑えるように努める。人間との軋轢が恒常的に発生している場合，捕獲枠を3%上乗せ（総個体数の15%以下）することも可能である。

考え方を導入することにより被害防止と保全を図るためのものである。近畿圏の場合，山林と集落が入り組んだランドスケープが多いため，ゾーニングでは，集落環境から概ね200 m以内での捕獲緩和を行っている。注意点として，近年のシカ・イノシシの捕獲促進により，わなの設置数が激増しているため，ゾーニングエリアのすべてのわなに捕獲許可を出すと捕獲圧が急激に高まるおそれがあるため，捕獲上限の設定と合わせた運用が求められる。捕獲上限数については，環境省ガイドラインにおいて，個体数水準に応じて，3～15％と設定されている（表6.2）（環境省 2020）。

6.5.3 被害管理

これまで述べてきた通り，クマ類の被害管理は**予防原則**が大前提となる。しかし現状では十分なデータと体制がないため，多くの場合，出没後の対応に重点が置かれている。計画の策定にあたっては，誘引物の管理，出没情報の共有方法，出没時の加害個体の判定や有害捕獲の許可基準などを定めておくことが必要である。クマ類の場合，特定の個体が被害を及ぼすことが多いため，加害個体を適切に捕獲できるかが出没後の対応としては重要である。都道府県は生息状況やブナ科堅果類などの森林資源の動向などを調べ，市町村などの基礎自治体は住民とともに誘引物除去を適切に実施する体制の構築を計画に盛り込み，予算措置を行うことが必要である。人身事故の大半は，クマの目撃や被害を理解していれば，防ぐことができた事例であり，情報共有はとりわけ重要である。

6.5.4 生息地管理

クマ類の生息環境は広大であり，個体数が増加傾向にある現状から判断して，ハビタットとしての森林環境は良好な状態にあると考えられる。生息地近くの農地が耕作放棄され，集落の周囲がやぶ化すると，森林と人為的環境の境界線がなくなり，クマ類の生息環境が人の生活圏に接近するようになる。人とクマ類との棲み分けには，森林と集落の間に緩衝帯（バッファーゾーン）を設けることが必要である。すでにやぶ化して，カキ・クリなどが巨木化していると，個人では対応できない。これらを改善する公共的な支援は必要である。

また，出没を左右する森林資源（堅果類など）の豊凶調査データは，被害管理に重要な役割を果たすため，都道府県単位でデータ取得ができるよう計画に盛り込むべきである。

6.5.5 広域管理

ツキノワグマの生息域は行政界にまたがっていることが多い。とくに西日本の生息地は，複数の府県境界が分布の中心となっている。そのため，都道府県単位の管理計画では，対応方針が異なる場合，個体群の適正な維持に限界が生じる。これまでの広域管理の事例としては，広島，島根，山口にまたがる西中国個体群の合同の管理計画がある（金森ほか 2008）。この計画は2002年に策定され，被害防止対策や捕獲上限数などを含めた対策を連携して実施する基盤が整備された。計画策定当時は，西中国個体群の推定生息数は300頭ほどと推定されていた。現在，西中国個体群の推定生息数は平均800頭にまで増加していると推定されている。

2009年には白山・奥美濃地域個体群に対して，5県（富山県・石川県・福井県・岐阜県・滋賀県）が共通の管理指針を策定している（白山・奥美濃地域ツキノワグマ広域協議会 2009）。この指針に基づいて，各県が整合性のある特定計画の策定を行っている。共通の広域指針が策定された背景としては，2004年と2006年の大量出没があり，両年とも500

頭以上の捕殺があった一方で，捕獲の6割を放獣した県や多くの捕獲個体を殺処分した県など対応が異なっていたことが挙げられている。本指針では，各県の独自性を尊重しつつ被害軽減や円滑な情報交換を促すための考え方や対策の方向性が示されている。

2018年には，東中国個体群と近畿北部西側個体群に対して，4府県（京都府・兵庫県・鳥取県・岡山県）の広域協議会が設立された。この協議会では，捕獲情報や個体ID（マイクロチップ番号）を共有するため，共通のデータベースシステムを立ち上げ，個体群ごとに個体数推定を行い，対応方針を定めるための管理指針の策定が進められている。共通の指針に基づく管理計画が2023年に策定される予定である。

例題

1. クマ類の繁殖生態を述べよ。
2. ツキノワグマの出没する時期とその要因を述べよ。
3. クマ類の管理の方針の柱となる事項を2つ述べよ。
4. クマ類の具体的な管理手法を5つ述べよ。
5. クマ類が1990年代までに減少した要因と近年分布拡大や増加した要因を述べよ。

回答

1. 初夏に交尾があるが，妊娠は11月以降の冬眠時期と重なる着床遅延という現象があること。出産は冬眠期にあり，冬眠穴は第二の子宮とよばれるほど重要な場所である。冬眠期間中はメスは採食・給水せずに授乳を約2か月続ける。
2. 出没は，交尾期の6〜7月，食物環境の端境期である8月，冬眠に向けて食欲が増す10月前後の3時期である。交尾期の出没は，交尾相手を探すオスが行動圏を広げることによる突発的なものが多い。ヒグマの場合，夏の被害が最も多くデントコーンなど晩夏の農作物被害や家畜被害である。ツキノワグマの場合，最も被害が深刻なのは，秋期であり，人里の出没要因は，秋の山の実りであるブナ科堅果類が一斉に凶作となることが要因である。
3. データ収集と蓄積による情報共有と現場で対応する体制。
4. ①誘引物除去（不要果樹類の伐採，ゴミの管理，家畜類の管理など），②電気柵等の設置による防護柵の設置，③学習放獣（移動放獣）などの個体管理，④加害個体の駆除，⑤集落環境の整備（バッファゾーン整備）の5点。
5. 資源的価値が高かったため，過度な捕獲を行い利用していた。また開拓地域における人身事故などから根絶作戦などが行われた，捕獲されるとすぐに捕殺されていたなどいずれも過度な捕獲が原因となり，絶滅に瀕した。増加の要因は2つ。1つ目は，2000年代以降は捕獲規制を強め，可能な限り捕殺を行わない対策に転換したこと。2つ目は，1960年代以降薪炭林利用などがなくなり，人が森林をオーバーユースしていた時代が終わり，森林環境が野生動物の生息適地になったこと。

7. 野生動物の基本生態と社会的課題3
─ニホンザル

　ニホンザルは被害金額こそイノシシ，シカに比べて低いが，被害を目
視しやすいこと等から被害の心理的な負担は非常に大きい。ニホンザル
管理に求められる基本知識と政策の実例を通して，今後の適切な管理手
法を学ぶ。

7.1　群れで行動するニホンザル管理の基本

　ニホンザル（*Macaca fuscata*）は登る能力などの身体的能力が高く，学習能力も高い。昼
行性のため被害現場を目視しやすい。そのためニホンザルの被害は深刻に受け取られるこ
とが多い。「サルは賢いから何をしても防げない」「サルだけは何をしても無理」という声
が被害現場では根強い。しかし，その生態的特徴を踏まえた効果的な被害対策の開発・普
及は進展しており，同時に群れ単位で個体数を管理する手法や実践例が積み重ねられつつ
ある。それらは，特定鳥獣管理計画とそのガイドラインに整備されている。対策が実践さ
れている地域では，群れの保全を可能にしつつ，被害を大幅に低減させることにも成功し
ている。ニホンザルの被害は，「何をしても無理」な問題ではなくなりつつある。

　地域の主体的な被害対策と計画的な個体数管理が重要であることは5章で紹介されたイ
ノシシ，シカと同様だが，ニホンザルは，群れを作って集団で移動する，大きな行動域
（以下，遊動域）をもつ，登る能力が高いなどの生態的な特徴により，適切な管理の方法
が若干異なる点を考慮する必要がある。

　ニホンザルの生態的特徴を踏まえた管理とは，1つは「地域主体の被害対策」である。
農地の放任果樹やヒコバエ（稲の再生株）などの無意識の餌資源の削減や潜み場などの除
去に加え，適切な防護柵の設置が重要である。これにはイノシシ，シカに加え，登る能力
の高いニホンザルをも防ぐことが可能な多獣種対応型の電気柵が開発され，大きな効果を
上げている。また，集落による組織的な追い払いの効果が大きい点がニホンザルの管理の
特徴である。

　さらに，もう1つ重要な手法は「群れ単位の個体数管理」である。多い場合は200頭を
超えるような群れで広い遊動域を移動するニホンザルは，イノシシやシカのように，被害
対策のために加害個体を捕獲する，あるいは生息密度を調整するという管理ではなく，被
害の程度や群れの位置，生息環境等を考慮した上での，群れ単位での「群れの除去」や
「頭数の削減」などの個体数管理が有効である。以下に管理に必要なニホンザルの生態的
特性とそれを踏まえた効果的な管理の要点を示す。

7.2 ニホンザルの管理に役立つ基本的生態————————————————

7.2.1 分類と分布

ニホンザルは，霊長目オナガザル科マカク属に分類され，近縁種にアカゲザルやカニク
イザル，タイワンザルがいる。本州に分布するホンドザルと，屋久島には亜種のヤクシマ
ザル（ヤクザル）が生息する。青森県下北半島の個体群は「北限のサル」として，霊長類
では最も高緯度域に分布することで世界的に有名である。

7.2.2 基本生態

よじ登る能力が高く，常緑広葉樹林や落葉広葉樹林の地表および樹上でも活動する。母
系集団の群れを作り，その遊動域は大きい場合には $100\,km^2$ になることもある。群れはオ
トナメスとそのアカンボウ，コドモ，ワカモノ，オトナオスからなり，自然状態では概ね
40 頭程度とされる。餌資源の豊富さなど，いくつかの条件が揃うと，100 頭以上の群れに
なることもあり，筆者は 200 頭を超える群れを複数観察したことがある。頭数の増加は餌
資源の豊富さ，つまり農業被害の発生状況とも密接な関係があると推察される。

オスは生後 6 年程度で生まれた群れを出て，別の群れに入る。そして，時には遠距離移
動をする（森光ほか 2014）。一方，メスは大部分が生まれた群れで一生を過ごす。そのた
め，遊動域内の安全な採食場所や泊り場（群れが夜に集団で寝る場所のことで，多くは安
全な高木の林冠など）などに関する知識は群れのなかの経験豊富なメスがもつのではない
かと推察される。一般的には大きなオスが「ボスザル」という言葉でよばれており，あた
かも群れを統率しているような印象をもたれがちだが，そのようなヒエラルキーは見られ
ず（伊澤 1982），採食場所や泊まり場（寝る場所）の選択など，群れの行動を決めているの
は，これら経験豊富なメス達ではないかという見解もある（室山 2003，井上 2011）。

> ☞アドバイス　群れの行動を決定する要因は正確には不明な点が多い。しかし複数の研
> 究者が群れ内の中堅のメス達がゆるやかに群れの行動を方向付けているのではないかと示唆
> している。いずれにしても被害管理の点では，群れが好まない環境を作ることで，その地域
> への群れの出没を減らすことができると考えられる。

7.2.3 ニホンザル管理に役立つ生態のポイント

基本的な生態の特徴からサル管理に必要なポイントを知ることができる。管理の要点の
根拠となる生態のポイントは，以下のとおりである。

(1) 群れを作る

基本的にはメスを中心とした母系血縁集団を作る。多い時には群れの頭数は 100 頭を超
える。そのため，ニホンザルによる被害を軽減させるには，イノシシのように加害個体を
単独で捕獲するような対策はほとんど効果がなく，群れ単位の対策，すなわち「全頭捕獲
（群れの除去）」「部分的な捕獲（頭数の削減）」「悪質個体の選択的捕獲」などの捕獲オプ
ションを被害や群れの加害レベルの状況に応じて選択する。

(2) 安全で採食可能な場所を求めて移動する

群れは遊動域内で条件の良い採食場所を探すために移動しながら暮らしている。条件の
良い採食場所とは，群れ全体が安全にかつ十分に採食できる場所である。被害が多発する

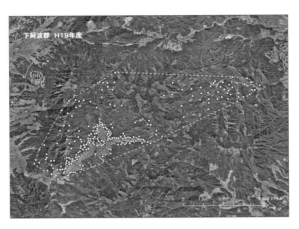

図7.1 三重県伊賀市のサル郡の遊動域図
この群れは7つの集落を含む100 km² 前後の広い遊動域をもつ

地域では，被害対策が不十分な農地がその条件を満たす場所になっていることが多い。

(3) 広い遊動域をもつ

　遊動域の中には集落や農地もあるが，農地以外にも広葉樹林にはニホンザルが採食可能な餌資源は多く含まれる。ニホンザルはこれらの場所で採食しながら群れで移動する（図7.1）。つまり (2) で示したように，集落が群れが好まないような場所であれば，群れは他の餌資源を選んで移動するため，出没頻度や被害も減少する。

7.2.4　生態的特徴を踏まえた管理のポイント

　これらの生態的特徴を踏まえた，ニホンザル管理の要点を以下に記す。

(1) 群れ単位の管理

　1頭ごとの個体レベルではなく，「群れ」を管理の対象とし，被害の状況や群れの加害レベル，群れの位置する空間的な背景等を考慮し管理する。必要に応じて群れの除去（全頭捕獲）や頭数の削減（部分的捕獲），悪質個体の選択的な捕獲などの手段を検討する。

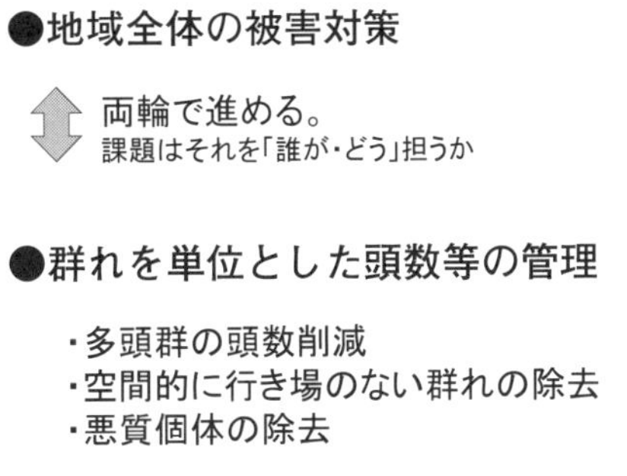

●**地域全体の被害対策**

両輪で進める。
課題はそれを「誰が・どう」担うか

●**群れを単位とした頭数等の管理**

・多頭群の頭数削減
・空間的に行き場のない群れの除去
・悪質個体の除去

図7.2　ニホンザル管理の基本的な考え方
（環境省のガイドラインをもとに作成）

(2) 地域主体の被害管理

　群れが好まない集落や農地の環境を整える（防護柵や追い払い，誘引物の除去など）ことで，集落や農地の利用価値を下げる。そのためには集落や地域が主体的に被害対策を進める必要がある。広い遊動域をもつニホンザルは，山林や林縁などの利用価値が集落よりも相対的に高い状況がつくられれば集落への出没頻度が抑えられる。

(3) 群れ管理と被害管理を両輪とする政策

　上の2つを適切に組み合わせて対策に当たることで，群れの管理と被害の低減を両立させることができる。そのためには地域の被害管理への主体的参加を促すとともに，群れ単位の頭数管理を計画的に進めるための政策とその着実な実行などの機能が重要である（図7.2）。

　後述する環境省のガイドライン（環境省 2016）にはこのポイントを踏まえた管理手法が解説されている。

7.3　ニホンザル管理に関する社会的課題

7.3.1　被害の発生状況

　ニホンザルによる農業被害金額は2008（平成20）年頃の15億円から2018（平成30）年には約8億円と減少傾向にある。また，鳥獣害全体に占める割合でも2018年で約5%程度であり，イノシシ（29%）やシカ（34%）に比べれば少ない（図7.3）。しかし，自家消費用の家庭菜園の野菜等については被害としてデータに上がらないことが多く，それらの被害が多いニホンザルによる被害の現状を必ずしも反映していないことには留意が必要である。また，被害が多発する地域では家屋の破損や人家侵入なども深刻になっているものの，これらに関してはまとまったデータが少なく，全国的な傾向は不明である。

　ニホンザルの被害は日中発生し，人目につきやすいこと，果菜類や果樹など比較的高額な農作物にも被害が及ぶこと，その身体能力の高さから防御が困難と感じられることなどから，その被害に対する心理的な負担感は大きい。三重県での集落代表者へのアンケートでは被害を「深刻」「大きい」と捉える集落の比率はイノシシやシカに比べて10%程度高

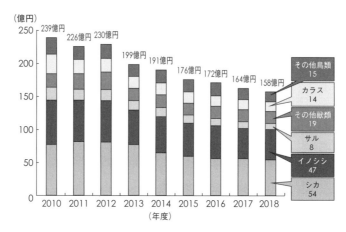

図7.3　主な鳥獣種ごとの農業被害金額
（農林水産省鳥獣対策コーナーより）

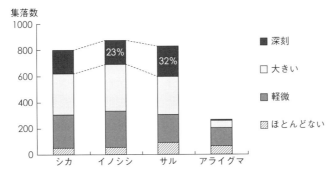

図7.4 三重県における獣種ごとの被害発生集落の割合
(三重県集落代表者アンケートより)
ニホンザルの被害を深刻と捉える集落はイノシシ，シカより10%以上多い。

い傾向が認められた(図7.4)。また，住民の意見でも「サルの被害はどうしようもない」
「何をしても効果がない」など否定的な感情が強まる傾向がある。

7.3.2 特定鳥獣管理計画の状況

2014年に鳥獣保護法が，鳥獣の保護及び管理並びに狩猟の適正化に関する法律(鳥獣保護管理法)に改正されたことに伴い，都道府県が策定する特定計画は，第一種特定鳥獣保護計画と第二種特定鳥獣管理計画に分けられた(3章参照)。それにあわせて，特定鳥獣保護・管理計画作成のためのガイドライン(ニホンザル編・平成27年度)(環境省2016)(以下「改訂版ガイドライン」という)が策定された。

改訂版ガイドラインは兵庫県や三重県などニホンザル群の管理や被害対策が進展している事例をもとに，日本哺乳類学会の哺乳類保護管理専門委員会ニホンザル保護管理作業部会が検討してきた個体群管理の方法論(森光・鈴木2014，森光・川本2015)を踏まえ，各地で実践された個体群管理や被害対策の成果を整理したものである。参考となる具体的な事例を載せるなど，より具体的でわかりやすい内容になっている。

7.3.3 改訂版ガイドラインの要点

改訂版ガイドラインで示されたニホンザルによる被害を軽減するための管理の要点は，以下のとおりである。

(1) ニホンザルには具体的な目標を設定した計画的な管理が必要であり，特定計画の策定はそのためのものである。

(2) ニホンザルは基本的に群れで行動することから，群れ単位の管理を基本とする。まずは群れの生息状況や被害状況などの現況を把握した上で，個体群管理(群れ数や群れの頭数の管理)，被害管理，生息環境管理を地域の状況に応じて適切に組み合わせて，計画的，総合的に実施する。

(3) 個体群管理は，各群れのサイズや群れの頭数，空間的な配置，加害程度(加害レベル)(図7.5a)等を把握した上で，群れの位置関係や連続性を考慮して，全頭捕獲(群れの除去)，部分的捕獲(頭数の削減)，加害個体の選択的捕獲等の捕獲オプションを選択する(図7.5b)。

(4) 被害防除は，集落や地域が主体となった，組織的な追い払い，有効な防護柵の設置と維持管理などを組み合わせて実施する。また，**集落環境診断**等に基づき，ニ

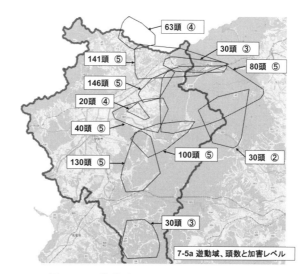

図 7.5 a　遊動域，頭数と加害レベル
（三重県伊賀市 2014 年の調査より）

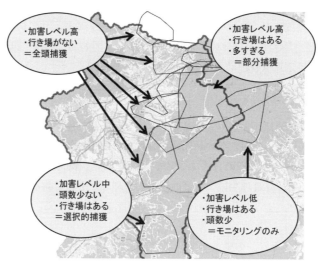

図 7.5 b　群れごとの管理の方針
（三重県伊賀市地域実施計画をもとに作成）

　　ホンザルを耕作地や集落周辺に近づけない集落環境管理を実施する。

(5)　実施した対策について，群れの生息状況や被害状況をモニタリングして効果検
　　証を行い，フィードバック管理として必要に応じて対策の改善を行う。

(6)　管理には，実行体制と各主体（都府県，市町村，地域住民）の役割分担と連携が
　　重要である。

　　　　🖙アドバイス　　群れの遊動域と頭数を正確に把握するためには，群れごとに発信機や
　　GPS を装着し，頭数をカウントする必要がありコストも高い。しかし出没カレンダー調査
　　（改訂版ガイドライン）とよばれる比較的簡便で安価な調査も存在する。まずは，こういっ
　　た調査を実施することで地域の群れの全体像を把握することが重要である。

7.3.4　ガイドライン改訂後の全国の管理の状況と課題

　ここでは全国のニホンザルの管理の現状を概観する（滝口ほか　2021）。ニホンザルは狩猟鳥獣ではないため，すべての捕獲活動が許可捕獲により実施される。許可捕獲には，被害防止目的の捕獲，いわゆる有害鳥獣捕獲と特定計画に基づく個体数調整のための捕獲（以下「個体数調整捕獲」）の 2 種類がある。2007 年の「鳥獣による農林水産業等に係る被害の防止のための特別措置に関する法律（鳥獣被害防止特措法）」の成立や 2014 年に環境省と農林水産省が共同で示した「ニホンザル被害対策強化の考え方」（環境省 2014）において「10 年後に加害群数を半減」という目標を設定したこともあり，捕獲区分 2 種類を合わせた全国の捕獲数は，概ね増加傾向にあり，近年では年間 2〜2.5 万頭が捕獲されている（図 7.6）。しかし，必ずしも被害軽減などの効果に結び付いていないとも考えられている（江成ほか 2015）。

　特定計画の策定状況については，改訂版ガイドラインが策定された 2016 年以降に，新たに特定計画が策定された県もあり，2020 年 4 月現在，27 府県で第二種特定鳥獣管理計画が策定されているが，九州など西日本を中心に，群れが分布する都府県の 4 割弱に当たる 16 都府県では特定計画が策定されていない（環境省 2020）（図 7.7）。

　さらに，2017 年度に環境省が都府県を対象に実施したニホンザルの保護管理に関するアンケート調査の結果（環境省 2018）や現行の各府県の特定計画の記載内容からは，改訂版ガイドラインで示されている内容が特定計画に十分反映されていない現状が伺える。また，野生動物は国民共有の財産であり，ニホンザルによる被害を軽減するため捕獲により個体数を管理することも必要であるが，同時に地域個体群の保全も図っていく必要がある。しかし，改訂版ガイドラインでは，どの程度の空間にどの程度の群れが存在すべきなのか（最適な群れ密度）など，地域個体群を保全するための基準が明確ではない。そのため，実際に管理を進める場面では，群れの過剰な除去が進んだり，逆に除去すべき群れを決めることができず管理が進まないなどの問題が生じる可能性がある。これらは今後解決すべき課題として残されている（鈴木ほか 2016）。

　これらを踏まえ，被害が多発する地域，ニホンザルの保全が必要な地域など，多様な特性をもつ地域でニホンザルの問題を改善するためには，生息状況把握や管理方針の議論を踏まえた県レベルでの特定計画の策定が必要である。特定計画を策定済みの地域において

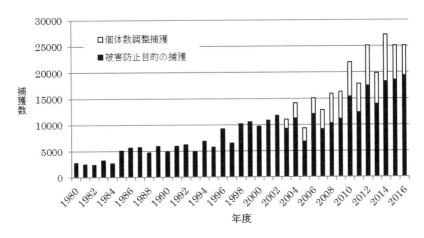

図 7.6　ニホンザルの捕獲数の推移
（環境省鳥獣関係統計 http://www.env.go.jp/nature/choju/docs/docs2.html）

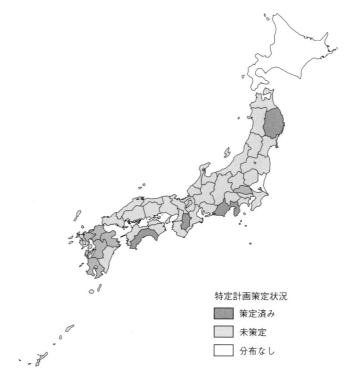

図7.7 ニホンザルの特定計画の策定状況（2020年4月現在）
（滝口ほか 2021 より）

は，真に実効性を伴った実践的な計画と実行体制の構築を進める必要がある。そして，科学的な視点と地域や関係機関の連携における管理を強化する上では，計画を適切に実行することでニホンザルに関する課題が解決可能なことを示す成功事例を作り，それをモデルとして広げることも重要である。成功事例は全国的にみてまだ少ないが，適切な頭数管理により群れの加害レベルが低下した報告（清野ほか 2018）や集落の被害を軽減できたとする事例がある。次項ではその実例を経緯とともに紹介する。

> ☞アドバイス　　地域個体群の定義や保全するための基準は現在，必ずしも明確にはなっていない。いくつかの県では県の出先事務所などを単位として管理ユニットを定め，そのなかで管理や保全の方針を定めている。

例 題

特定鳥獣保護・管理計画作成のためのガイドライン（ニホンザル編・2015（平成27）年度）の特徴と課題は何か？

　回 答　　地域主体の被害管理と群れ単位の個体数管理の方針を明確化し，そのためのガイドラインも策定された。一方，地域個体群の定義や管理の範囲などは明確にできていないことが課題である。

7.4　成果をあげたニホンザル管理の実例：被害対策と個体数管理による軋轢緩和―――

7.4.1　ニホンザルの被害は解決できる

　前項までに述べたとおり，ニホンザルの学習能力や身体能力に応じた適切な被害対策と群れ単位の個体数管理を進めることで，その被害を解消できた事例がある。正しい知識・技術の普及と，地域住民と行政の適切な役割分担が進めば，サルの被害は決して「どうしようもない」災いではなくなる。ここではニホンザル管理の具体的な考え方を示し，筆者が直接関わった事例として，ニホンザル被害が多発する三重県伊賀市と連携して，地域主体の被害管理と群れ単位の頭数管理の実践が被害軽減につながった成功実例（山端ほか 2018）を紹介する。

7.4.2　ニホンザルの被害が発生する要因と被害対策の基本

　7.2.3のニホンザル管理の要点で述べたとおり，集落や農地の環境を群れが好まない条件に改善する（防護柵や追い払い，誘引物の除去など）ことで，集落や農地のニホンザルにとっての利用価値を下げることが被害対策のポイントとなる。群れが「好む」場所とは，ニホンザルにとって「安全」で「餌」を食べることができる2つの条件が揃う場所である。これは，他の獣種にも共通することだが，被害防除の基本は農地や集落を，この2つの条件が揃わない場所にすることである。

　一方，被害が多発する集落や地域では，効果のない追い払いが散発的に繰り返されていたり，ニホンザルには効果の少ない防護柵が無駄に広く設置されるなど，有効な被害対策が十分に実施されていないことに加えて，無防備な餌資源（図7.8）と隠れ場も豊富にあるなど，「安全」と「餌」という2つの条件が図らずも揃っていることが多い。ニホンザルに限らず，イノシシ，シカなども含め，獣害対策の基本は被害の原因となっているこれらの問題を把握し，改善するにあたっては，住民がすべきこと，行政が担うべきことを適切に分担していくことが望ましい。筆者が地域の住民や関係機関と共有してきたニホンザル被害対策の5か条の概要を次にあげる。

図7.8　大豆の収穫残を食べるニホンザル
このような「無意識の餌付け」となってしまう事例が被害多発集落には多数存在する。

7.4.3　ニホンザル管理の5か条

(1)　集落内外の「無意識の餌付け」を減らす

　　収穫しない高木のカキやクリ，水田の収穫後の再生株（ヒコバエ），など無意識に「餌付け」している餌資源は意外に多い。これらを減らすことはニホンザルだけでなく獣害対策すべての第一歩となる。

(2)　隠れ場となる集落周辺環境を改善する

　　農地の周辺に群れが隠れることができるヤブなどがあると，ニホンザルは「安全」に集落や農地に近づける。このような環境が多いと，後述する追い払いの効果も低くなる。これらの除去は他の被害対策との相乗効果を生む。

(3)　効果がある防護柵で囲う

　　イノシシ，シカに加えニホンザルの侵入も防ぐことができる多獣種対応の防護柵が開発されている。兵庫県香美町で考案された「おじろ用心棒」（図7.11）は支柱にも通電性をもたせて登る能力の高いニホンザルを防ぐ効果を高めた防護柵であり，すでに全国的に普及している。

(4)　効果がある手法で追い払う

　　住民が，①ニホンザルの侵入した場所に集まり，②複数人で，③ニホンザルが集落から出ていくまで，④複数の威嚇資材を用いて追い払う，という「組織的な追い払い行動」が効果的である。

(5)　被害対策の効果が出るように，群れの個体数をコントロールする

　　群れ単位で，①遊動域，②群れの頭数，③加害レベルを把握し，それに基づき計画的に，①群れの除去（全頭捕獲），②頭数の削減（部分的捕獲），③悪質個体の除去（選択的捕獲）の捕獲オプションの中から適切なものを選択して管理を進める。

　以上の5か条のうち(1)～(4)は地域で実践すべき取り組みであり，行政は集落における体制づくり等の支援を行う。(5)は行政が中心となり管理計画に基づく地域実施計画を策定し管理を進める。

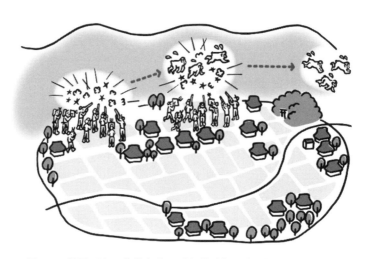

図7.9　効果が出る集落主体の「組織的」な追い払い
複数人が集まり，群れが集落から出るまで追い払うことで効果が出る

7.4.4 三重県伊賀市でのニホンザル管理の概要

三重県伊賀市は県の西側で滋賀県や奈良県とも接する盆地にある。イネ，ムギ，ダイズを中心に生産する農業地域だが，周囲を山に囲まれている地形からシカ，イノシシのみならずニホンザルによる被害が深刻だった。とくに被害がひどかった集落では「仏壇の供え物を食べられた」「家の瓦が剥がされた」など生活被害の訴えもあった。当時筆者は三重県の研究機関に所属しており，「適切な管理により課題が解決できる」という実証モデルを作ることをめざし，伊賀市とも連携してニホンザル対策を開始した。

(1) 効果的な集落の追い払いの方法とその成果

ニホンザル被害が発生する大多数の場面では追い払いが実施されている。しかし，その多くは個々の住民が個別に，個人の農地や人家周辺で追い払いをしているものである。このような追い払いでは効果は少なく，むしろ追い払いに慣れたニホンザルを育ててしまう。

それに対して効果の高い追い払いは，個々の農地よりも集落全体を守るという意識のもとで実施する組織的な追い払い（図7.9）である。それにより群れの出没回数を低減させ，被害を大幅に減らすことができる。集落を1つの農地として意識し，①サルを見たときは必ず，②誰もが，③サルが侵入した場所に集まり複数人で，④サルが集落から出るまで，徹底して追い払いを行うと，ニホンザルはその集落を「危険」で「餌を食べられない」場所と学習し，群れはその集落を避けるようになる。

三重県伊賀市の下阿波集落では，この組織的な追い払いを2008年前後から実践している（山端 2010）。追い払いは山の中まで入って群れを追い払うチームと，集落の林縁部で追われたニホンザルが集落内に入ってこないように防ぐ守備チームの数班に分かれて行う。多い時には10名程度，少ない時は3名のこともあるが，共通の目的のために複数人が連携した行動をとる「組織的な追い払い」が継続した。その結果，集落に出没していた群れの遊動域が変化し（図7.10），集落への出没頻度が大幅に低下し，下阿波集落では年間500万円程度だった被害が1/8程度の70万円弱にまで低下した。

花火やパチンコなど手軽で安価な資材と人の力でできる「追い払い」は補助金などに頼らなくとも実践が可能であり，住民の意識さえ高まれば，明日からでも取り組める被害対策である。集落で最初に取り組むのに最も適した被害対策と言える。

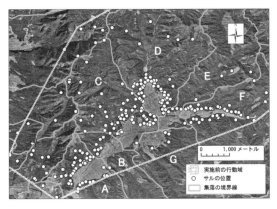
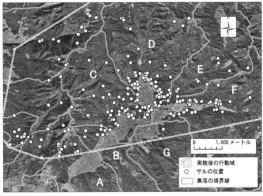

図 7.10　組織的追い払いによる遊動域変化
集落A（下阿波集落）が組織的追い払いを実践した結果，実施前（左図）と実施後（右図）で，集落Aへの出没が減少していることがわかる

(2) ニホンザルにも効果的な防護柵の設置とその効果

　ニホンザルは身体能力が高く，防護柵では防げないと諦めている人が多い。しかし前述の「おじろ用心棒」（図7.11）はニホンザルの侵入防止効果が高く（山端ほか 2013），設置コストも比較的安価で農家自らが設置可能であり，被害軽減に大きな効果をあげることも示されている。侵入を防ぐことができる効果的な防護柵によって，採食不可能な農地が増えることは，ニホンザルにとっては「餌資源」の減少であり，結果的に群れの出没低減に繋がる。兵庫県香美町や丹波篠山市では菜園や水田への設置が進み，大幅な被害軽減に繋がっている（鈴木ほか 2013）。三重県伊賀市子延集落では，シカ，イノシシ用の金網柵の上部をおじろ用心棒の構造にすることで，集落全体へのニホンザル侵入防止に成功し，全

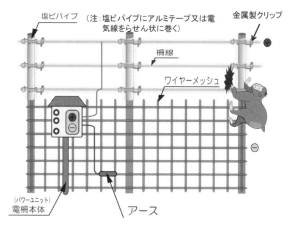

図7.11　ニホンザルにも効果のある電気柵〜おじろ用心棒〜

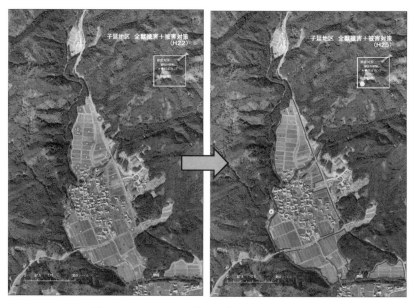

図7.12　おじろ用心棒設置集落の被害軽減効果
　　左：設置前　約40か所で850万円の被害
　　右：設置後　約11か所で65万円の被害

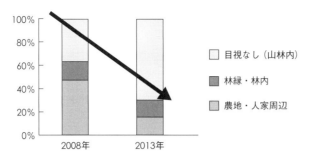

図7.13　被害対策進展による群が過ごす環境の変化
（15回／月，200回／年程度のテレメトリー調査による群れの位置調査により作成）

獣種の被害額を800万円程度から，1/10近い80万円程度にまで軽減させることに成功した（図7.12）。追い払いと効果的な防護柵の組み合わせはとくに有効である。

(3)　複数の集落に被害対策が広がることで得られる効果

　1集落だけの取り組みでは，隣接する他の集落への出没が増加することも考えられる。しかし群れの遊動域内の複数の集落で同様の被害対策が進展した地域では，地域全体で集落への出没が減少し，山中滞在時間が増加した例もある。

　前掲の下阿波集落と子延集落が属する伊賀市阿波地区（注）は，7つの集落からなる小学校区である。下阿波集落では組織的な追い払いにより出没が抑えられ，被害は大幅に減少した。子延集落では集落全体をおじろ用心棒で囲い，追い払いも加えることでニホンザルが集落内に侵入できない環境を作り上げた。7集落のうち，2集落が率先して対策に取り組んだが，残りの5集落でもその効果を見て，追い払いや防護柵の設置による対策が進んだ。その結果，阿波地区ではニホンザルは，どこへ行っても追い払いや防護柵に遭うことになり，「安全」で「餌が食べられる」環境がなくなったと考えられる。阿波地区に出没していた大山田A群という群れは，GPSやテレメトリー調査によって，集落や農地に出没する割合が，70％以上から30％以下に低下し，逆に森林の利用率が30％程度から70％を超えるまで変化したことが確認できた（図7.13）。つまり，農地に頻繁には降りてこない群れに行動が変化したといえる。これは遊動域内の複数の集落が適切な被害対策をすることでニホンザルを山に押し返して，棲み分けるができるという実例である。このように，被害管理により群を山に返すことに成功した事例も現れている。

　　注：本文では農業センサス等に示される大字の単位を「集落」，それらが集まった小学校区等の単位を「地区」と表現している。

(4)　効果的な群れの個体数管理

　被害対策が広域で進むことで，集落への依存が低減する群れや地域が存在する一方で，頭数が100頭を超え効果的な追い払いが困難な群れや，遊動域が住宅地と他の群れに囲まれ，行き場が無い群れも存在する。このような場合には，群れの頭数削減や，群れそのものの除去が必要になる。ただし，やみくもに捕ることだけを目的とするのではなく，群れごとに捕獲の是非や手法を十分に検討し，合理的な計画を立てた上で実施することが，被害対策の効果を発揮させるためにも重要である。

　伊賀市では，遊動域内の集落で被害対策が進展した大山田A群の遊動域が変化し集落

への出没率が低下したが，市内には他に10群もの群れが存在した（図7.14）。その中には追い払いが困難なほど多頭の群れや，他の群れと住宅地に囲まれ，追い上げる山林が無く集落に定着している群れも存在しており，それらの集落では被害対策の効果も十分には表れず，被害は深刻だった。これらの解決のためには，被害対策と並行した群れの頭数管理も必要であることが認識された。また，追い払いに成功している大山田A群でも，2008年ごろは50頭程度だったものが2013年には80頭前後にまで頭数が増え，いずれは追い払いが困難になってくることが予想された。被害対策の効果を維持するためにも頭数管理が必要と判断された。

そこで，三重県と伊賀市が協議のうえ，環境省ガイドラインを参考にして，伊賀市の実情を反映した地域実施計画を策定し，群れの頭数管理を開始した。まず，①群れの頭数と遊動域，②群れを追い上げる山林などの空間の有無，③加害レベル，④遺伝情報，⑤歴史的に群れが存在したか否かの文献や口伝などについての情報を収集し，それらに基づいて11群を表7.1のように分類した。

その分類を踏まえた伊賀市のニホンザル管理地域実施計画の概要は，次のとおりである。

① **群れ数の削減**：11群で最大160頭を超えるような群れもあったものを4群まで群れ数を減らす。

② **群れの個体数の調整**：各群れの頭数は，追い払いが容易になり群れの絶滅の可能性が少ないと考えられる頭数40頭程度で，オトナメス10頭以上になるように個体数を調整する。

③ **被害対策の継続**：残す4群については地域や集落が主体となり追い払いやおじろ用心棒などによる被害対策を継続する。

④ **モニタリングと支援の継続**：残す群れには発信機を装着してテレメトリー調査を実施し，群れの位置情報や出没情報を配信することで追い払いの実践を支援する。

捕獲すべき群れは大型の箱わなと **ICT捕獲システム**など先進技術を用いて檻への誘引状況等を監視しつつ捕獲を進めた。捕獲にあたっては地域と行政が役割を分担し，檻の設置や捕獲個体の処分は地元の集落や猟友会員が担い，捕獲の判断や実行は市や県の研究所の調査員と行政側のスタッフが担い，情報共有のための説明会を群れごとの集落で実施した。頭数を削減する群れでは，捕獲後の被害対策が重要であり，それは集落が担うべき役割であることや，被害対策をしなければ捕獲も無駄になることを周知し，これらに賛同が得られる遊動域の集落を優先して群れの捕獲を進めた。

表7.1　群れの状況と管理の方針

群れの状況	管理方針	捕獲オプション
加害レベルが高く空間的にも行き場がない。また，過去には群れが存在しなかった。	分裂やとり残しがないよう，頭数を確認しつつ短期に全頭を捕獲する。	全頭捕獲
加害レベルが高く頭数も多いが，群れを山に追い上げる空間がある。また，過去から（一部は江戸期から）群れが存在した記録がある。	追い払いが容易な40頭程度まで群れの頭数を削減し，追い払い等の被害対策を併用し群れを山に返す。	部分捕獲
加害レベルが低く頭数も少ない。	捕獲は行わず，群れのモニタリングと予防的な被害対策を継続する。	モニタリングまたは悪質個体の選択的捕獲

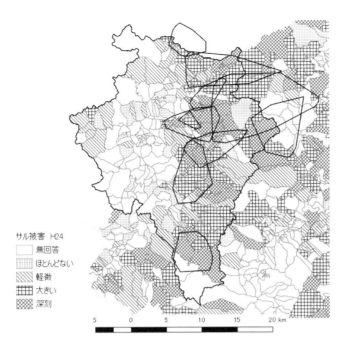

図7.14　伊賀市のニホンザルの頭数管理以前（2012年）の群とその被害

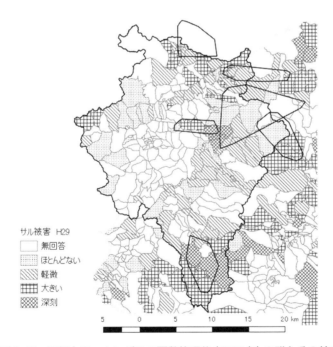

図7.15　伊賀市のニホンザルの頭数管理後（2018年）の群とその被害

　10年近くにおよぶこれらの持続的な取り組みにより，市全群での管理が実現した（図7.15）。

　2018年時点で伊賀市の群れは5群，各群れの頭数も30〜40頭までに抑えられている。部分捕獲により頭数を40頭前後に減らし，地域の被害対策も継続できている大山田A群

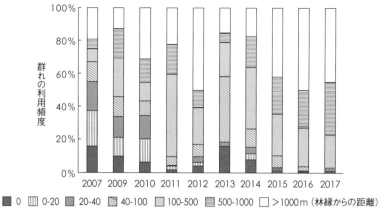

図7.16　伊賀市大山田 A 群のニホンザルの集落周辺利用頻度の推移
林縁から近い場所を利用しなくなってきていることがわかる

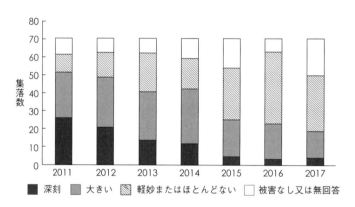

図7.17　伊賀市のニホンザルによる被害発生集落数の推移

や伊賀 A 群では，集落周辺への出没は大幅に低下しており（2007 年では林縁から 40 m 以内への出没が 70 % 近かったものが，2017 年にはわずか 5 % にまで低下している）（図7.16），地域主体の被害管理と計画的な群れの頭数管理の両方を有機的連携のもとに進めることで，群れを山に押し戻すことに成功したと言える。こらうの対策の結果，伊賀市全体のニホンザルによる農作物被害は農業共済ベースでピーク時の 95 % 減にまで削減でき，被害発生集落の数でも被害を「深刻」と回答する集落数は 2011 年から 2017 年の間に 1/5 以下に低下した（図7.17）。

　住民からは「カキが穫れるようになった」「今年はトウモロコシを作ろうと，いま作付けしているところです」など，被害の軽減を喜ぶ声が聞かれる。

　伊賀市ではかつて，「山に薬を撒いて（ニホンザルが）子供を産めないようにできないのか？」「全部殺してしまったらいい」など，ニホンザルの存在に対し非常に厳しい言葉が聞かれた。しかし，追い払いと防護柵に加え，群れの頭数管理も進んで被害が軽減した集落では，「被害がなければ（ニホンザルは）可愛いものだ」「全部獲ってしまえとは言えないな」など，ニホンザルの存在を許容する言葉も聞かれるようになった（山端 2019）。適切な管理が進展することで野生動物と「共存」することが可能になった事例とも言える。

☞アドバイス　　　複数の群れが存在する地域で管理を進める際には，たとえば1群のみを全頭捕獲すると，その空間に周辺の群れが移動してきて被害は収まらず，再度その群れも多頭の捕獲を余儀なくされる可能性もある。周辺の群れも同時に頭数を削減し追い払い等を行うなど，地域全体の計画を並行して進める方が，低コスト短期間で問題解決に至ると考えられる。そのためにも管理の単位として行政区等を基本とした管理ユニットなどを作ることは重要である。

7.5　持続的な「管理」のために

　伊賀市下阿波集落で組織的な追い払いを皮切りに，ニホンザルの対策と管理に取り組み始めてから，2020年の時点で11年目になる。2020年2月に全頭捕獲対象だった1つの群れの捕獲が完了したが，1群がまだ個体数調整の対象として残されている。また，一度頭数を削減した群れでも再度頭数が増加したり，被害対策の進展とともに遊動域が変化し新たな被害地域が発生するなど，予測とは異なる結果が生じた地域も存在する。このような事例は，持続的かつ順応的な管理の必要性を示している。伊賀市では現在でもニホンザル群の遊動域内の集落や地区市民センターを単位として，住民研修会や被害対策の提案などを定期的に行っており，群れの頭数調査，加害レベル調査，位置情報の配信サービスなども継続し続けている。これらは**公助**として市や県などの行政機関が計画的に進め住民にサービスを提供していくべき内容である。また，それができてこそ住民に地域の主体的な被害対策を促し，提案することも可能になる。

　一方で，今回紹介した事例でもニホンザル群の管理を成功させるまでに約10年という歳月を要した。今後の維持も必要であり，公助の役割としては科学的な情報に基づく中長期の施策や順応的な管理が必須である。しかし行政に専門家が少なく，また短期の異動を伴う現在の行政システムでは，これらが困難であることが多い。伊賀市ではこれまでの実践の成果を維持するため，研究機関と地域住民，企業や行政が協力し一般社団法人「獣害対策先進技術管理組合」を設立している（9章参照）。

　今後，民間にもこのような管理のコンサルティング機能を担える機関等が増えることが期待される。

　先導的にニホンザル対策を進めてきた伊賀市阿波地区では，住民自治協議会が中心となり前述の社団が協力することで，自治協議会によるニホンザルのテレメトリー調査と位置情報の配信を始めている。「サル見回り隊」というこの活動は，住民自治協議会の地域活動として認知されており，動物の調査という趣旨ではなく，あくまでも自分たちで自らの農地を守るために必要不可欠な情報として群の位置情報を調べて情報配信をしている。これらは新たな共助の形と言えるであろう（阿波地区のその後の活動については，9章を参照）。

　住民がそこに住む限り獣害対策が終わることはなく，活動の方法も状況に合わせて順応的に変化させていく必要がある。公助も**共助**も，そして自助のありかたも含め，すでに実を結びつつある息の長い地域活動は，防災や福祉などいろいろな地域政策に共通する解決への方向性を指し示していると思われる。

7.6　ニホンザル管理の今後に向けた課題

　　これまでに述べたように，群れを保全しつつ被害を軽減させるためのニホンザル管理に必要なものは，地域が主体となった被害防除と，行政機関が中心的な役割を果たすべき計画的な群れのモニタリングや管理，そして，それらを両輪として管理を実施し得る体制である。

　　特定計画が未策定の一部の地域では，必ずしも計画的とは言えない捕獲が実施されたことで，地域個体群の存続が危ぶまれる状況や，群れが分裂したうえで頭数も回復し，被害を以前より拡大させてしまったと考えられる事例も発生している。また，効果的な被害対策ができていない地域では過剰で無計画な捕獲が進み，効果の少ない被害対策に多大な労力を費やし，結果として行政への不信感が募り，計画的な管理が困難になるという悪循環に陥る事例も散見される。無計画な捕獲により地域個体群の存続に関わる問題が発生しないようにするために，地域個体群の区分や保全の基準を明確にすることも必要である。

　　さらには，ニホンザル被害が発生する地域の多くが，高齢化が進み人口も減少している。農作物価格も低下し農業への価値観も多様化する中で，今後被害防除を進めることは現在よりもいっそう困難になると推察される。

　　このような状況下で適切なニホンザル管理を進めるためには，ニホンザルという野生動物とそのハビタットについてを十分に理解しうる自然科学的知識と，被害に遭う地域住民の意欲や捕獲従事者の意向などを把握できる広い知識とコミュニケーション能力を備え，中長期の展望や計画を理解したうえで複数のステークホルダー間の調整が可能な，科学的にも，社会的にも十分な力量をもつ人材が必要である。これら人材の育成とそれら人材の活躍の場となる行政機関や民間機関，この双方が強く求められている。

例 題

1. 改訂版ガイドラインに示すニホンザルの管理の要点を2つ述べよ。
2. ニホンザル群の捕獲オプションを3つ述べよ。
3. ニホンザルの被害対策で有効と紹介されていた手法を2つ述べよ。
4. 複数の群れが存在する地域で，単独の群れのみの捕獲を行う際の問題点を述べよ。

　回 答

　1. 地域が主体的に進める被害管理，群れを単位とした頭数管理の2つ。
　2. 全頭捕獲，部分捕獲，加害個体の選択的捕獲の3つ。
　3. 集落住民による組織的な追い払い，サルにも効果的な「おじろ用心棒」等の他獣種防護柵の2つ。
　4. 1つの群れを縮小，または除去すると，その遊動域内に周辺の群れが移動し新たな被害が生じる可能性がある。

─ 演 習 ─

○○市にはニホンザルによる被害が多発しており，住民からは頻繁に「農作物が収穫できない」「市がなんとかしてくれ」という苦情が寄せられている。あなたが○○市の担当者なら，この問題を解決するために，どのような施策を提案しますか？ 5年程度の計画を作成してみてください。

　　回 答

　1年目　出没カレンダー調査などでおおよその群れの遊動域や頭数を把握する。農業集落の代表者へのアンケートで被害の分布状況を把握する。

　2年目　1年目のデータをもとに，市の管理計画である地域実施計画を作成する。管理対象（捕獲対象の群れに発信機またはGPSを装着し，捕獲場所を選定する。また，情報を集落に配信して追い払いの体制を構築する。おじろ用心棒のモデル農地を作成して普及啓発を進める。

　3年目　群れの頭数管理を開始する。餌付けは秋の初めから開始し，冬季に捕獲する。その前段で全集落への説明会と捕獲後の主体的な被害対策実施を促す。

　4年目　被害対策に取り組み始める集落をモデル集落として支援する。捕獲を継続し，部分的な捕獲対象群では発信機装着と位置情報の配信を進める。

　5年目　群れの管理とモデル集落を中心とした被害管理が進展した地域で，被害軽減の効果を検証する。効果検証には全集落代表者へのアンケートに加え，集落での聞き取り（インタビュー）も併用する。

　コラム　　広域の管理が成果につながる

　本章で紹介したように，伊賀市では全域でニホンザルによる被害を軽減でき，一応の成功を収めた。被害管理，個体数管理双方に十分な知見がなく，手法や技術開発も手探りで進めたこともあり10年近い歳月を要したが，現在の知見をもちながら再度過去に戻れるのならば，半分の5年程度で同じ成果を達成できるであろう。その際重要なのは最初に市全域の群れと被害の状況を把握し，全体の管理計画を策定すること，そして，全群で並行して個体数管理と被害管理を進めることと思われる。本章内でも述べたが，1群のみの調査と管理を進めると，複数の群れが存在するニホンザルの場合，捕獲が進んだ群れの周辺群が侵入してくることも十分に考えられ，被害も軽減せず捕獲の努力も報われない可能性もある。短期的にはコストがかかるが，隣接する群れ全体で管理を進めることで，短期に解決し結果的に低コストで課題解決が可能である。そのためにも地域全体の群れの状況把握，状況に基づいた群れ単位の管理計画，全域での被害管理の進展，といった展望が重要である。そして，それが特定鳥獣管理計画の地域実施計画を真に有用なものとすることになると考えられる。

8. 特定鳥獣保護管理計画に基づく管理
—モニタリングに基づく科学的管理

特定鳥獣保護管理計画は，都道府県が野生動物管理の方針を定め，その実行性を担保する基盤となる。この章では，具体的に特定鳥獣保護管理計画を策定し，管理を実行するために必要な事項を解説する。本制度の概要や変遷については，3章を参照のこと。法制度は，随時変更される。本章は，2020年12月時点における内容である。

8.1 特定鳥獣保護管理計画の概要

都道府県は「鳥獣の保護及び管理並びに狩猟の適正化に関する法律」（以下，**鳥獣保護管理法**）に基づき，**鳥獣保護事業計画**により基本方針を定めたうえで，獣種ごとの特定鳥獣保護管理計画（以下，**特定計画**）を策定することができる。社会的課題が大きい野生動物獣種に対して，都道府県（一部は国）が独自の計画を策定できる制度であり，科学性と計画性を柱とした保護管理の要となる。1999年に行われた鳥獣保護法（鳥獣保護管理法の前身）の改正の際に創設され，都道府県が地域の生息や社会的な課題の実情に応じて管理方法を決め，実行できるようになった。地方分権の流れの中で，地方自治体が責任をもって野生動物管理を担うための制度である。したがって，計画を策定する必要性については，各自治体の判断となり，課題認識がない場合は，計画策定が行われない。

なお，9章で解説される2008年に施行された「鳥獣による農林水産業等に係る被害の防止のための特別措置に関する法律」（鳥獣被害防止特措法）（農林水産省管轄）では，市

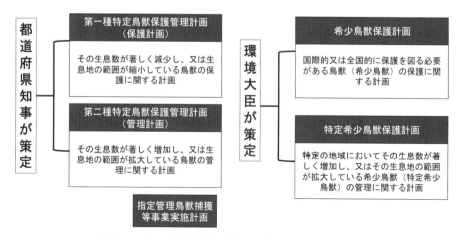

図8.1 特定鳥獣保護管理計画の体系（2020年現在）
（http://www.env.go.jp/nature/choju/plan/plan3.html より）

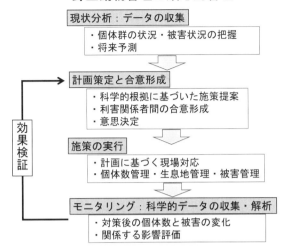

図8.2　特定鳥獣保護管理計画の仕組み

町村が被害防止計画を定めるもので，鳥獣保護事業計画や特定計画（環境省所管）との整合性をとることとされている。

　特定計画制度創設以降，複数回の法律改正により，現在では，図8.1のような体系となった（環境省）（2章参照）。全国規模の希少種として対応する場合は国が策定するが，多くの場合，都道府県知事が策定する第一種（保護）計画と第二種（管理）計画の2種類である。

　どちらの計画にすべきかは，生息状況による。個体数が減少傾向にある場合は第一種，個体数が増加していることにより問題が発生している場合は第二種となる。2020年現在，クマ類では生息状況の判断が分かれ，第一種と第二種が混在している（6章参照）。

　2020年現在までに，ニホンジカ，イノシシ，カモシカ，ニホンザル，クマ類，カワウ *Phalacrocorax carbo*，ゴマフアザラシ *Phoca largha*（北海道）について155の特定計画が47都道府県において策定されている（第一種8計画，第二種147計画）（環境省2020）。

　この制度の根幹を支えるのは，野生動物の生息の状況を把握し，科学的根拠に基づいた施策を立案，実行，検証する**順応的管理**（adaptive management）（図8.2）である。特定計画においては，野生動物の生息状況の判断には不確実性が大きいことを考慮し，生息状況を常に監視しながら，最新情報に応じて計画を柔軟に変更する順応的管理が取り入れられており，それまでの行政計画とは一線を画している。

　ニホンザルのように昼間に活動する場合を除いて，野生哺乳類の生息動向のモニタリングには，直接観察による全数カウントなどの手法は使えない。生息動向を指標する密度指標を複数，しかも長期的に集める必要がある。しかし，生息動向を把握する手法が限られている種も多い。その場合には計画開始当初にデータが少なくても，現状の生態系の理解を仮説，管理目標をその仮説から導かれる予測，計画の実行を実験として設定し，モニタリングを継続する順応的管理のプロセス（2章，14章参照）で対応していくことになる。また，環境変動の影響により，クマ類やイノシシなどでは，出没・被害状況も不規則な動向を示すことがある。こうした自然界の不確実性を踏まえたうえで，生息動向と被害のモニタリング体制および管理の実施体制を整備していくことが求められている。

　以下，現状評価とそれに基づく目標設定，具体的な施策立案，合意形成，モニタリング

　の実施体制など具体的な内容について，都道府県が特定計画を策定する場合を想定して解説する。

8.2　特定計画の策定

　鳥獣保護管理法の目的（第一条）には，野生動物管理を考えるうえで，重要な文言が盛り込まれている。条文には，「鳥獣の保護及び管理を図るための事業を実施するとともに，猟具の使用に係る危険を予防することにより，鳥獣の保護及び管理並びに狩猟の適正化を図り，もって生物の多様性の確保（生態系の保護を含む。以下同じ），生活環境の保全及び農林水産業の健全な発展に寄与することを通じて，自然環境の恵沢を享受できる国民生活の確保及び地域社会の健全な発展に資することを目的とする」と記されている。特定計画は，この目的を達成するための具体的な実行計画である。ともすれば，単に捕獲規制緩和や被害防止が注目されがちであるが，「生物多様性の確保」ならびに「自然環境の恵沢を享受できる」という視点も失わないように策定することが求められる。

　特定計画制度は，対象獣種による被害対策や個体数管理を都道府県が地域の実情に応じて独自に推進するための仕組みである。被害対策の最前線は，地域コミュニティや農業集落などの単位であり，対策を立てて支援するのが基礎自治体の市町村である。都道府県は，国が定めた枠組みの中で，市町村の対策を支援する役割がある。つまり，都道府県の役割は，生息動向の把握と被害把握を広域でとらえ，施策の効果検証を行うなど，科学的・計画的管理の枠組みと体制を整えること，さらには，課題を明確化してそれに対応した対策の立案，効果検証，そして計画の内容に関する合意形成を図ることである（図8.3）。

8.2.1　現状評価

　計画策定の準備段階として，対象となる獣種の生息動向や被害の現状を明らかにしなければならない。希少種以外は，都道府県単位の広域スケールが調査対象となる。この段階で重要な視点は次のとおりである。まず，特定計画では，状況把握だけでなく，対策効果の検証が必要なため，たとえば出没があった年だけに予算措置をするなど短期的な視点ではなく，長期にわたってモニタリングを継続する仕組み作りが保護管理の成否を分けるといってよい。現行の特定計画は5年計画であるが，5年に1度のモニタリングでは，状況の変化を把握できないことが指摘されている。たとえば，ニホンジカの場合，捕獲圧が少ないと5年で生息数が2倍になる可能性がある。そのため，毎年もしくは数年に一度のサイクルでのモニタリングを実施することが理想である（環境省 2021）。また，獣種ごとの調査手法について，最新情報を踏まえて選定する必要があるが，モニタリングの精度を求めすぎると，労力と費用の制限により，狭い範囲の局所レベルの把握に留まりがちである。特定計画の場合は，都道府県レベルの広域スケールの生息動向を把握するのにふさわしい指標を採用することが望ましい。さらに捕獲数や捕獲効率，被害動向など鳥獣行政を通じた手法でのアンケート調査などによる情報収集が把握可能なものについては，毎年着実にデータを蓄積・分析していく体制の構築が必要となる（横山 2014）。

　最終的には，データを適切に可視化し，合意形成の場での議論に資するものを提示することが現状に関する認識の共有に貢献する。効果検証に役立てることを想定し，モニタリングデータの可視化は，途中経過も含め継続して示していく必要がある。

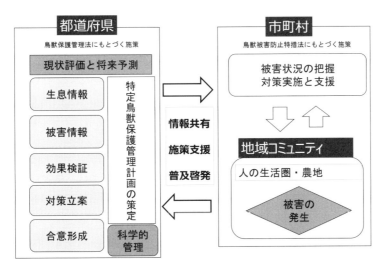

図 8.3　野生動物管理における都道府県，市町村の役割

8.2.2　目標設定

　特定計画では，目標設定から具体的な方策までの方針を明確化したうえで，5 年間の具体的な目標を設定する。目標設定では，野生動物個体群の絶滅（生態学的リスク）と被害発生リスク（経済・社会学的リスク）という 2 つの相反するリスクを最小化する「リスク管理」（間野ほか 2008）の視点が重要である。

　現在，多くの計画で記述されている目標は，「農林業被害の軽減」と「個体群の安定的維持，あるいは回復」，「生態系の保全」などである。その目標との論理的・科学的な整合性を明確にした上で，「生息数を半減させる」，「被害を半減させる」など具体的な数値目標を設定する。生息数そのものや生息数の指標を挙げる場合が多い。次項の具体的施策にも大きく影響するため，データに基づき，利害関係者とは十分な議論を重ねることも重要である。現状を適切に評価して目標設定を行うことができていないと，その後の管理に大きな齟齬を生み出すため，明確な管理目標を設定することが肝要である。

8.2.3　具体的施策

　特定計画は実行計画であるため，目標を達成するための具体的な施策が，計画の中核となる。野生動物管理の基本に基づいて，**個体数管理**，**被害管理**，**生息地管理**に対応する施策が求められるが，関連する施策があれば可能な限り記述する。都道府県によっては，5 年の特定計画の下に「年度別事業実施計画」を策定し，毎年のモニタリングと事業の評価を行うなど独自の工夫を加えている。そのような都道府県では，着実な成果があがっていることもあり，環境省が策定した 2020 年度に公表されたシカとイノシシのガイドラインでは，年度別事業実施計画を立てることを推奨している（環境省 2021）。

　個体数管理では，シカやイノシシの捕獲促進のための規制緩和，狩猟期間の延長，クマ類がいない地域での**くくりわな 12 センチ規制**の解除などが具体的な施策となる。かつて1 日当たりのシカの捕獲上限数が設定され，メスジカが非狩猟獣であった時期には，メスジカを狩猟獣とすること，シカの捕獲上限数を撤廃すること，捕獲許可権限を都道府県から市町村へ委譲することなどが計画策定の大きな動機付けとなった。クマ類では，狩猟の有無や狩猟の自粛，シカやイノシシなどのわなによる錯誤捕獲時の放獣，有害捕獲時の対

応規則（学習放獣等），予察捕殺，ゾーニングによる捕獲要件の緩和などが主な施策となる（6章参照）。

　被害管理において，実施主体は市町村や被害集落・農家であるが，管理計画にはそれらへの支援策が明記される。とくに，被害対策の取り組みを誰が，どのように実施するか，個人，地域ぐるみ，行政支援など自助，共助，公助のそれぞれとして実施するべきことに関して，市町村との連携を図る仕組みを設定する（2,9章参照）。たとえば，誘引物除去，追い払い（ニホンザル），農地や集落を防衛するための防護柵（金網柵）の設置補助，突発的な被害発生時の電気柵の貸し出し（クマ類），林業被害防止対策，バッファゾーン（緩衝帯）整備などの予算化や実施体制を整えて記載していく。最近では，集落ぐるみの被害防除の具体的な方策など，地域一体となった取り組み支援に関する記述が増えている。また，クマ類やニホンザルでは，人里への出没時の対応（注意喚起や対応基準，普及啓発などを含む），さらに市街地における突発的な出没が認められる地域の対応などを記載する。効果検証が十分でない手法を試す場合は，モデル事業などを立案する。なお，被害管理の具体的な手法は9章に詳しい。

　生息地管理については，森林管理との関係が深いため，土地所有や経費などの面から設定そのものが困難な場合が多い。そのため，手法は限られているが，たとえばニホンジカの場合，土砂流出防止や植生保全・回復のための事業，希少植物の保全対策などが実施されている。人為的環境から出没個体を排除するにあたっての大前提として，森林内にハビタットが保全されていることが必須である。そのため，大規模開発（近年では風力発電や太陽光発電の設置等）など他の法制度に基づいて推進される事業（環境影響評価など）とハビタット保全との整合性をとることも必要である。森林管理については，都道府県の緑税や森林贈与税などと連携した対策や計画をたてることが望ましい。

コラム　くくりわな 12 センチ規制

　くくりわな 12 センチ規制とは，①直径が 12 cm を超えるもの，②締め付け防止金具が装着されていないもの，③よりもどしがないもの，④ワイヤー直径が 4 mm 未満のものについての使用が禁止されていることである。ただし，①は，長径に対して直角の短径が 12 cm を超えないものとされている。

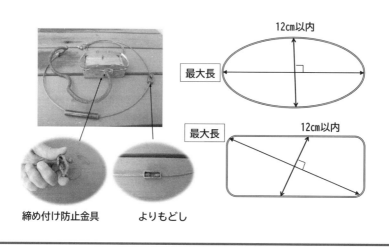

締め付け防止金具　　　よりもどし

そのほか，普及啓発，人材育成，捕獲後の処分，有効活用，さらには，他の獣種とのかかわりや連携などを記載する。

8.2.4 モニタリング方法

モニタリングデータは，特定計画の科学性と計画性を支える基盤である。これらのデータから生息数の推定と将来予測，施策の効果検証を行い，次の計画にフィードバックさせるものであり，計画サイクルを動かすためには欠かすことができない。モニタリングデータを充実させるためには，計画の進捗や達成状況を定期的に検討できるようにしておくことが望ましい。

生息状況を把握するために用いられている主なモニタリング項目について，特定計画が多く策定されている4獣種を例に表8.1に示した。生息数調査では，さまざまな調査手法が開発されており，収集可能なデータが獣種で異なる。生息密度を指標するデータを複数収集することで個体数推定モデルを構築することができる（14章参照）。ニホンザルでは直接観察によるカウントが行われることが多いが，シカやイノシシなど観察が困難で増加率が高く，捕獲数が多い獣種では密度指標と捕獲数の関係から，生息数を推定する**個体数推定手法**（Harvest-based estimation）が用いられる。

クマ類については，錯誤捕獲や有害捕獲個体を放獣している地域において，放獣個体にマイクロチップ等を挿入して個体識別を行い，**捕獲-再捕獲法**（mark-recapture）により個体数推定を行っている。一方生息数の多い地域では，捕獲-再捕獲法として，**ヘア・トラップ法**や**自動撮影カメラ**による方法により個体識別を行う手法などが採用されている（14章参照）。

いずれの対象種においても**生態的プロセス**を的確に反映する指標を収集することが求められ，複数の指標を用いたモデル開発が進められている。また，各指標には変動性や**不確実性**もあることから，複数の個体数指数によって，クロスチェックを行うことが重要（Uno et al. 2006）である。

農林業被害に関するデータは，行政データとして被害金額や被害面積が報告されているが，現状の算出方法は，自治体ごとに算出基準が異なっており，厳密に把握や比較をすることが難しい。算出基準の変更など社会的な状況変化などにも影響を受ける。さらに，農業被害金額が減少している場合でも，耕作そのものをやめたことにより計上されなくなっ

表8.1　管理計画の主要な4獣種のモニタリング項目

種名	鳥獣行政を通じて収集					調査研究により収集			
ニホンジカ	被害量	捕獲数	捕獲努力量		カメラトラップ調査	糞塊密度指標	下層植生	妊娠率	遺伝子
イノシシ	被害量	捕獲数	捕獲努力量	出没・痕跡情報	カメラトラップ調査	痕跡密度指標	行動追跡	妊娠率	遺伝子
ツキノワグマ	被害量	捕獲数	出没・痕跡情報	捕獲履歴	カメラトラップ調査	行動追跡	豊凶指数	妊娠率	遺伝子
ニホンザル	被害量	捕獲数	群れの位置	出没・痕跡情報	カメラトラップ調査	行動追跡	加害度	妊娠率	遺伝子

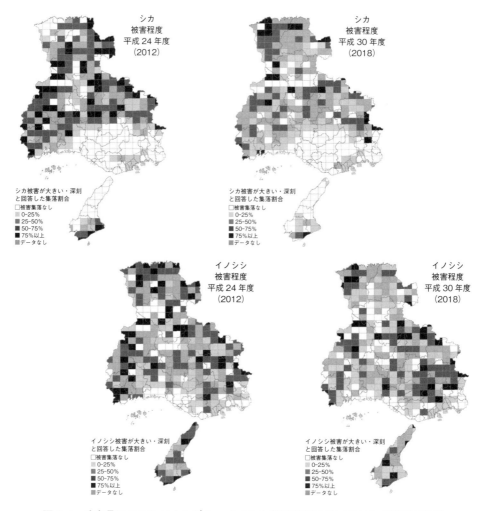

図 8.4　兵庫県におけるニホンジカ・イノシシ農業被害のモニタリング結果の変化
（森林動物研究センター HP を改変）

ていることがある。この場合，耕作放棄地が広がる一方で，実際の被害は増加している可能性がある。そのため，被害を受けている農業集落の代表者の被害感覚，つまり，被害が前年より増えているか減っているか，などを毎年収集することで，対策の効果を評価する方法などが採用されている（図 8.4）。

　クマ類やニホンザルなどの居住地への出没情報は，予防的対策に役立つため，常に収集する体制を構築すべきである。市町村によって出没情報の記入フォーマットが異なると広域的な分析が難しくなるため，都道府県で記入用フォーマットを作成し，市町村が情報を収集，都道府県で一元管理されるのが理想である。参考として図 8.5 に兵庫県におけるツキノワグマの出没の際，市町が記入する統一のフォーマットを示した（坂田ほか 2011）。

　その他，個体数増加による生態系への影響（シカによる下層植生の衰退等），個体群の健全性（妊娠率等），被害対策の基準（クマ類の出没予測のためのブナ科堅果類の豊凶度，ニホンザルの加害度，行動追跡等），など目標の達成状況を評価するために何をモニタリングしていくべきか，その優先順位を検討し，モニタリングを継続することによって，管理の評価ならびに管理手法の改善をしていく必要がある。

ツキノワグマ目撃・痕跡等調査票

記入日　　＿＿年＿＿月＿＿日　　記入者　所属・職・氏名＿＿＿＿＿＿＿＿＿＿＿＿＿＿＿＿＿＿＿

通報者　氏名	男・女　歳　住所	電話
目撃者(通報者と違う場合)	男・女　歳　住所	電話

1. 目撃　　　2. 痕跡
被害　無・有（　　　　　　　　　　　　　　　　　　　　　　　　　　　　　）

日時：　　年　月　日　時　分頃（発生・確認）	天候

場所（地番まで）　　　　　　　　　市・町
集落の（内・近・外）　環境（人家周辺・田畑果樹園等・道路上・山中・その他）｜地図添付（有・無）
環境についての詳細

誘引物　無・不明・有（　　　　　　　　　　　　　　　　　　　　　　　　　）

目撃の状況
成獣＿＿頭、幼獣＿＿頭、不明＿＿頭　　目撃時のクマまでの距離＿＿m
□ちらっと見ただけ　□人に気づくとすぐ逃げた　□人を見てもなかなか逃げない｜□威嚇された　□攻撃された
目撃したクマの特徴

目撃時とその前後のクマの行動

目撃者の状況
目撃までの状況

目撃後の対応

痕跡状況
痕跡の種類（足跡・爪痕・毛・糞・食痕・破壊等の跡・その他）
痕跡についての詳細

対応状況
適用した対応：　□第1区分(注意喚起)　□第2区分(誘引物除去・防御・追払い)　□第3区分(有害捕獲)
　　　　　　　　□第4区分(殺処分)　□その他（　　　　　　　　）
市町の対応・備考等

センター記入欄

一万分の1図面等で場所の詳細が分かる図面を貼付してください。

図 8.5　住民からの出没情報を収集する記録フォーマットの例（兵庫県）

　研究機関をもつ自治体は限られているため，モニタリングは農業や林業の試験場，民間への外部委託などで実施されている。地域の大学等との連携関係を構築し，モニタリング内容を充実させていくことも一つの手法である。モニタリングデータが適切に蓄積され保管・利用されるような仕組みが必要である。

8.2.5　合意形成
　特定計画では，モニタリング結果と施策の実施状況について，関係者との議論を踏まえ

て，計画を承認する作業が求められる。多くの場合は，検討委員会，協議会などが設定されているが，モニタリングデータの分析では，これらの組織とは独立した科学委員会などを設置することが望ましい。検討委員会では，専門家以外に，農業者団体，林業者団体，狩猟者団体，自然保護団体などの長をはじめ，市町村の長などとの合意形成が必要となる。これらの多様な主体と情報を共有するためには，モニタリング結果，施策効果の検証結果などのデータを可能な限り**可視化**することが必要である。**合意形成**の結果は，最終的にはパブリックコメントなどを経て，次年度の計画へと反映される。

8.3 広域管理の取り組み

　日本の行政境界は山塊に設定されていることが多いが，野生動物個体群はこれらの行政境界を越えて分布しているのが一般的である。現状では，都道府県レベルにおいて計画が異なるために，隣接する市町村で異なる施策が実施されているなどにより県境域では成果が出ない事例もある。隣接県との連携不足が問題になっていないか，まずは，実態把握から始める必要がある。場合によっては都道府県の枠組みではなく，共通する山塊にまたがる市町村レベルでの枠組みを検討していく必要がある。

　ツキノワグマでは，特定計画制度が開始される以前から西中国個体群において，広島・島根・山口県における広域管理計画が任意計画として策定され，それに基づく管理が行われてきた。その後，岐阜・長野・石川・福井県の4県と環境省による白山・美濃地域個体群，京都・兵庫・岡山・鳥取県の4府県による東中国個体群・近畿北部個体群において広域協議会や管理方針の策定が行われている。ニホンジカでは関東山地のニホンジカについて，東京都，埼玉・群馬・長野・山梨・神奈川県の1都5県により，「関東山地ニホンジカ広域保護管理指針」が策定されている。しかし，枠組みが構築されても科学性や連携が不十分なケースも依然として残されている。関東山地のニホンジカや近畿北部・東中国ツキノワグマ広域保護管理協議会（図8.6）のようにデータを共通で収集し，統一したデータベースの管理と分析が必要である。ヨーロッパではデータ共有の国境を越えた取り組みが進んでおり（4章参照），その考え方や仕組みは参考になる。

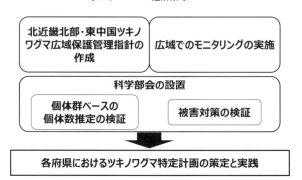

図8.6　ツキノワグマ広域管理の体制の事例

8.4　特定計画制度の課題

　これまでの特定計画の最も大きな課題は，モニタリングと施策の実施体制に関するものである。まず，モニタリングの課題を挙げる。モニタリングの中核となる生息状況と被害把握の手法開発はいまだ発展途上にある。たとえば，ニホンジカにおいて特定計画制度創設直後は，生息数推定手法が十分に確立していなかったことにより，生息数を過小評価することが多かった。新たな推定方法の開発が試みられた結果，現在では，捕獲数の経年変化と密度指標から個体数推定の手法が確立されつつあり，捕獲効果の検証に役立っている（14 章参照）。しかし，昼行性のニホンザルを除くと，森林に生息する大型獣の直接観察に基づく個体数カウントは難しく，正確な個体数を把握するのは容易ではない。そのため，生息数の推定においては，個体数の増減を敏感に反映する密度指標の開発や捕獲に影響のある堅果類の豊凶調査など多岐にわたるデータが用いられている。今後は都道府県により一層体系だったモニタリングデータの収集が求められる。

　特定計画の歴史が長いニホンジカでは，捕獲数の経年変化と密度指標を適切にデザインすることで，生息動向の把握が可能となってきている。2019 年以降，イノシシの生息数を反映する密度指標が開発され，それをもとに空間的な密度推定や個体数推定のための調査手法の確立に向けた試みが始まっている（横山 2021）。密度指標の開発に成功した背景としては，自動撮影カメラの発達と低コスト化，個体識別を不要とする密度推定手法の開発（Nakashima et al. 2018）が進められたことが挙げられる。

　もう一つの大きな課題が，管理施策の実施体制の構築である。これまでにさまざまな取り組みが進み，防護柵の設置や集落ぐるみで追い払い，誘引物管理，捕獲を行う体制などの経験が蓄積されてきている。今後の全国的な体制強化に向けて，野生動物管理の普及員や鳥獣対策員など専門的知識と技術を有した職員を配置し，関係機関との調整や技術移転などを行う職種の配置が求められる。

　都道府県が特定計画を策定することの最大の利点は，地域の実情に応じて対象鳥獣について，法令で定められている規制の枠組みを緩和できることである。一方，計画を策定することで，クマ類のように捕獲を抑制することへの住民からの反発，捕獲を推進することによる保護団体からの反発，モニタリングの継続や具体的施策への予算措置と実施，改訂作業などの負担などさまざまな業務が新たに発生することである。そのため，クマ類やイノシシ，ニホンザルなどでは策定が進まなかった経緯がある。それでも，野生動物の急増や出没に対して，場当たり的な対応による国民の不利益を防ぐためには，管理計画を策定し，計画的，科学的に施策を実施することの重要性が浸透し，計画数は増加してきた。ただし，2021 年現在でも，生息が確認され保護管理上の課題があっても，計画を策定していない獣種が都道府県によっては残されている。科学的で計画的な野生動物管理をさらに一歩進めていくためには，特定計画を科学的視点からよりよいものに改定し，科学行政官の配置と現場対応を行う鳥獣対策員などの配置が必要である。

┌─ **例 題** ───┐

1. 鳥獣保護管理法の目的を3つ挙げよ。
2. 特定計画制度における都道府県の役割を述べよ。
3. 科学的・計画的管理に必要な要件を述べよ。
4. 特定計画制度の課題を挙げよ。

回 答

1. 猟具の使用に係る危険を予防，鳥獣の保護及び管理並びに狩猟の適正化，生物の多様性の確保，生活環境の保全及び農林水産業の健全な発展，自然環境の恵沢を享受できる国民生活の確保及び地域社会の健全な発展のうち3つ。
2. 対象獣種の管理方針の明確化，生息状況の把握，施策立案，モニタリング体制の構築，施策実施体制の構築，合意形成など。
3. 生息情報をデータに基づき分析し，5年間の施策を実施したのち，その効果を検証する。その成果を受けて次の5年間の計画を策定するフィードバック管理を実施する。状況に応じて柔軟に施策を変更するなどの順応的管理を実施すること。
4. 広域管理，モニタリング体制の充実化，科学的管理体制を具現化するための体制，現場対応の専門員等の配置。

└──┘

9. 鳥獣被害特措法に基づく対策
―被害対策における地域と自治体の役割

中山間地域を中心に獣害が深刻化しているが，それら集落や農地には獣害が発生する原因が存在し，それを改善することで被害は必ず低減できる。そのためには被害の原因を正しく把握し，科学的に正しい対策を講じる必要があり，それを主体的に実施できる地域の体制と，支える行政の支援が重要である。本章では「鳥獣による農林水産業等に係る被害の防止のための特別措置に関する法律」に基づく獣害対策の自助・共助・公助の考え方を整理するとともに，地域が主体的に進める被害対策の手法を事例を交えて紹介する。また，公助の役割として，獣害対策に主体的に取り組める集落の支援手法を併せて紹介する。

9.1 野生動物による農作物被害の背景

農林水産省の鳥獣対策コーナーには，全国の野生動物による農作物被害，鳥獣害は金額ベースで2018（平成30）年に約158億円にのぼり，イノシシ，シカ，サルの3獣種による被害（以下「獣害」）は約100億円の被害額と紹介されている（農林水産省 2020 a）。158億円は一見，大きな金額に見えるが日本の農業総産出額は同年で約9兆円であり，158億円はそのわずか0.2％でしかない。金額で測れば獣害は農業上の大きな問題ではないかに見える。しかし，山間の農業地域で住民に話を聞けば，今では地域を問わず「獣害で困っている」という声を聞くだろう。獣害は統計に上がる生産額だけでなく，「孫に食べさせようと思っていたトウモロコシ」や「川沿いの彩になっていたアジサイ」など，金額では測れない農作物への思いやふるさとの景観にも影響を与えている。また，直接の被害だけでなく営農意欲の減退にも繋がり，意欲の低下は耕作放棄地の増加の一因ともなり，農村コミュニティーの存続にも関わる問題となっている。集落の代表者へのアンケートによる被害感覚を金額換算した調査では，その被害金額は統計上の金額の約30倍にもなるとの結果が得られている（山端 2017 a）。農村では依然として「獣害」は経済的な損失額では測りきれない深刻な問題であり，農業問題から地域の社会問題となっているともいえる。

中山間地域では「サルを何とかしてくれ」「シカをもっと獲ってくれ」など，動物を何とかしてくれという住民の要望を聞くことが多い。「動物を何とかしてくれ」という表現をとっていたとしても，その要望は広い意味で野生動物による「被害を」何とかして欲しいという要望であり，サルの調査やシカの捕獲など動物の管理に特化した施策だけでは解決できない内容を含んでいる。7章で紹介したとおり，被害が多発している頃に「サルを全部捕獲しろ」と厳しい発言をしていた人でも，被害が軽減できれば「被害がなければ，かわいいものだ」と存在を許容する意見に変わり，結果として行政への苦情や要求も和らぐ。**被害を減らすことが，野生動物との共存**にも繋がると思われる。だからこそ，適切な

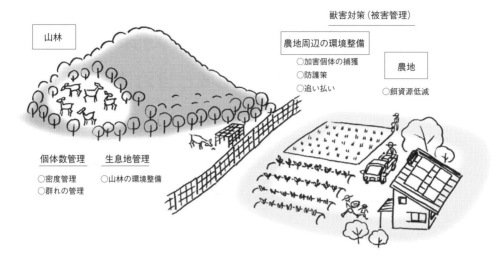

図9.1　野生動物管理と獣害対策の概念図

野生動物管理には，正しい被害管理，被害対策が重要といえる。

9.2　被害対策の考え方

9.2.1　被害が発生する要因

そもそも，獣害がなぜ発生するのかを再度考えてみたい。動物の**生存本能**に欠かせない柱は，「**安全**」と「**食物**」である。イノシシやシカに限らず，あらゆる動物が，「安全」で「食物」のある場所を求めている。野生動物の目から見ると，かつての農村は，「食物」はたくさんあったが，いつも人が農作業，草刈り，水路掃除などをしており，人がたくさんいて「安全」ではないと感じざるを得ない場所だった。一方，山林は農村に比べて食物は少ないが，人はそれほどおらず，相対的に「安全」と感じる場所だったろう。食べ物は魅力的だが命には替えられない。野生動物は必然的に山林を中心に暮らしを営み，滅多に人里に接近することはなかったであろう。

「昔はシカなんかいなかった」「子どものころはサルなんか見たことはなかった」などの言葉をよく耳にする。しかし，各地の農村にはシシ垣が残っている。シシ垣の周囲には落とし穴などでシカやイノシシを捕獲していたわなも見つかっている。シシ小屋という集落の人々が交代で夜の見張りをし，イノシシを「追い払い」していた小屋も時々見かける。つまり，動物が「いなかった」のではなく，動物を防ぐ努力や追い払いなどで農地から遠ざける努力，侵入しようとする加害個体の捕獲を江戸時代の人々もしていたのである。

しかし，経済の発展とともに農業や農村の様相は大きく変化してきた。一方，イノシシやシカの生態は，今も昔もそれほど変化していない。変化したのは，日本の，とくに農村部の社会や環境である。農業は機械化され農地での労働時間も短くなった。同時に，農村部に相対的に人が少なくなってきた。農地から人は少なくなり，防ぐ人も捕獲する人も減少した。つまり，以前と比べて集落は野生動物から見て「食べ物がある」だけでなく「安全」な場所になってきたのである。これが，獣害が増えてきた根本的な理由ともいえる。そして，多くの食べ物を得た動物は，繁殖率を向上させてさらに個体数を増加させるという人間にとっての悪循環が生じる。この状況を改善するのが獣害対策の根幹である。

図9.2　「無意識の餌付け」の例（イネのヒコバエ）　　　図9.3　管理が不十分な防護柵の例

　動物から見て「安全」で「食べ物がある」魅力的な場所になっている今の農地や集落を，「危険」で「食べることができない」場所であると学習させることが重要である。それと同時に，生息地の管理や個体数の管理が必要である。野生動物の管理は，「**生息地管理**」と「**個体数管理**」と「**被害管理**」が3本柱であるが，被害管理は地域が主体となり，動物の侵入を阻止しつつ，加害個体の捕獲や山林の環境管理を含む総合的な技術体系であるべきだろう（図9.1）。地域を野生動物からみて「安全ではなく」で「食べることができない」場所にして被害を防ぐことは，その農地や地域に住む住民が主体的に担うべきことである。それが有効に実行されず集落や農地で被害が減少しない原因を次項で簡単にまとめる。

9.2.2　「被害現場で見る」獣害の要因
(1)　人が被害と思わない「餌」がある
　「ヒコバエ」や収穫残渣など，住民にとっては食べられても「被害」と感じられなくても，動物にとっては望ましい「餌」となる物は少なくない。管理者のいない放任のカキなどは今ではクマの出没原因にもなっているが，1集落に800本もの放任のカキがある集落もあった。収穫残渣の野菜くずなども，何か所もの家庭菜園が同じことをすれば，集落全体ではかなりの餌資源となる。これらは，無意識の「餌付け」になっており，獣害の温床となっている（図9.2）。

(2)　「正しく」守れていない（囲えていない）
　囲っているつもりでも，動物に効果のある囲いになっていない事例が非常に多い。電気柵の下段の高さがイノシシの侵入防止に効果を発揮する20cmの高さになっていなかったり，下部に空間が空いて動物が侵入しやすい柵であったり，柵そのものの構造的な問題ではなく，その設置方法などの問題も多く見受けられる。また，設置当初は効果があっても，適切な管理がなされないため，次第に効果を失っていく柵など，その管理体制にも問題がある場合も多い（図9.3）。これらは共に，技術の問題ではなく，その使用方法という人の問題である。

(3)　隠れ場所がある
　農地の周辺に耕作放棄地やヤブなどの隠れ場所があると，動物は「安全」と感じる。無論，耕作放棄地の増加は，担い手不足などの深刻な問題の結果でもあるが，放棄地や管理不足の林縁やヤブなどを放置すると，動物が姿を人にさらすことなく農地に近づける環境

図9.4　集落内の耕作放棄地

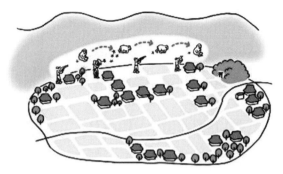

図9.5　効果の少ないサルの追い払い
（個々がバラバラに追い払っても効果は少ない）

を提供することになり，獣害を増加させる原因の１つになる（図9.4）。

（4）正しく追い払えていない（サル）

　サルが出没している地域で，「効果のある追い払い」ができている地域は少ない。多くは，個人がバラバラに，自分の農地だけを守るような追い払いになっている。①農作物を食べられた時だけ追い払う（ヒコバエなどを食べている時は追い払いをしない），②追い払う人が限られている（多くの人が見て見ぬふりをしている），③自分の農地だけ追い払いしている（自分の農地以外だと無関心で，追い払いしない）など，挙げればキリがないが，これらは効果のない追い払いの典型である。効果のない追い払いとは，サルから見れば，①人は怖い生き物であるという学習をしない，②少し隠れていれば，最終的には餌が食べられるという，被害対策で意図する目的とは異なる学習となり，追い払いや人そのものに対して強いサルになってしまう危険性すらある（図9.5，7章参照）。

（5）正しい捕獲ができていない

　シカ，イノシシの個体数が増加している地域が多いことは事実であり，それらを捕獲することは非常に重要である。しかし，被害軽減のためには頭数を目標にするのではなく，農地で食べることを学習した「加害個体」を捕獲することが重要である。防護柵でしっかり守り，それでも侵入してくる個体を捕獲することで，被害は軽減できる。捕獲の効率を上げるためにも，防護柵と併用した捕獲が重要である（図9.6）。

　サルについては，加害個体を捕獲するのではなく，追い払いや防護柵などの被害対策と合わせ，群れ単位で管理の計画をたて，①多頭群を追い払いが可能な頭数まで削減する，②行き場のない群れを除去する，といった管理が必要である（7章参照）。しかし，多くの地域で，無計画な捕獲が進んでおり，その多くは被害軽減には繋がらず，問題をより複雑にしている可能性がある。

9.2.3　被害対策の要点

　これら政策上の問題を改善することで被害を抑制することは十分可能である。医療に例えた獣害対策の５か条は次のとおりである。イノシシやシカでは，

　（1）予防：集落内の収穫残さや不要果樹など「餌場」をなくす

　　水田の「ヒコバエ」などの無意識の餌付けになっているものを除去する。

　（2）予防：耕作放棄地やヤブなどの隠れ場所をなくす

図9.6　防護柵と併用して捕獲すべき

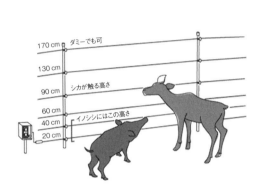

図9.7　電気柵の高さもしっかり点検する

図9.8　柵でしっかり防御し，それでも侵入する
個体を捕獲する

農地に近いヤブや放棄地など，動物が安全に近づける環境を除去する。

(3) 治療：囲える畑はネットや柵で正しく囲う

電気柵の高さや金網やワイヤーメッシュ柵（以下，WM 柵）の補修などを徹底し，動物が農地に近づけないようにする（図9.7）。

(4) 手術：加害している個体を適切に捕獲する

捕獲頭数にこだわるのではなく，しっかりした防護柵と併せ，それでも侵入してくる加害個体を捕獲する（図9.8）。

(5) 手術：適正な密度管理を進める

とくにシカでは高密度化した地域で集中的に捕獲し，低密度化を図る。

(1)〜(3)は集落や農地を「安全」で「餌のある場所」と学習させない取り組みになる。(1)〜(4)は**地域が主体**となって実践してこそ効果が発揮される。(5)は行政が科学的な調査に基づき，計画的に進めるべき取り組みであり，密度管理は，市町村の有害捕獲と都道府県の個体数管理を整合的に実施することが重要である（3章参照）。

またサルについては考え方の基本はイノシシやシカと同様であるが，追い払いという被害対策や捕獲方針についての考え方が若干異なる。

(1) **予防：集落内の収穫残さや不要果樹など「餌場」をなくす**

とくに，カキやクリなどの不要果樹はサル被害の要因になりやすい。

(2) **予防：耕作放棄地や藪などの隠れ場所をなくす**

農地周辺に茂った林縁などはサルの隠れ場所になる。緩衝帯を設けることは，追い払いの効果も高めるためサル対策にも有効である。

(3) **治療：囲える畑はネットや柵で正しく囲う**

おじろ用心棒（7章参照）など，サルにも有効な多獣種防護柵で被害に遭う農地を優先的に囲う。

(4) **治療：組織的に追い払いする**

集落住民が，複数人でサルの出没場所に集合して，サルが集落から出ていくまで追い払う。組織的な追い払いが有効である（7章参照）。

(5) **手術：群れ単位に部分的な捕獲や全頭捕獲を行う**

遊動域，頭数，加害レベル等を調査し，群れ単位に管理方針を定めて，必要に応じて全頭捕獲や部分的な捕獲などの頭数管理を選択する。

という5つの対策が挙げられる（山端 2017b）。(1)～(4)は集落や農地を「安全」で「餌のある場所」と学習させない取り組みになる。(1)～(4)は地域主体で，(5)は特定鳥獣管理計画に基づき，行政（都道府県）が計画的に実施すべき対策である（7章参照）ことは，シカ，イノシシと同様である。

次節ではその実例を紹介するが，まずは被害対策のための制度や自治体の役割について述べる。

9.3 鳥獣被害特措法等の経緯と概要

9.3.1 特措法と被害防止計画の枠組み

2007年12月に，国が被害防止対策の基本指針を定めた「鳥獣による農林水産業等に係る被害の防止のための特別措置に関する法律」（以下，**特措法**）が制定された。鳥獣被害は，野生鳥獣の種類や加害状況などが各地域において異なることや，個々の農家だけでは被害を防止することは困難であることから，地域主体の被害防止対策を推進することを目標としている。また，被害現場に最も近い行政機関である市町村が中心となって被害防止対策とその計画立案に取り組めるよう，単一又は複数の市町村が「被害防止計画」を策定することとなっている。

この特措法に基づき，国は種々の被害対策支援を講じており，その一つが「鳥獣被害防止対策交付金」（以下，交付金）である。防護柵や捕獲機器の導入など，市町村だけでなく，都道府県が実施する活動にも支援が可能な内容となっている（農林水産省 2020b）。また，捕獲機器の導入や高度な先進技術実証，人材の確保なども可能であり，工夫次第で多様な被害対策を講じることが可能である。これ以前にも山村振興などの事業に獣害対策に使用可能なメニューは存在した。しかし，この法と交付金が制定されたことで，市町村や都道府県は獣害対策自体を目的として種々のメニューを計画的に組合わせ，被害軽減を図ることが可能となった。被害対策の進展には非常に大きな役割を果たしている。

9.3.2 特措法制定後の全国の状況

これまで全国で野生鳥獣による農作物被害が発生している市町村が約1,500あるのに対

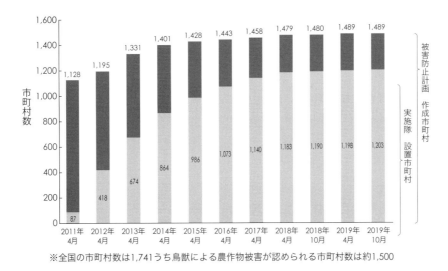

※全国の市町村数は1,741うち鳥獣による農作物被害が認められる市町村数は約1,500

図9.9　鳥獣被害防止特措法に基づく被害防止計画作成市町村数・実施隊設置市町村数の推移
（農林水産省「鳥獣被害の現状と対策」より）

し，この被害防止計画を策定している市町村が1,489となっており，またこの計画に基づ
いて捕獲や追い払いなど被害防止活動の担い手となる「鳥獣被害対策実施隊」を設置して
いる市町村は1,199にのぼる（図9.9）（いずれも2019（平成31）年4月末時点）。この被
害防止計画に位置付けられている鳥獣被害対策協議会が地域の被害対策の企画・立案から
実行や検証・支援策等を進める上で，構成員である市町村，農協，猟友会などは重要な役
割を担う。また，この特措法は，数度の改正を経て，2016（平成28）年12月には捕獲後の
野生鳥獣の利活用促進を図ること等を目的とする改正が行われた。

　環境省と農林水産省は，シカ，イノシシの頭数を半減することを目的とした「抜本的な
鳥獣捕獲強化対策」を2013年12月に策定し，被害を及ぼしている鳥獣の個体数の削減に
目標として定めた捕獲を推進することとした。また，捕獲の担い手の育成・確保や被害防
止のための取り組みも合わせて推進する施策を取りまとめた。具体的には，シカ及びイノ
シシの生息頭数を策定から10年後の2023（令和5）年度までに半減する捕獲目標の達成に
向けて，①鳥獣保護管理法の見直しによる新制度の導入や規制緩和等を行い，都道府県に
よる捕獲活動を強化，②特措法の下，地域ぐるみによる鳥獣の捕獲活動を強化，③捕獲活
動等を支える担い手の育成・捕獲するための取組等の推進等を掲げ，両省は各種対策を講
じてきた。その結果，2000（平成12）年度から18年間で狩猟と許可捕獲による捕獲頭数は
約4倍に伸びており，その後も年次変動はあるものの，一定の捕獲頭数が維持されている。

9.3.3　特措法を始めとする事業の効果と課題

　交付金の導入以後，被害発生地域での防護柵設置は飛躍的に進展し，現在総延長距離は
約40万kmに及ぶ。柵の設置により被害が軽減した事例は多く，交付金導入以前と比べ，
この事業が被害対策に果たした役割は大きい。一方，柵を設置していてもその設置設計や
管理体制に不備があり被害が減少しない例（本田 2007）や，防護柵を設置せずに捕獲檻の
みを導入した例（山端 2019 a），管理者が不明確なまま導入されたICT捕獲檻（山
端 2019 b）など，その効果が疑問視される事例も認められる。これらは事業や技術の問題
ではなく，導入方法や管理体制の不備にその原因があると考えられる。

　また，捕獲の進展により生息密度の低下とそれに伴う被害軽減の効果が現れている地域も見られる一方，一定の捕獲が進んでも被害は減少しなかった事例（藤木ほか 2019）や，十分な捕獲が維持できなくなってきた事例なども見られる。これらも捕獲事業そのものや捕獲技術自体の問題ではなく，その人材育成や事業の導入計画，方法など言わば「使い方」に課題がある事例といえる。これらのことを踏まえると，都道府県だけでなく，被害現場の最前線に位置し，種々の事業の導入や計画策定の担い手である市町村の役割は非常に大きい。次項では，これらに基づき，被害対策に関わる市町村や都道府県という自治体や住民の役割を考えてみたい。

9.4　被害対策に関わる自治体や住民の役割

　被害対策の内容とその役割分担の模式図を図9.10に示す。あくまでも被害対策を主眼とした役割分担であるが，個体数管理やモニタリングに関する内容も含めて，全体像を示した。獣害対策の役割を防災などの考え方に即して**自助**，**共助**，**公助**の3つに分けて概要を整理してみたい。

9.4.1　個々の住民の役割（自助）

　図9.8に示すように，まず，個々の農地をしっかり守る自助の役割はすべての基本である。農地を電気柵等で囲う，収穫残渣を除去するなど，個々の取り組みの積み重ねが，次項の共助に繋がる。

9.4.2　集落や地域の役割（共助）

　獣害対策には個人ではできないことが多い。集落防護柵や組織的なサルの追い払いなどは共助の典型である。加害個体の捕獲も実はこの共助が成否を分ける。被害を減らしたいのであれば，「この場所で獲るべき」という場所がある。集落の合意があれば最適な場所に檻やわなを設置し捕獲することができる。また，被害を減らすために捕獲地点とすべき場所は集落にたくさんあるだろう。餌付けや檻の管理を共同で分担し，檻の設置，移設，見回り，すべて分担して「集落で獲る」を実行できれば加害個体の捕獲は飛躍的に進む。

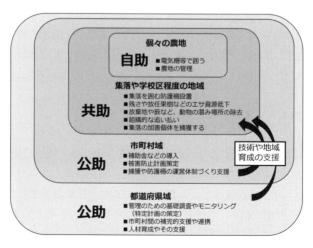

図9.10　自助・公助・共助の役割分担の模式図

これは個人の努力だけでは難しい。柵と捕獲どちらも共助の役割が重要である。被害を減らすための捕獲は狩猟ではなく，あくまでも集落の被害対策であり，集落活動の一環である。そして，その視点で実行すれば必ず成果があがるだろう。

9.4.3　市町村の役割（公助）

　交付金が存在する現在，被害管理に果たす市町村の役割は非常に大きい。柵や檻の補助も重要な公助の役割である。同時に，重要なのは被害をどのように軽減させるか，市町村内の密度や被害，捕獲などの基礎データを整理し，計画的に被害対策を進めるグランドデザイン作りと，そのための地域の支援である（鈴木 2014，山端 2015）。また，被害軽減には自助や共助を促すエンパワーメントやアクションリサーチの役割も非常に重要である。これらは 9.5 と 9.6 で改めて紹介する。

9.4.4　県の役割（公助）

　野生動物管理における都道府県の重要な役割は，8 章で述べられた特定鳥獣管理計画の策定やそのためのモニタリングなど，広域な管理であろう。もう 1 つ重要なのが，9.4.3 の市町村の役割の支援や支えとなる補完性原則（3 章参照）に基づく協働であろう。とくに被害管理の重要な要素となる集落の支援については，各都道府県の地域事務所等に配置されている農業改良普及センターなどの指導機関の活躍が期待される。被害軽減の手法は野生動物の問題だけではなく，地域の体制構築など種々の農業問題と共通の課題としてのアプローチが必要である。

　次項では，自助，共助，公助の役割分担で，被害軽減に成功した実例をその過程も含めていくつか紹介する。

9.5　「獣害につよい集落」の実例

9.5.1　兵庫県相生市小河集落（シカ，イノシシ）

　兵庫県相生市小河集落は世帯数約 70 戸，人口約 240 人で，山の狭隘に細長く農地が続く地形の集落である。20 年近く前からイノシシ，シカの被害が発生しており，それが深刻化した 1998（平成 10）年ごろ集落の林縁部を囲う電気柵を集落で設置した。しかし林縁部の点検の負担や電気柵の隙間からシカが飛び込むなど効果は少なく，その後 2002（平成 14）年ごろ再度電気柵を WM 柵に交換することとなった。WM 柵は設置以来継続して，集落全戸による年 20 回程度の点検がなされている。点検は集落を 4 班の区域に分け，全戸が分担して行われる。潜り込みや破れ目など簡単な補修であれば点検時にその場で補修し，倒木や大きな破損などは後日，これも集落全戸の出役で補修する。山に囲まれた狭隘地であり，決して良い条件とは言えない条件下で集落のほぼ全体を WM 柵で囲いそれを集落の共有財として全戸が分担して管理することで，かつては深刻だったイノシシ，シカの被害はかなり減少した。しかし集落柵でほぼ完全に囲えているが，南には開口部もある。集落の中心を河川が流れており（図 9.11 左），ここからのイノシシ，シカの侵入により被害が完全に減らないこともわかってきた。

　当時集落内には狩猟免許取得者がいなかったが，市からの勧めもあり，集落内で協議の上 1 名が狩猟免許を取得した。この 1 名に捕獲をすべて任せるのではなく，場所の選定，餌付け，檻の設置や移設，見回りなど，捕獲に関するすべての作業を集落内で分担する地

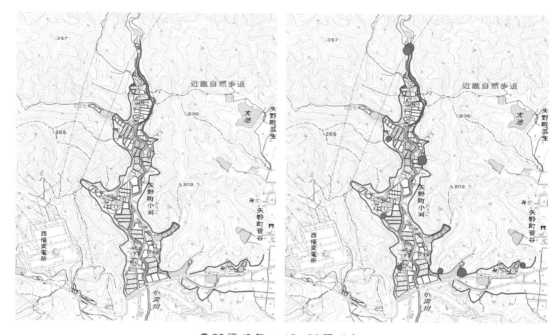

●20頭/3年，●10〜20頭/3年

図 9.11 兵庫県相生市小河集落の防御と捕獲によるイノシシ，シカの被害軽減効果

域主体の捕獲体制が作られた。これまでの柵管理の延長で集落の捕獲も集落が共同で運営する体制である。

　兵庫県では，捕獲の指導技術をもつ地域の人材を派遣して，地域主体の捕獲を志す集落の捕獲者に助言や指導をする事業を展開しており，小河集落はそのモデル事例でもある。集落での捕獲数は年々向上し，2019（令和1）年度は36頭の加害個体と思われるイノシシやシカを捕獲した。その結果，集落内や河川を通るイノシシ，シカの数も減少し，被害調査の結果，被害は以前の80％減，380万円程度もあった被害が2019年には5万円程度にまで低減している（図9.11右）。もちろん，被害が完全になくなったわけではない。未だに唐突に被害に遭う水田もあるし，個々に電気柵やトタンを張っている水田も存在する。しかし，完全ではないまでも獣害発生に対応する農業共済の引き受け額はゼロになり，住民が許容できる程度にまでに被害は確実に減ってきている。何より，「こうやって被害は減らすことができる」と集落が自信をもてるようになったことが重要である。

　小河集落の成果は，被害が多発する集落でも，適切な柵の設置と加害個体の捕獲で被害軽減が可能であることを示すものであり，防護柵，捕獲双方に重要なのは集落をあげて取り組める体制を作れる「集落の力」であることを示す実例である。また，防護柵の点検・補修や集落主体での捕獲活動は集落の「共助」，柵設置の補助金だけでなく，集落の課題解決のための調査や捕獲技術の支援などは「公助」の取り組みであり，その双方が機能することで獣害につよい集落を作ることができるという実例でもある。

　　　🐾アドバイス　　小河集落の活動
　小河集落はゆずの加工などの農業の6次産業化や女性グループの活動，農地保全など，他の集落活動でも地域の優良事例として知られている。これらの集落活動が獣害対策にも発揮されている。

9.5.2　三重県伊賀市下阿波集落（サル，イノシシ，シカ）と阿波地区のその後

　7章で紹介した伊賀市阿波地区は伊賀市の西端の最奥部に位置する7集落からなる小学校区である。下阿波集落はその1つであり，世帯数70戸あまりの集落である。古くからサル，シカ，イノシシの被害が多発する集落だったが，サルについては集落で組織する獣害対策委員会を中心に組織的な追い払い活動によって被害をほぼゼロにできた。シカ，イノシシについては，2009年に集落の林縁部に金網柵を設置し，多発していた被害は一時大幅に減少した。しかし，集落の中心部を道路と河川が流れており，その河川沿いからシカ，イノシシが侵入することで，河川沿いの農地の被害が逆に増える状況が生じた。そこで伊賀市と三重県は加害個体の侵入路にあたる場所に大型の囲いわなを設置し，集落住民が給餌等の管理をすることで加害個体を集中的に捕獲した。約5年間で70頭あまりの加害個体捕獲が進んだ結果，河川からの侵入は激減し（図9.12），下阿波集落はサル，イノシシ，シカすべてで獣害ゼロ集落となった。

　下阿波集落の事例は，追い払いや防護柵の設置と管理，檻の管理は共助の取り組み，柵や檻の補助，追い払い方法の指導，捕獲技術の提案などの支援（追い払い方法の支援の詳細は7章参照）は公助の取り組みであり，これら双方により被害をほぼ解消可能であるという実例でもある。

　伊賀市阿波地区では7章で紹介したサル群の管理だけでなく，ICT捕獲システムを備えた大型の囲いわな8基を被害が発生する各集落に網羅的に配備し，捕獲が不足する集落を

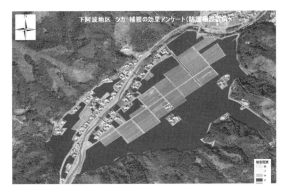
防護柵設置前は被害が多発

防護柵設置後も河川沿いに被害が多発

囲いわなによる集中的な捕獲

加害個体の集中捕獲により被害が軽減

図9.12　三重県伊賀市下阿波集落の防御と捕獲によるシカ被害軽減効果

132

中心に自治協議会の4名の管理チームが集約的に管理することで，4年間で約600頭のシカを捕獲してきた。その結果，防護柵と併行して加害個体を捕獲した他の集落でも被害は以前の10%程度まで軽減できている。

　これらは，地域主体の被害対策と併行し，計画的な個体数の管理が進むことで，広域で獣害を軽減可能であることを示す実証例であると言える。

　このように，阿波地区では地域主体の被害対策と政策としての加害個体の集約的捕獲がうまく機能し，サルやシカの被害はかなり改善できた。阿波地区では地域主体での被害対策や加害個体捕獲を進めつつ，行政や研究機関がその支援や個体数管理の計画を策定・実行することで，自助，共助，公助のバランスがとれた獣害対策が継続できており，これらはその成果でもあった。しかし，サルでは市全域で被害は大幅に軽減できたものの，残した4群も頭数の増加や遊動域の変化が見られ，被害対策の継続や頭数のモニタリング，増加に応じた捕獲など，長期的かつ順応的な管理が必要となっており，新たな課題への対応が模索されている。シカでは密度指標の低下や被害の軽減という成果が得られたが，捕獲を中止すれば急速な回復が予測され，防護柵だけでは被害防除も再び困難になることが予測された。これまで地域，行政，研究機関が共同して実践してきたものが，研究プロジェクトの終了や行政の人事異動，また，地域住民も次第に高齢化するなどの変化に伴い，徐々に失われる可能性があった。獣害は野生動物という自然と，農業農村という社会との軋轢であり，双方に対する長期にわたる持続的かつ順応的な調査や対策が必要であるが，そのためには単年や数年の事業が中心である行政の支援のみでは不十分であることもわかってきた。

　そこで，研究プロジェクトによる実証等に関わった研究者，企業，地域住民と市や県の担当者が協議し，研究や実証で得られた成果を維持するための団体として，一般社団法人 獣害対策先進技術管理組合が設立された。当組合の目的は，①研究プロジェクトと地域住民の努力，双方によって成果が出た獣害対策を，長期に維持可能にすること，②それらの取り組みを他地域にも紹介し，同じような獣害に苦しむ地域に普及することである。被害軽減に至るまでの試行錯誤の経緯や成果，失敗なども紹介する視察対応や研修会等で得た収益を，大型檻の維持，シカ捕獲の資材費，サル群の基礎調査等に充て，住民，行政，

コラム　（一般社団法人）獣害対策先進技術管理組合とは

　三重県伊賀市では住民の自治組織として，旧小学校区を基本単位として住民自治協議会が設置されており，地域主体の獣害対策推進をこの住民自治協議会を中心に進めてきた。2008（平成20）年前後から，行政や研究機関，企業等と連携し，組織的なサルの追い払いや集落防護柵の設置，加害個体の捕獲等の地域主体の獣害対策が進められてきた結果，サルの被害は市全域でほぼ解消し，シカ被害も軽減した集落が複数現れてきた。これらの成果は，住民組織と行政，そして長期に及ぶ実証的研究の成果である。当社団はこれらの成果を研究プロジェクトの終了や行政担当者の異動により中断させることにならないよう，関係機関が連携した新たな公助の機能を担う機関として設立された。住民自治協議会の役員が代表理事を務め，実証的研究プロジェクトに関わってきた研究者や企業が理事として，また，市や県機関もそれを支える協力機関として参画している。被害軽減の成果を維持するための普及・啓発活動や防御や捕獲の維持などを中心に活動している（山端 2020，獣害対策先進技術管理組合 2019）。

獣害対策先進技術組合のホームページ〈http://sites.google.com/view/jugai-tech〉

研究機関の共同活動の場を作ることで，地域主体の獣害対策を支える共助と公助の新たな
仕組みを作ろうとしている。

☞アドバイス　　伊賀市阿波地域の活動
　　伊賀市阿波地域も住民自治協議会を中心に，高齢者の交通手段確保や女性グループが運営
するコミュニティーレストランなど，地域活動が盛んである。獣害対策を他の地域活動の1
つとして取り組める地域や集落の体制が重要と思われる。

9.6　「獣害につよい集落」をつくるためのアプローチ

　前項まで，被害対策の要点や県や市の役割，そして，地域が主体的に取り組むことで被
害軽減が可能であるという実例を述べてきた。獣害対策では地域ですべきことは地域で，
行政がすべきことは行政（市町村，都道府県）で実施する役割分担が重要である。また，
行政機関の間の連携，すなわち，市町村の対応が困難な場合にはより上位の都道府県や国
が補完するという補完性原則（3章参照）も重要である。
　次に，地域に主体的に獣害対策に取り組むことを促す働きかけの手法の一例を示す。そ
してこれは，9.4.3や9.4.4で述べた公助の重要な役割の1つである。この手法は筆者が
前職の三重県農業研究所や現在の兵庫県立大学で実施してきた例であり，必ずしもこれの
みが正解ではない。筆者自身も常にこのとおりの手順で集落に接しているわけではない。
合意形成や集落主体の獣害対策を促しやすいアプローチ方法の「一例」だと理解していた
だきたい。重要なのは地域の自助や共助を促すことであり，獣害対策の当事者になっても
らうことである。段階を経たプロセスで「自分でもできることがある」「集落でならやれ
そうだ」と思ってもらうことが大切であって，アプローチ方法は状況によって異なること
もあるし，形式的なプロセスにこだわる必要はない。しかし，対象を「その気」にさせる，
つまり行動変容を促すためには，勧める側のやる気だけや行き当たりばったりの働きかけで
は効果は少ない。「理解」→「納得」→「共感」への段階を踏む体系的な働きかけが重要
である（図9.13）。これを獣害対策でできるようにする仕組みが次項から示すステップ1
～7である（図9.14）。

(1)　ステップ1　役員等との事前協議

　何事にも戦略や根回しは必要である。集落のキーパーソンが誰かわからないままでは合
意形成は難しい。被害の様子や地形，役員の人柄の把握など，最低限の準備が必要である。
集落の主だった人材，つまり集落の役員達と被害現場を見に行ってみる。筆者は「みなさ
んが一番困っている場所に連れて行ってください」「集落の現場を一番知っているのは皆
さんですから，私にそれを教えてください」等と問うようにしており，公民館等の会議室

◆理解
◆納得
◆共感

対象の「共感」を得ていく手法

図9.13　合意形成の目標

図9.14　地域主体の獣害対策を促す Step1～6

だけで話し合うことを避けるようにしている。会議や面談形式を最初に行うと，話し合いがいつの間にか，要望や苦情，不満を聞く場になりやすい。会議室などでの言葉のやり取りだけだと，どうしても窮状を訴える言葉が次第に苦情や非難に変わりやすい。それに対して，現場を歩きながら話すことで，獣害以外の話題にも触れやすく，話の流れをコントロールしやすくなる。また，一緒に適度に体を動かすことは心の距離を取り払うためにも有効だと思われる。この段階で役員が抱いている問題点や要望を把握し，現地を見た結果の大まかな対策の方向性などを役員に提案する。次の集落の全体研修の進め方や役員と講師，行政担当者の役割分担などを相談することで，集落の役員が提案に応じやすくなる効果もある。ステップ1の要点は次の通りである。

① 集落の区長や農家組合長など，意思決定者に集まってもらう。5～6名で十分。

② 事前に問題のある場所を歩く。

③ それを見ながら集落の要望を聞く。

④ 被害や集落の要望に対し，実行可能と思われる提案を話す。

⑤ 次回の全体研修会の進め方を相談する。役員に必ず司会や締めくくりの発言を分担してもらう。

⑥ 写真は必ず撮影する。次回の全体研修会で最初にそれを紹介する。

⑦ 必要に応じ，自動撮影カメラなども設置して，研修会や提案等に役立てる。

(2) ステップ2　研修会・座談会

　獣害対策の基本的なことを住民研修会等で理解してもらうことは不可欠である。ある程度の知識があれば60分程度の獣害対策の基礎的な研修や講座は誰にでも可能である。今は教材もひととおり揃っている（たとえば 江口 2015, 2017, 農林水産省 2018 は総合的に獣害対策を紹介している）。その上で重要なことは語りかける側の姿勢だろう。事前の役員との打ち合わせや現地の確認はこの時役に立つ。研修会の教材は借りてきた教材やビデオ（農文協 2018）でも，事前にその講師（多くは市町村や県の地域事務所等，行政の担当者）が自分の足で歩いて見てきた集落の様子を見せることで，その内容は講師独自のものになる。その集落を事前に歩き，その写真などを見せ，集落の課題を互いに情報共有することは効果的な導入となる。

　イノシシやシカ，サルの生態の話はそのあとで良い。被害に遭っている住民の多くは，動物の生態を学習したいのではない。自分たちの，あるいは自分（だけ）の被害をどうしたら軽減できるのかが知りたいのである。

　そして，その後に基本的な加害獣（シカ，イノシシ，サル）の生態や行動特性を説明する。これも，長々と教科書に載っているような動物の生態的な知識は不要であり，被害対策に役立つ加害獣の特徴について簡潔に伝える。たとえば，サルであれば大きな遊動域をもち，安全で餌のある場所を探し移動しながら暮らしていること ⇨ つまり，安全で餌がある場所でなければ，その集落を群れ自体が利用しなくなるという知識や，イノシシの持ちあげる力が70 kg程度はあり，鼻の高さが地上から20 cm程度であること ⇨ つまり，金網やWM柵の下部の強度が必要であることや，電気柵の設置高が20 cm程度で隙間を空けてはいけないことなど，理にかなった被害対策での加害獣の特徴を簡潔に説明する。それに引き続いて具体的な被害対策の技術を説明することが，多くの住民を飽きさせず，また関心をもって聞いてもらいやすい研修会や座談会のポイントである。

(3) ステップ3　アンケート調査や事前の被害MAP作成

　良い研修会ができれば参加者も「それは，まあ，そうだな」くらいには納得する。場合によっては「とてもいい話を聞いた」と評価する人も多いだろう。しかし，その先になかなか進まない。おそらく，それだけでは先に進めるための工夫が足りない。相手の意識を変えて動いてもらうには，やはりそれなりの工夫が必要となる。筆者は獣害対策を進めるための重要なポイントは，この点にあると思う。獣害対策は行政がすべき公の政策と，住民が主体的に進めるべき地域の取り組みがある。無論，双方が重要なのだが，この場面で課題となるのは後者の地域住民が主体的に取り組むべき対策の方である。筆者が工夫しているのは，研修会の後にアンケートを取って簡単に集落の意向を分析したり，役員にヒアリングやインタビューをして，集落の被害地図を作成したりする，事前の状況把握と共有である。

　簡単なアンケートで実施状況や柵の点検頻度など，問題点と思われるものを数値化することは，客観的な集落の現状を共有するのに役立つ。また，被害マップの作成も有効である。「獣害や農業に詳しい集落の人」4〜5名程度に集まってもらい，地図を見ながら集落の被害状況等を聞き取る。農地ごとの被害の程度，被害対象の作物，獣害が原因で不作付けの農地，防護柵の位置（金網，フェンス，電気柵，その他程度に分類），わなや檻の位置や捕獲数，掘り返しなどの被害場所，などを聞き取った内容を地図上に記録し，それをGISで可視化する（図9.15）。

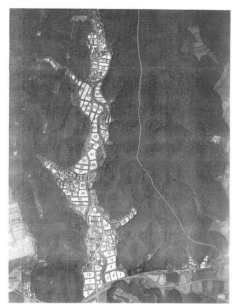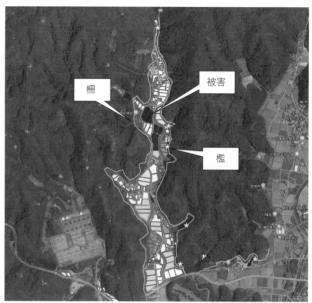

図 9.15　集落の被害状況 MAP 作成
ラフなメモ（左）を GIS 等で描画（右）する

　近年は Q-GIS というフリーの GIS ソフトが普及している。Google マップや国土地理院の地図も使用でき，農水省からは農地の筆データなども公開されている（農林水産省2020c）。これらを使用すれば，無料で集落の状況を可視化した地図が作成できる。地図を見れば自然に現場がどうなっているか気になってくるはずだ。「柵をしていても被害がこんなにあるのなら，この柵や管理方法に何か原因があるのではないだろうか？」という疑問が浮かべば，それは納得への第一歩だろう。気になる場所を中心に，現地を皆で点検してみるという次のステップに移りやすくなる。データ化するということは，多くの人がそれを共有することを可能にする。ただし，これらはあくまでも「手段」である。目的は一部の人ではなくできるだけ多くの人に集落の獣害に関心をもってもらい，その原因や対策を「理解」し「納得」してもらうことである。

(4)　ステップ4　集落の現地点検

　ここまでのプロセスを踏まえて集落の現地を実際に見てみると，参加者の意識もさらに高まり，多様な意見も出てきやすい。事前の聞き取りやアンケートをもとに作成した集落の被害状況マップを手に，4～5名一組で気になる場所を見に行ってみよう（図9.16）。住民自らの足で現地を歩き，自ら写真を撮り記録してもらうことが重要である。行政機関等の関係者が全部やってしまってはせっかくの集落点検の意味がない。きれいな結果が要るのではない。住民の方々に「自分の意見」として獣害対策に関心をもち，当事者になってもらうことが目的であるため，可能な限り参加者に記録や意見のメモを取ってもらう。「こんな隙間作ってたら，そりゃあイノシシも入ってくるわなぁ」。現場を見た住民自身の言葉に解決方法が見えてくる。これを上手くくみ取って解決方法を提案していけば，きっと住民の納得は広がり「地域主体の獣害対策」は動き始める。

図 9.16　集落点検の様子
ヤブが潜み場になっていること，碍子（がいし）の向き
が逆であるなどを話し合っている光景

図 9.17　集落点検に基づく集落の課題地図

(5)　ステップ 5　問題点や課題整理のためのワークショップ

　集落点検を経て出てきた気づきや意見をもとに実際の行動に移していくには，出てきた意見を確認し今後の方向を合意，共有する工程が欲しい。皆が自分の意見を出し，理解し納得する作業である。また，誰かからの押し付けではなく，「自分の意志で実施する」と思ってもらえるようにするためにも，この工程は重要である。集落点検してきた班ごとに地図に写真も張りながら，気づいたメモなどを書き込んでいく。司会や進行役に市や県等の関係者が入る。手書きのメモも加えた集落のオリジナル被害地図ができ上がる（図 9.17）。

　次は，その地図やメモをもとに，**ワークショップ**をしてみる。課題や解決方法を整理する工程である。ここが重要である。地図作りなどの時間がなくても，これだけは省かないことをお勧めする。大きめの模造紙やホワイトボードに表を作り，左側に「集落の課題」を書いていく。今日，現地点検で気がついたこと，事前の**アンケート**や研修会も含め，気がついた課題は多数あるはずである。それが終わったら，右側に「個人でできること」「集落ならできること」「行政に頼むこと」という 3 つの分類で，課題の解決方法の意見を出していく。課題出しも解決方法の意見出しも，直接書くと整理が難しいので，最初は大きめの付箋を準備して，それぞれが張りながら意見を出し，同一の意見は重ねて整理し，最後に整理して清書するとスムーズに進めることができる（図 9.18）。

　これも皆が自分の意見を出すための手順である。きれいな地図や表を作成することが目的ではない。ワークショップは役所の押し付けや誰か声の大きい者に引っ張られるのではなく，集落で「民主的に物事を決める」ための手順である。住民が自ら出した意見であれば，集落が主体的に対策を進めてもらいやすい。それを行政が支援することで次の提案が生まれてくる。行政担当者は集落から出てきた意向や要望を踏まえ，支援できることは支援する。補助事業などで支援できることもあるだろう。また，住民から出てきた意見だからといって，すべてが妥当なものであるとも限らない。科学的に有効でないことや技術的にも不可能と思えるようなことはそれをしっかりと正す姿勢も必要である。ワークショップは住民と行政担当者が真剣に意見を交わしながら，地域と行政が協働で対策に取り組む場を作ることにも繋がる。「納得」を作る場である。

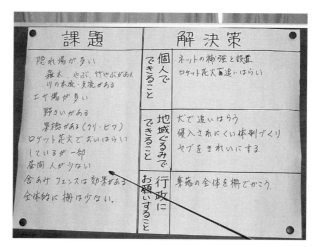

図 9.18　ワークショップでの課題と解決策の例

(6)　ステップ 6　被害対策の実施

　いよいよ実際の対策を実施する。出てきた提案や意見にもとづき，具体的な被害対策を（地域で）実施する。イノシシやシカなら防護柵の設置，柵の修繕，加害個体の捕獲，サルなら追い払い，多獣種防護柵が対策の柱となるはずである。基本的な被害対策は 9.2.2 に示した通りである。これらは何らかの補助委事業の対象にもしやすいはずである。市や県の担当者がワークショップの進行を担当しているのであれば，事業導入に関しても話は早いだろう。しかし，重要なことは適切な事業を導入することであって，予算消化ではない。あくまでも集落で被害を減らすために必要なことをすべきであり，そのために補助事業が使えるならば使う。事業のメニューに載っているからといって，目的に添わない事業導入はしてはならない。当然のことに感じるが，これができていない例が非常に多い。設置の設計や管理体制が明確でないまま防護柵を設置する（本田 2007），防護柵が不備な集落でわなの補助だけ行う（山端 2019），管理できる人がいないのに ICT 捕獲システムを導入する（山端 2019），などは有効な対策にはつながらない。補助事業の「メニュー表」だけを読んでいて，現場を見ていないとこういう失敗を繰り返しがちである。そうならないための手段がステップ 1〜5 までの工程である。9.5.1 や 9.5.2 の事例もこういう段階を踏むことで被害を軽減させることができたのである。

(7)　ステップ 7　効果の評価と残された課題の整理，そしてステップ 1 や 2 へ

　ステップ 6 では何らかの対策を行った。すぐにその効果が発揮され，1 年で獣害が解消することもあるだろう。しかし，現実にはすぐに獣害が改善できることは少ないだろう。短期間ですべての獣害を解消するのは困難であり，被害が軽減できた場所とそうではなかった場所など，結果に差が出る場合も多い。また，少しは効果が出ても，継続しないとすぐにもとの状態に戻ってしまう。何らかの被害対策を実施し，継続の状況や適切な取り組みが維持できているかの確認も含め，たとえば 2 か月に 1 回程度，集落の巡回や小規模な勉強会など集落を訪問する機会を作っていくことも重要である。年度末などに，ステップ 3，ステップ 4 の方法で，その効果を検証してみる。「前回はこんな被害状況でした。今年はどうでしたか？」という問いかけで被害の変化を確認する。被害が減っていれば「この辺りはだいぶ減ったかもなあ。以前の半分くらいかもしれんなあ」などの声も出てくるだ

ろう。「あんまり減ってないなあ」「やっても効果ないなあ」などの否定的な意見も多々出てくるに違いない。その際，次の改善や提案をすることが重要である。少しでも効果が出てきた芽を大事に育てる，あるいは成果が出なかった原因を把握して改善を提案していくことが重要である。「檻を置くんだったら，こっちに置いた方が良いのでは？」「もっと（柵の）見回りした方が良いなあ」などの原因に対する改善への気づきの声なども必ず聞こえてくる。こういう意見を共有するために，再度ステップ5のワークショップもしてみる。

　自然に，今年の反省点と次年度への改善案がまとまってくる。行政で支援可能なものを整理して次年度の提案と計画をまとめる。その後もこれを繰り返してゆく。こうやって地域の課題を改善していく働きかけが**アクションリサーチ**である。そして，こういった解決方法が有効な課題は獣害に限らない。だからこそ，課題に対する対策の効果を評価し，改善を図って再度提案していく手法を身につけると，さまざまな地域課題に対応していくスキルが身につく。これを，真剣に3年続けてみよう。きっと対象集落は何らかのモデル集落になってきているはずだ。少なくとも，「役所は何もしてくれない」とは言われなくなっているだろう。

　　　　🖙アドバイス　　アクションリサーチとは
　　　簡単に定義することは難しいが，岡本（2016）は「その社会・その場所・その対象に応じて，よりよい方向を目指して変化を促進する実践的な研究活動」であると定義している。福祉や看護，教育など，なんらかの社会課題と向き合う研究分野でさまざまな取り組みがなされている。鳥獣害対策を含む，農山村の課題解決もまさに「アクションリサーチ」の活躍できる分野である。

9.7　獣害対策が暮らしやすい「社会」を育む：地域政策全般への共通性──────

　「獣害につよい集落」をつくることは，集落や地域に存在する何らかの課題を解決するためのアプローチである。症状は「獣害」であってもその原因は防護柵の不備，追い払いの不足，捕獲の体制不備など種々の要因があり，その解決方法も異なる。そしてその改善にも数年にわたる持続的な改善や試行錯誤が必要になる場合もある。そのかわり，持続的な理にかなった対策を続けることで確実に成果は出るのである。重要なのは，対策を実施する主役はその集落や地域，つまり community であることだ。このような community が中心になって課題解決が可能な問題は国内外にたくさんあり，これらは地域主体の管理や対策 community - based management（地域主体の管理）とよばれている。無論，地域だけが当事者ではない。地域ができることは地域が行い，公共機関がそれを何らかの形でサポートする。正しくその役割を分担すれば解決できる課題はたくさんあるはずだ。防災や福祉など地域の課題を改善するための地域政策とよばれるものの多くがこれに当たる。だからこそ，市町村や県が獣害につよい集落づくりを支援できるようになることは，種々の課題を解決できる地域社会づくりに繋がると考えられる。

― 例 題 ―

1. 獣害対策における，共助の機能として考えられるものを3つ述べよ。
2. 獣害対策における，公助の機能として重要と思われるものを2つ述べよ。
3. 本章で紹介したイノシシ，シカの被害軽減の事例で，とくに重要と考えられた対策を2つ述べよ。

　回 答

1. 集落を囲む防護柵の設置，組織的な（サル）追い払い，集落の加害個体捕獲の3つなど。
2. 管理のための基礎調査やモニタリング，地域主体の被害対策のための集落の支援や提案の2つなど。
3. 集落の農地への侵入を阻害する効果的な防護柵設置と，その周辺での侵入個体や加害個体の捕獲の2つなど。

― 演 習 ―

　あなたが，市の獣害対策の担当者と想定します。獣害に悩まされる集落の代表者から「獣害に困っている。何とかしてくれ」と強めの要請がありました。あなたはどう対応するか，その手順を考えてみてください。

　回 答

① まず役員等と面談し，被害の状況の現地を確認する。
② 役員と地域の要望などを踏まえて，今後の支援方法について協議する。
③ 集落全体での研修会を開催する。
④ 集落点検とワークショップにより課題と取組を協議する。
⑤ 具体的な対策を実施し，定期的な集落訪問や技術支援などを行う。
⑥ 年度末に効果検証と反省会や提案会を開催する。

10. 外来哺乳類の管理

本章では，人が意図的に導入，または人間活動に伴って非意図的に本来の生息地外に定着した外来種について，対策の歴史的変遷とカテゴリ分けによる分類を説明する。とくに，生態系の上位に位置する哺乳類について，ヌートリア，アライグマ，ハクビシンを取り上げ，対策の現状と課題，解決策を学ぶ。

10.1 外来種

10.1.1 外来種とは

外来種は，人または人間活動によって，意図的あるいは非意図的に本来の分布域外に導入された種である。一般的には国外から導入されたアライグマやフイリマングースなどが外来種として思い浮かぶが，国内において他地域へ導入された種も外来種（国内外来種）であり，本来の地域個体群との交雑による遺伝子汚染などを引き起こす。

17世紀以降の絶滅の原因が判明している生物種のうち4割が外来生物の影響によるものとされている（SCBD 2006）。日本においては，外来種は日本の生物多様性を脅かす4つの危険（第1：人間の資源の過剰利用や開発，第2：自然に対する人間の働きかけの縮小，第3：外来種，第4：地球規模の気候変動）の1つである。その対策が本格化したのはニュージーランドなどでは1970年代からであるが，日本では1990年代以降である（村上 2011）。

国際的な動向においては1992年の地球サミットで採択された「生物多様性条約」に外来種対策の必要性が記載され，2002年の第6回締結国会議で「生態系，生息地及び種を脅かす外来種の影響の予防，導入，影響緩和のための指針原則」が，2010年の第10回締結国会議で決められた行動目標（愛知目標）で，とくに生物多様性に影響がある外来種（侵略的外来種）の対策が記載された。こうした状況の中，日本においては2004年に成立した外来生物法，2015年に外来種被害防止行動計画が立てられ，外来種のリスト化，対策のための具体的な指針が整理された。本章では生態系の上位に位置し，人間活動や生態系に大きな被害を引き起こしている外来哺乳類を紹介し，現状の対策とその課題，解決策について整理する。

10.2 日本における外来種

10.2.1 日本における外来生物のカテゴリ

日本では愛知目標を達成するために3つのカテゴリからなる外来種リストが整理されている（我が国の生態系等に被害を及ぼすおそれのある外来種リスト，環境省・農林水産・国土交通省 2015）。1つ目のカテゴリは，**定着予防外来種**であり，国内では未定着であるが導入されれば生態系等への被害のおそれがある種である。101種がリストに掲載されて

おり，哺乳類ではジャワマングースが入っている。ジャワマングースは奄美・沖縄に導入されたフイリマングースの近縁種であり，フイリマングースと同様の被害が予想されるため掲載されている。2つ目は**総合対策外来種**であり，すでに定着している310種が掲載されている。総合対策外来種は，対策の重要度順に，**緊急対策外来種**，**重点対策外来種**，その他の3分類に分かれている。緊急対策外来種に記載されている哺乳類は11種で，フイリマングースやアライグマといった**特定外来生物**（後述）が含まれるが，イエネコが野生化したノネコも記載されている。このカテゴリの種は生態系等への被害が大きいことがすでに明らかにされている種で，対策の緊急性が高く，国，地方公共団体，国民などの主体が積極的に防除を行う必要があるとされている。3つ目は重点対策外来種であり，緊急対策外来種ほどではないが生態系等への甚大な被害が予想されるため対策の必要な種が記載されている。哺乳類ではハクビシンなど11種が記載されている。また国内由来の外来種もリスト化されており，緊急対策外来種として伊豆諸島のニホンイタチ，重要対策外来種として徳之島などのニホンイノシシを含む5種が記載されている。

10.2.2　外来生物法

　生物多様性条約第6回締結国会議（2002年）で採択された「生態系，生息地及び種を脅かす外来種の影響の予防，導入，影響緩和のための指針原則」を踏まえ，2004年に「特定外来生物による生態系等に係る被害の防止に関する法律」（**外来生物法**）が成立し，翌2005年に施行され，日本において本格的に外来種対策が制度化した。外来生物法ではさまざまな被害を引き起こす国外由来の外来種を特定外来生物として指定し，その飼育・栽培，運搬，輸入，野外への放出，譲渡が規制されている（3章参照）。哺乳類は10科18種とハリネズミ属全種が指定されている（表10.1）。外来生物法で指定されていない国外・国内外来種の対策は各都道府県により異なり，2012年の段階では半数以下の20都道府県のみが条例を策定し対応している。

　哺乳類と鳥類の捕獲は，狩猟か有害鳥獣捕獲で行うことができる（3章参照）。狩猟は趣味のスポーツハンティングであり，猟期（北海道以外11月15日〜翌年2月15日，北海道10月1日〜翌年1月31日，ただし特定鳥獣保護管理計画や猟区などにより対象種及び地域ごとに狩猟期間が異なる）に狩猟獣を法定猟法で捕獲できるものである。有害鳥獣捕獲は生態系や農業被害を防止する目的で許可捕獲者が許可された期間に実施できる。この2つの捕獲には狩猟免許とよばれる各都道府県知事が認定する免許の取得が必要である。さらに有害鳥獣捕獲は主に地域ごとの猟友会が担っているため，免許取得後に猟友会へ加入する必要が多い。一方，外来生物法に基づく捕獲は，市町村などが策定する防除計画の枠組みの中で講習を受ければ狩猟免許が不要，捕獲個体を生きたまま処分場へ運搬することも可能，捕獲数の上限もない，と狩猟者や許可捕獲者以外の一般市民が捕獲へ参画しやすい制度になっている。

例題

　外来種に対して，外来生物法に基づく捕獲と，有害鳥獣捕獲の違いを述べよ。

　　回答

　　免許：講習を受講した非免許所持者も捕獲可能（外来生物法），原則として狩猟免許が必要（有害鳥獣捕獲）。

　　捕獲数量：上限なし（外来生物法），数量を決め申請（有害鳥獣捕獲）。

表 10.1　日本の特定外来生物に指定されている哺乳類　（導入の目的は池田（2011）表 1.1 から記載した）

科	和名	学名	定着場所	原産地	導入の目的	被害	
						農林業	生態系
クスクス	フクロギツネ	*Trichosurus vulpecula*	未定着	オーストラリア			捕食
ハリネズミ	ハリネズミ属の全種	*Erinaceus* 属	神奈川県，静岡県	ユーラシア大陸，アフリカ大陸	ペット		捕食
オナガザル	タイワンザル	*Macaca cyclopis*	青森県，東京都伊豆大島，和歌山県	台湾	展示	○	交雑
	アカゲザル	*Macaca mulatta*	千葉県房総半島	東・東南アジア	展示	○	交雑
	カニクイザル	*Macaca fascicularis*	未定着	東南アジア	―	○	捕食・交雑
ヌートリア	ヌートリア	*Myocastor coypus*	近畿（紀伊半島を除く），中国，四国に集中し，東海，関東，九州にも分布域が点在	南アメリカ	養殖	○	捕食・競合
リス	クリハラリス	*Callosciurus erythraeus*	神奈川県，静岡県，岐阜県，大阪府，兵庫県，和歌山県，長崎県，大分県，熊本県，東京都，埼玉県	アジア全域	ペット	○	捕食・競合
	フィンレイソンリス	*Callosciurus finlaysonii*	未定着	ベトナム，タイ，カンボジア，ラオス，ミャンマー等	―	○	捕食・競合
	タイリクモモンガ	*Pteromys volans*	未定着	ユーラシア大陸	―	―	交雑
	トウブハイイロリス	*Sciurus carolinensis*	未定着	北アメリカ	―	―	捕食・競合
	キタリス	*Sciurus vulgaris*	未定着	ユーラシア大陸	―	―	競合・交雑
ネズミ	マスクラット	*Ondatra zibethicus*	東京都葛飾区都立水元公園や千葉県行徳周辺	北アメリカ	養殖	―	捕食
アライグマ	カニクイアライグマ	*Procyon cancrivorus*	未定着	中南アメリカ	―	○	捕食・競合
	アライグマ	*Procyon lotor*	全国	北アメリカ	ペット	○	捕食・競合
イタチ	アメリカミンク	*Mustela vison*	北海道，宮城，福島，群馬，長野	北アメリカ	養殖	―	捕食
マングース	フイリマングース	*Herpestes auropunctatus*	沖縄島沖縄本島，鹿児島県鹿児島市，奄美大島	アジア全域	天敵導入		捕食
	ジャワマングース	*Herpestes javanicus*	未定着	東南アジア	―	○	捕食
	シママングース	*Mungos mungo*	未定着	サハラ以南のアフリカ	―	○	捕食
シカ	キョン	*Muntiacus reevesi*	東京都伊豆大島，千葉県房総半島	中国東南部，台湾	展示	○	捕食

例 題

外来生物法で指定されている種以外の対策として，自分の居住都道府県の条例策定の有無，条例の内容を調べよ。

　回 答　例 1：兵庫県，条例なし。

　例 2：京都府，条例あり。「京都府絶滅のおそれのある野生生物の保全に関する条例」の第 47 条「府は，外来生物（海外から我が国に導入されることによりその本来の生息地又は生育地の外に存することとなる生物であって，我が国にその本来の生息地又は生育地を有する生物とその性質が異なることにより生態系に係る被害を及ぼし，又は及ぼすおそれがあるものをいう。）のうち絶滅のおそれのある野生生物の存続に支障を及ぼすものの個体の数を低減し，及びその生息地又は生育地を縮小するため，当該外来生物が絶滅のおそれのある野生生物の存続に与える影響の把握，当該外来生物に関する施策を実施する市町村への助言その他の必要な措置を講じるよう努めるものとする。」対象となる外来種の明記なし。国外からの外来種のみ対象。

10.2.3 外来種が及ぼす被害

外来種が及ぼす影響は，人間活動に関わるものと，生態系に関わるものに大別できる。人間活動に関わるものは，①カミツキガメなどによる直接的な人身被害，②チョウセンイタチやハクビシンなどの家屋進入による汚染や破壊，マダニなどの寄生虫を介した感染症の媒介促進といった生活被害，③アライグマによる農作物の食害や，ヌートリアによる畔の破壊などの農林水産業への被害などがあげられる。

生態系に関わるものとして，捕食，競争，交雑の３つがあげられる。奄美・沖縄に導入されたフイリマングースが固有種アマミノクロウサギや両生類を捕食により著しく減少させた事例や，伊豆諸島に導入されたニホンイタチが在来爬虫類の密度を約千分の１までに減少させた事例がある（Hasegawa 1999）。競争は，類似した生態学的特徴をもつ在来種と，餌資源などを取り合う消費型競争と直接攻撃などをする干渉型競争の２つのタイプがある。アライグマがタヌキと胃内容物が重複していること（Matsuo and Ochiai 2009）から消費型競争が起こっている可能性，アライグマの密度がタヌキの密度に負の影響を与えること（栗山ほか 2018b）から消費型か干渉型の競争が起こっている可能性が考えられる。交雑は在来種と近縁な外来種が交配することである。例としては，和歌山県の外来種タイワンザルが在来ニホンザルと交雑していること（白井・川本 2011）や，大阪府でニホンジカと特定外来生物タイワンジカの交雑個体が確認されている（Matsumoto et al. 2019）。

10.2.4 外来種対策の段階と根絶までの道のり

外来種の被害を予防するために３つの原則がある（**外来種被害予防三原則**）。非分布域へ「入れない」，飼養・栽培個体を「捨てない」，すでに定着している外来種を「拡げない」である。ただし，すべての外来種が定着し在来生態系や人間活動に被害を及ぼすわけではないことも知られている。外来種の内 10％が野外に出て，さらにその内の 10％が野外に定着し，さらにその内の 10％が被害を引き起こす（the ten rule，10 パーセント則，Williamson and Fitter 1996）。

被害を引き起こす外来種への根絶に関わる労力は，未定着＜定着初期の低密度期＜定着後の拡大期と，定着後の時間の経過とともに増大する。根絶が成功した事例の多くは島嶼域など小面積かつ閉鎖的な場合が多く（島嶼での外来種根絶データベース，DISSE 2018，

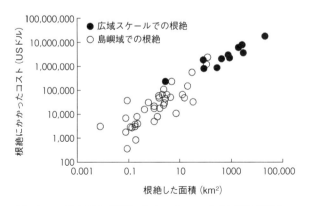

図 10.1　外来種の根絶にかかったコストと面積の関係
面積が広くなると根絶までのコストが高くなることがわかる。
（Robertson et al. 2016（図 2）を改変）

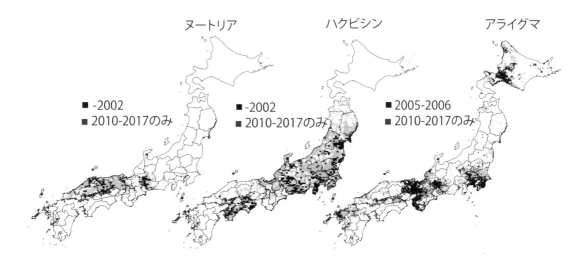

図 10.2　外来哺乳類 3 種（ヌートリア，ハクビシン，アライグマ）の分布拡大
ヌートリアとハクビシンの 2002 年以前の分布は全市町村へのアンケート調査等を実施していない結果であることを注意。
（環境省自然環境局生物多様性センター 2018 を改変）

The Database of Island Invasive Species Eradications, http://diise.islandconservation.org/），
広域に分布拡大した外来種の根絶は困難であり，成功事例でも島嶼部に比べて多大な労力
を要したことが報告されている（図 10.1，Robertson et al. 2017）。

　日本では，小笠原諸島のヤギとクマネズミのように島嶼部における根絶事例に加え，静
岡県などに定着した特定外来生物のカナダガン，和歌山県北部で野生化したタイワンザル
など，本州での根絶の成功例もある。また島嶼部ではあるが比較的面積の大きい奄美大島
でのフイリマングースは，雇用捕獲従事者制度や専用わなの開発などによって顕著な低密
度化が達成された事例であり（亘 2019），今後，広域に分布している外来種の根絶に向け
た体制強化が期待される。

　以下では，日本に定着し分布拡大を続けている中型哺乳類 3 種（図 10.2，特定外来生物
アライグマ，ヌートリア，重点対策外来種ハクビシン）の特徴と被害，対策の現状を紹介
し，今後の根絶に向けた課題を整理したい。

10.3　ヌートリア（特定外来生物）の特徴と対策

10.3.1　導入の歴史

　ヌートリアの本来の生息地は南米大陸である（Carter and Leonard 2002）。毛皮採取を目
的として 1880 年代にフランスで養殖が試行されたが，大規模な養殖システムが 1920 年代
初頭に南米で確立され，その後 1920 年代半ばに欧州，1930 年代に北米に拡大した（Evans
1970）。日本では明治末期から導入されたとされるが，1930 年代からは軍や民間で飼育が
盛んに行われ，1944 年の第二次世界大戦末期には関東以西で約 4 万頭が飼育されていた
（三浦 1994）。戦後に毛皮の需要の低下により野外への放逐，あるいは食料として利用さ
れた（三浦 1994，小林・織田 2016）。現在の野外に生息する個体の由来は戦後放逐され
たものではなく，1950 年代の毛皮ブームによる養殖とその後の放逐である可能性が指摘
されている（三浦 1976，1994）。

10.3.2 分布の変遷

2002 年の環境省の調査では，中部（愛知・岐阜県）・中国地域（岡山・島根県）を中心に約 5 km 四方のメッシュ単位で 316 メッシュに生息が確認されたが，2017 年の調査では 2002 年の生息域の周辺で 1,544 メッシュまで約 5 倍に分布域が拡大した（図 10.2，環境省自然環境局生物多様性センター 2018）。北海道，福島県を除く東北，島嶼域を除く四国，九州には生息は確認されていない。

10.3.3 生態的特性

河川，湖沼などの水環境に生息し，土手を掘った巣穴や，主に冬季に水草を集めて浮巣を作る。行動圏を調べた研究から，ヌートリアは水辺から 10 m 以上離れることはなく，オスでは利用流域長の平均が 1,300 m，メスでは 860 m，幼獣では 430 m であった（三浦 1977）。また，日中は巣穴にとどまり，夜間に巣穴の周辺を活動する。繁殖に関しては一夫多妻であり，メスは他メスとの行動圏が重複することはあまりなく，オス個体が複数のメス個体間を行き来する社会性をもつ（ただし，一夫一妻の事例もある）。

生後 3〜10 か月で性成熟し，妊娠期間は約 4 か月，年 2〜3 回の季節性のない繁殖をし，1 度に 2〜9 子を産む（三浦 1994）。出産してから 1〜2 日後には発情し（三浦 1994），繁殖能力は非常に高い。岡山県で調べられた寿命は，オスでは最高齢 8 歳，メスでは 11 歳であったが，6 割を 1 歳個体が占めていた（三浦 1994）。

寒さに弱く，水が凍結する地域での生息は困難とされるが，兵庫県では北部の積雪地域にも分布している（栗山ほか 2018 a）。

10.3.4 食 性

基本的には水辺の植物や，水中の水草を餌資源としているが，動物も捕食する。イシガイ科の二枚貝の捕食が確認されており，淀川での調査では貝の死体の食痕から，貝の死亡率の多くはヌートリアによる捕食による可能性が指摘されている（石田ほか 2015）。イシガイ科二枚貝はタナゴ類の産卵に利用されるため，河川生態系への影響が懸念される。外来種として定着したイタリアでは水鳥のバンやオオバンの卵の捕食は，巣の約 10％にも及ぶと推定されている（Bertolino et al. 2011）。これらの水鳥は日本にも分布するため，報告はされていないが，捕食による被害が生じている可能性はある。

10.3.5 被 害

2015〜2017 年度に全国で 5〜6 千万円の農作物被害金額が計上されている（農林水産省野生鳥獣による農作物被害の推移（鳥獣種類別））。兵庫県の 2018 年度の被害面積・金額調査では，夏季（6〜8 月）の水稲の被害が最も高かった（栗山・高木 2020）。野菜，イモ類，果樹も夏季を中心に被害が起こる。

農業被害や前述した捕食による生態系被害の他，統計的にまとめられてはいないが，巣穴を作るために，ため池などの土手が崩壊される被害も報告されている。

10.3.6 対策の現状と課題

2005 年に特定外来生物に指定され，主に外来生物法に基づく捕獲と，有害鳥獣捕獲ならびに狩猟により捕獲されている。農業被害程度や金額がアライグマやシカ，イノシシなどより小さいため，積極的に捕獲されているとは言い難い。兵庫県では淡路島を除く県全

域に生息が確認されているが，農業被害金額は 2014 年度から 1 千万円前後で推移しており，捕獲数は 2007 年間から 10 年間は毎年度 1,000 個体前後であった（栗山・高木 2020）。

　野生鳥獣の対策の動機として農業被害が最も優先順位が高いため，被害が相対的に低いヌートリアは対策があまり進んでいない。生態系被害や土手破壊による治水・利水面での被害事例の情報整理が進めば，根絶への動機付けになる可能性がある。

10.4　アライグマ（特定外来生物）の特徴と対策

10.4.1　導入の歴史

　アライグマの本来の生息地は北米大陸である（Gehrt 2003）。日本国内への移入と野生化の発端は，1970 年代に放映された TV アニメ「あらいぐまラスカル」の影響による飼育目的の輸入と，その後の飼育個体の野外への放逐とされている（阿部 2011）。

10.4.2　分布の変遷

　2007 年の環境省の調査では，北海道石狩平野・関東・中部・近畿の都市部を中心に地域メッシュ単位（約 5 km 四方）で 1,388 に生息が確認されたが，2017 年の調査では 3,862 メッシュまで分布域が拡大しており，秋田・高知・沖縄県を除く 44 都道府県で生息が確認されている（図 10.2，環境省自然環境局生物多様性センター 2018）。

10.4.3　形　態

　オスはメスより大きく，原産地の北米におけるアライグマの全長はオス：63.4〜105.0 cm，メス：60.0〜90.9 cm である（Zeveloff 2002）。尾部に横縞があること，指が長いことが特徴であり，姿や足跡から，タヌキやアナグマ，ハクビシンといった同サイズの中型哺乳類との区別は比較的容易である。

10.4.4　生活史特性

　1〜3 月に交尾し（Ikeda et al. 2004），4 月に出産のピークを迎える。メス 1 個体が産む子の平均は約 4 個体である（横山・木下 2009）。メスの約半数は 1 歳で繁殖し，2 歳になると約 9 割が繁殖し始める（横山・木下 2009）。野外での平均寿命は 3.1 歳とされるが（北米，Johnson 1970），13〜16 歳（北米），8 歳（北海道）の記録もある（Ikeda 2009）。

10.4.5　食　性

　アライグマは雑食性であり，木の実など植物性のものから甲殻類・節足動物類などの無脊椎動物，両生類・爬虫類・鳥類・哺乳類などの脊椎動物を広く食べる（Matsuo and Ochiai 2009，加藤ほか 2016）。

10.4.6　被　害

　アライグマの被害対策として，各地で捕獲や防護柵による防除が実施されているが，前述のとおり，分布域が拡大し，2015〜2017 年度の 3 年連続で全国に合計約 3 億円の農作物被害が発生しており（農林水産省 野生鳥獣による農作物被害の推移（鳥獣種類別）），全国的に十分な対策が進んでいるとはいえない。野生化したアライグマによる被害は 4 つに分類される。①農業被害，②人獣共通感染症の媒介，③住居や社寺への侵入や破損，④在

来生態系への影響である。

　農業被害については，イチゴなどの果物の他，トウモロコシやイモ類の被害が報告され，夏季（6〜8月）の被害が最も多い（栗山・高木 2020）。人獣共通感染症はレプトスピラ症（奥野 2009）や日本脳炎ウィルス（前田 2009），重症熱性血小板減少症候群（SFTS）（前田 2016）などが捕獲個体の検査により報告されているが，ヒトが死に至る狂犬病や，神経症状や視覚障害を引き起こすアライグマ回虫も原産地や飼育個体で報告がある（佐藤 2009，阿部 2011）。

　在来生態系への影響については，主に類似したニッチ（生態学的地位）をもつ種との競合と，捕食による影響が報告されている。類似したニッチをもつ種との競合は，タヌキやニホンイタチといった中型哺乳類で懸念されており，アライグマとタヌキの食性が類似していること（Matsuo and Ochiai 2009），タヌキの密度にアライグマ密度が負の影響を与えること（栗山ほか 2018 b），タヌキの行動圏がアライグマと重複していないため競争排除の可能性も示唆されること（Abe et al. 2006）が報告されている。多様な動物の捕食が，直接観察や捕獲個体の胃内容，食痕によって把握される。たとえば，鳥類（トラツグミ）（加藤ほか 2016），両生類（セトウチサンショウウオ，ニホンアカガエル）（栗山・沼田 2020）である。捕食せずに多くの個体が殺傷された状態で発見されることもある（モリアオガエル）（伊原ほか 2014）。捕食に関する報告は他の外来種よりも多くなされているが，広域スケールでの影響についてはよくわかっていない。今後は複数の在来個体群を含んだ広域スケールを対象に，どのような影響がどの程度生じているのかを明らかにしていく必要がある。

10.5　ハクビシン（重点対策外来種）の特徴と対策

10.5.1　導入の歴史

　ハクビシンは中国，インドネシア，マレーシアなどの東・南・東南アジアに生息する食肉目の哺乳類である（Duckworth et al. 2016）。日本には第二次世界大戦中に毛皮採取用に持ち込まれ，質が悪いため野外に放逐されたとされる（鳥居 2002）が，確かな移入時期や目的を記す記録はない。遺伝解析により東日本へは台湾西部から，西日本へは台湾東部から導入されたと考えられる（Inoue et al. 2012，増田 2017）。

10.5.2　分布の変遷

　2002年の環境省の調査では，本州・四国に約5 kmのメッシュ単位で1,216メッシュに生息が確認されたが，2017年の調査では5,052メッシュまで分布域が増加し，北海道・山口県・九州7県・沖縄県を除く37都府県で生息が確認されている（図10.2，環境省自然環境局生物多様性センター 2018）。アライグマ，ヌートリアと比較すると近年最も分布が拡大している外来哺乳類といえる。

10.5.3　形態と生活史特性

　頭頂から鼻先にかけて太い白線があり，細長い尾部をもつため，類似したサイズの中型哺乳類との区別は容易である。平均産子数 3.0±0.8（Torii and Miyake 1986）で，年1〜2回，1〜9月の間に季節性のない繁殖を行う（鳥居 1989）。寿命は日本平動物園での飼育下で8歳と19歳の記録がある。

10.5.4　被害と対策の現状

　2015～2017年度の3年連続で全国に合計約4億円の農作物被害が発生し，アライグマより1億円高い状況である（農林水産省　野生鳥獣による農作物被害の推移（鳥獣種類別）（農林水産省　野生鳥獣による農作物被害の推移（鳥獣種類別）https://www.maff.go.jp/j/seisan/tyozyu/higai/h_zyokyo2/h29/attach/pdf/181026-5.pdf：2020年10月1日確認）。特定外来生物ではないため有害鳥獣捕獲および狩猟により捕獲されている。農業被害のほか，人間活動に影響を及ぼす事柄として家屋侵入が挙げられる。生態系への影響としては在来種の捕食と資源型競争が考えられる。雑食性で植物から，鳥類・爬虫類・甲殻類など幅広く餌とする（Torii 1986）が，影響の強弱などの詳細は今後の知見の蓄積が必要な種である。

10.6　外来哺乳類の今後の課題

　奄美大島のフイリマングースや，小笠原諸島のヤギ・クマネズミ，和歌山のタイワンザルなどの対策事業によって根絶もしくは根絶目前の外来哺乳類は，島嶼あるいは局所的な分布をもち，本州などに広域に分布するアライグマやハクビシンと比較して対策が容易であるといえる。以下に，現状の対策の問題点と解決策を提案したい。

10.6.1　捕獲の動機の転換

　ニホンジカやイノシシなどの在来の哺乳類は，被害管理・個体数管理・生息地管理という3つのアプローチ（あるいは方法）で保全管理される。被害管理は柵による防除と，加害個体の鳥獣保護管理法に基づく捕獲（有害鳥獣捕獲），個体数管理と生息地管理は個体群が存続できるが被害も起きない程度の密度に個体数と生息地を調整・整備することであ

> **コラム　対策事業評価の難しさ―フイリマングースの事例**
>
> 　1979年頃にハブの生物防除を目的に奄美大島・沖縄島に導入され定着したフイリマングース（特定外来生物）は，とくに奄美大島で在来種のアマミノクロウサギやアマミイシカワガエルを捕食により減少させた（亘 2015）。農業被害の軽減を目的とした有害鳥獣捕獲が1993年度から，その後希少種への負の影響をなくすため2000年度から環境省と鹿児島県が駆除事業を開始した。2005年度までは捕獲個体数で金額が支払われる報償費制度で運用されていたが，2005年度から歩合制ではない雇用捕獲従事者制度にかわり，捕殺式の新型わなの効果と合わせてマングース推定個体数は減少した。マングースの減少に伴い在来種の個体数が回復した。
>
> 　一見すると成功と思われた捕獲事業は2012年の行政事業レビューで「抜本的改善」の判定を受けた。行政事業レビューとは国の各府省が事業の自己点検を目的に実施するもので，省担当者の説明を受けて，有識者が評価の高い順から「現状維持」・「一部改善」・「抜本的改善」・「廃止」の4段階で評価する。マングース対策を含んだ特定外来生物防除等推進事業は下から2番目の低評価が下されたわけだ。その理由としては，生息密度の指標として使われる捕獲効率（CPUE：単位わな日当たりの捕獲数）が減少した（つまりマングースの密度が減少した）との環境省側の説明を，生態学が専門ではない有識者側が，捕獲数が減少し，効率が低下した＝非効率的と誤解したのではないかと考えられている（山田ほか 2012，亘 2015）。このマングースの事例は対策事業の成果を非専門家と共有する難しさを示している。

る。外来生物の最終的な目標が根絶であるため，在来哺乳類を対象とする場合の被害を起こさない程度の密度に維持するという考え方とは根本的に異なる。

　外来種対策においては，理想的には分布してさえいれば根絶するまで捕獲圧をかけ続けるべきだが，現状は在来哺乳類と同様の枠組みで対策される場合が多い。つまり，分布域で捕獲圧をかけ続けるわけではなく，住民から家屋侵入や農業被害が報告された後に，その場所にわなを設置し捕獲を試みる。捕獲あるいは捕獲できなくても一定期間わなを設置した後に撤去される。周辺部に複数個体が生息する可能性が高いとしても，農業被害や家屋侵入が解消されれば行政の対策としては成立してしまう。実際に兵庫県では特定外来生物に指定されているアライグマやヌートリアであっても，外来生物法ではなく，有害鳥獣捕獲の範囲で対策に取り組まれる場合が多く（畑・渡邊2020），外来生物の本来の対策として取り組まれないという問題がある。捕獲の人員不足が主な要因であるが，その解決法の1つとして，一般市民による捕獲体制について後述する。

10.6.2　密度把握のための捕獲個体情報の整備

　分布拡大中あるいはすでに分布可能域全体に分布を広げた3種の外来生物（アライグマ，ヌートリア，ハクビシン）に対する対策の最終的な目標は根絶である。そのためにはどこに，どのくらい生息しているかを明らかにした後，密度に見合った捕獲圧をかけることが必要となる。アライグマでは，千葉県で**除去法**（閉鎖個体群で連続的に捕獲した時の捕獲頭数と対応する捕獲努力量のデータを用いて初期個体数を推定する方法）により生息密度が推定されている（浅田・篠原2009，浅田2014，14章参照）。またニホンジカ（高木2019）やイノシシ（Osada et al. 2015）の生息密度推定に使用されてきた複数年の捕獲数と捕獲努力量を用いた状態空間モデルも適用を検討すべきである。しかし，上記2つの推定方法には捕獲数以外に，捕獲努力量，つまり何日・何個のわなを仕掛けたか，という情報が必要となる。密度推定が困難であっても，捕獲努力量当たりの捕獲数（**CPUE**, Catch Per Unit Effort）を代替指標として使用し，捕獲の効果検証に活用することも有効だろう（14章参照）。

例題

10基の中型用箱わなを50日間設置し123個体のアライグマを捕獲した場合①と，5基を100日間設置し123個体捕獲した場合②の100わな日当たりの捕獲数（CPUE）を算出せよ。

回答　$\text{CPUE} = \dfrac{\text{捕獲数}}{\text{箱数} \times \text{わな日}} \times 100$ であるので，①と②は，

① $\dfrac{123}{10 \times 50} \times 100 = 24.6$

② $\dfrac{123}{5 \times 100} \times 100 = 24.6$

同じ値となり，密度指標として考えると同程度の密度となる。

10.6.3　地域住民による管理体制の確立

　特定外来生物に指定された哺乳類の捕獲は，有害鳥獣捕獲や狩猟のように狩猟免許が必須ではなく，防除計画の枠組みの中で講習を受ければ一般市民でも捕獲ができる。外来生物法に基づく捕獲制度が広く運用されれば効果的な防除や根絶への途が開かれる。しかし，

現状は適正に運用されているとは言い難い。たとえば兵庫県では淡路島の3市を除いた38市町にアライグマが生息し捕獲が行われているが、これらの市町向けのアンケート結果では、一般市民が捕獲に参画しているのは9市町のみであった。4分の3の市町が猟友会か民間業者に捕獲を委託していた（畑・渡邊 2020）。また、8市町では、外来生物法に基づく捕獲ではなく、有害鳥獣捕獲でのみ実施であり、特定外来種であるアライグマやヌートリアが、シカやイノシシなどと同様の有害鳥獣捕獲を担う地域の猟友会が捕獲を実施していた。兵庫県では現在でも分布が拡大している現状（栗山・高木 2002）を考えると、現状の捕獲体制では不十分であり、捕獲の担い手を増やすために一般市民の参画を必要としている。

　一般市民による外来種の捕獲の成功事例として、兵庫県丹波篠山市の「NPO法人大山捕獲隊」を紹介したい。この捕獲隊は、アライグマの家屋侵入や農業被害の被害にあった一般市民14名により2011年に結成された（横山・西牧 2020）。構成員は農業従事者だけではなく、学校教員や会社員が含まれる。約10年間でアライグマ262個体を捕獲し、年を追うごとに捕獲数が減少し、目撃・痕跡数も減少していることから、低密度化を達成・維持できていると推察できる。捕獲を継続し、対策が成功している要因として、①捕獲隊員の定期的な会議による意思疎通、②行政と研究機関（大山捕獲隊の場合は丹波市にある兵庫県森林動物研究センター）との連携、③チラシ掲示などによる周辺住民への活動の理解促進が挙げられる（横山・西牧 2020）。大山捕獲隊の活動域は従来から実施されていた市の北西部以外にも拡大しており、活動が他地域での捕獲体制の確立を促している。このように、大山捕獲隊のような一般市民の組織が市町村内に1つでもあれば周辺地域にも対策が広がる可能性がある。今後、これまでの捕獲を担ってきた地域の猟友会と協議・協力しながら、外来種対策を担う一般市民グループを各市町村に1つは結成されることが望ましい。

10.6.4　最後に

　日本における外来種の根絶成功事例は、島嶼などに限られており、他の地域では有害鳥獣捕獲の延長として対策が実行されている。有害鳥獣捕獲とは異なり外来生物法によれば、一般市民の参画や捕獲頭数に上限のない捕獲が制度的には可能である。適切に運用すれば、広域を対象として低密度化することや根絶を達成できる可能性がある。本章で紹介した兵庫県の大山捕獲隊がモデルとなるだろう。そのような対策の実施によってアライグマに限らずヌートリアやハクビシンが分布拡大せず、生態系・人間活動の被害がなくなることを期待したい。

11. 野生動物管理における感染症対策

本章では，感染症に関する基本的な用語と概念を説明する。これにより，野生動物管理の一環として野生動物感染症のサーベイランス（調査）を実施する上で必要な基礎知識を身に付ける。

11.1 感染症発生の背景

11.1.1 感染と感染症

感染とは，宿主（本書では野生動物，家畜，家きん，野生化した飼育動物，人が想定される）の体内や体表に**病原体**が住み着き，そこに増殖するようになった状態をいう。**感染症**とは，感染の成立が原因で発症する疾病のことである。病原体が存在し，感染を引き起こす原因となる生物体や物体，物質などを**感染源**とよぶ。

感染していても症状が現れない場合があり，この状態を**不顕性感染**という。一般に，感染症から回復した個体は免疫を獲得し，同じ病原体が再感染した場合には発症や症状が抑えられることがある。不顕性感染であっても体内に病原体を保有しているため，他個体の感染源となり得ることには注意しなければならない。感染初期の潜伏期や治癒後などで症状が顕在化していない場合でも，病原体を排出している個体は感染源となる可能性がある。

感染が成立するためには，動物や人が当該の病原体に対する感受性を有することが必要である。感染やワクチン接種による免疫の獲得は，感受性を低下させる一つの要因となる。その他，宿主の性や年齢，栄養状態も感受性に影響を及ぼす場合がある。

また，病原体によっては特定の宿主の体内でなければ寄生・増殖できない性質をもつことがあり，この現象を**宿主特異性**という。宿主特異性の高低は病原体によって異なり，たとえば豚熱（classical swine fever: CSF）ウイルスは人には感染しないが，狂犬病ウイルスは哺乳類のすべての種に感染するとされている。狂犬病のように，動物のみならず人も罹患する感染症を**人獣共通感染症**（人の健康問題を中心的に扱う公衆衛生行政では，同じ意味で**動物由来感染症**という用語が使われている）という。

例 題

感染の定義を説明しなさい。

　回 答　体内や体表に病原体が住み着き，そこに増殖するようになった状態。

11.1.2 病原体と病原体の伝播

病原体は，大きさや構造の違いにもとづき大きく**ウイルス**，**細菌**，**真菌**，**寄生虫**に分類され，それぞれの特徴は以下のとおりである。

・**ウイルス**：最も小さな病原体であり，単独では増殖できないため宿主の細胞内に侵入して増殖する。生物の基本単位とされる細胞としての構造はもたないが遺伝子は有す

るため，生物と非生物の両方の特性を備えている。

・**細菌**：細胞としての構造は備えるが，核膜をもたない単細胞の原核生物である。ウイルスとは異なり，栄養源があれば自己増殖が可能である。

・**真菌**：カビやキノコ，酵母を含む菌類の総称である。核膜を有するため真核生物に分類される。

・**寄生虫**：単細胞の原虫と多細胞の蠕虫に分類される。その他，ダニ，ノミ，シラミなどの衛生動物も寄生虫に含まれる。宿主の体表に寄生するものを外部寄生虫，体内に寄生するものを内部寄生虫とよぶ。

> ☞**アドバイス**　ウイルス，細菌，真菌，寄生虫は混同されている場合が少なくない。この4種類の病原体は，それぞれ異なる特徴をもち，感染した場合の対処も異なるためきちんと区別しておく必要がある。

病原体が動物や人へと伝播される経路を**感染経路**とよび，**直接伝播**と**間接伝播**に分類される。

直接伝播には，宿主個体どうしの直接的な接触あるいは唾液等の分泌物や咳により飛散した飛沫，排泄物などへの接触や吸引が含まれる。直接伝播のうち，胎盤や母乳，卵を介した親から子への感染を**垂直感染**という。垂直感染以外の同種あるいは異種の個体間での直接伝播は**水平感染**とよばれる。

間接伝播は，動物もしくは水，食物，塵埃，空気，器物などの非生物を介し間接的に病原体が運ばれることをいう。病原体を運ぶ動物を**媒介動物**（ベクター）とよび，その媒介様式は**機械的伝播**と**生物学的伝播**に分けられる。機械的伝播は媒介動物に病原体が単に付着もしくは含有された状態での伝播であるのに対し，生物学的伝播は媒介動物と病原体との間で感染が成立する場合をいう。

野生動物の感染症においては，治療や予防接種などの個体レベルの対策には限界がある。したがって，その対策においては，人の行動変容や家畜・家きん（以下の記述では家きんも含め家畜として総称する）の飼養形態の改善等による感染経路の遮断や最小化が基本となる。

コラム　**ニホンカモシカにおけるパラポックスウイルスの直接伝播と間接伝播**

ニホンカモシカに散見されるウイルス性の感染症として知られている。口唇や眼瞼，生殖器の周辺の皮膚に図11.1のような病変が現れる。個体どうしの接触（直接伝播）のほか，マーキングの際に病変部がこすりつけた木などからの間接伝播によっても感染が成立する（猪島 2013）。これは，パラポックスウイルスが生体外でも長期にわたり感染性を保持することによる。

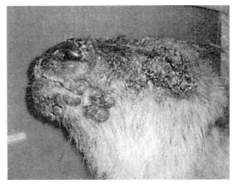

図11.1　パラポックスウイルス感染症の病変部
（提供：岐阜大学 猪島康雄教授）

☞アドバイス　ダニに咬着された場合には，命に関わる場合がある。自らが気を付ける
のみならず，同僚や一般市民にもそのリスクを伝える必要がある。

例 題

直接伝播と間接伝播の違いを説明しなさい。

　　回 答　直接伝播は，宿主個体どうしの直接的な接触あるいは唾液等の分泌物や咳により飛散した飛沫，排泄物などへの接触等が原因となる。間接伝播は，動物もしくは水，食物，塵埃，空気，器物などの非生物を介し間接的に病原体が運ばれることをいう。

例 題

機械的伝播と生物学的伝播の違いを説明しなさい。

　　回 答　機械的伝播は媒介動物に病原体が単に付着もしくは含有された状態での伝播である。生物学的伝播は媒介動物と病原体との間で感染が成立している場合をいう。

11.1.3　野生動物と人間社会との間の感染経路

　野生動物と人・家畜との間での病原体の伝播は，野生動物の生息地への人の立ち入りや家畜の持ち込みもしくは人の生活圏や家畜の飼育施設への野生動物の侵入により発生する。

　野生動物の生息地への人の立ち入りや家畜の持ち込みにおいては，野生動物と人や家畜との直接的な接触のみならず，間接伝播の原因となる汚染された物品等の搬入も原因となる。表11.1に示したハワイ諸島の鳥マラリアは，人為的に持ち込まれた鳥類から野鳥へ

コラム　**ダニを媒介動物とする生物学的伝播**

　日本紅斑熱，ライム病，ツツガムシ病，重症熱性血小板減少症候群（SFTS）など，病原体を保有するダニ類（図11.2）に咬着されることにより伝播する感染症を**ダニ媒介性感染症**とよぶ。日本紅斑熱の場合，病原体は生きた細胞内で増殖し，ダニの体内で垂直感染によって受け継がれる。野生動物や人への感染経路は，媒介動物による生物学的伝播の例である。

　野生動物はダニ類には欠かせない宿主であり，フタトゲチマダニの環境中密度はシカの生息密度と相関しているとも報告されている（Tsukada et al. 2014）。野生動物の調査や捕獲に従事する者はダニに咬着されるリスクが高い。これらの理由により，ダニ媒介性感染症は，野生動物管理の観点からも留意すべき感染症と認識されている。適切な治療を施さなければ死に至る場合があり，ダニに咬着された後で体調が悪化した場合には，速やかに医療機関を受診しなければならない。SFTSでは，ダニを介することなくイヌやネコから直接的に人へと伝播した事例も確認されている。

図11.2　ニホンジカ捕獲個体の体表で観察された多数のマダニ類

と感染が広がった例である。日本国内では，飼いネコからツシマヤマネコへの猫免疫不全症候群ウイルス等の伝播が危惧されている（表 11.1）。

　人の生活圏への野生動物の接近・侵入の例として留意されているのは，市街地に出没する**都市型野生動物**（アーバン・ワイルドライフ）ならびに農作物の採食を目的に農耕地に現れる個体である。このような動物は，人間社会にダニ類を持ち込む可能性が高い。国立感染症研究所のリーフレット（https://www.mhlw.go.jp/file/06-Seisakujouhou-10900000-Kenkoukyoku/0000164561.pdf；2020 年 10 月 8 日確認）では，「マダニは，シカやイノシシ，野ウサギなどの野生動物が出没する環境に多く生息しています」と記され，ダニ媒介性感染症に対する注意が喚起されている。

　特段の野外活動を経なくとも，家屋等に出入りする動物が感染源になる場合がある。換気口に営巣していたドバトによるオウム病の集団感染は，その実例のひとつである。

　家畜に対しては，畜舎や鶏舎に接近・侵入した野生動物により，豚熱や高病原性鳥インフルエンザ（表 11.2）等の病原体が持ち込まれる危険性がある。そのため農林水産省は図 11.3 や図 11.4 のリーフレットを作成し，侵入防止柵や防鳥ネットの設置を促している。

　Ｅ型肝炎や住肉胞子虫症など，捕獲した野生動物の食肉利用に起因する感染症も存在し，近年の資源的活用の推進策によるリスクの上昇が懸念されている。厚生労働省は，「野生鳥獣肉の衛生管理に関する指針（ガイドライン）（https://www.mhlw.go.jp/file/06-Seisakujouhou-11130500-Shokuhinanzenbu/GLhonbun_1.pdf；2020 年 10 月 8 日確認）」に，「飲食店営業

予防対策の重要ポイント

図 11.3　農林水産省が公表している豚熱の感染防止策
（出典：https://www.maff.go.jp/j/syouan/douei/csf/pdf/index-71.pdf）

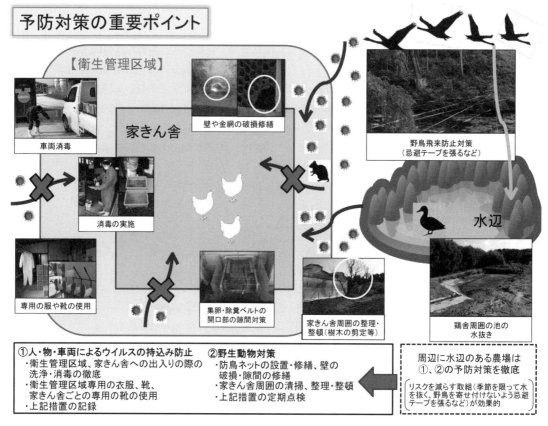

図 11.4　農林水産省が公表している高病原性鳥インフルエンザの感染防止策

（出典：https://www.maff.go.jp/j/syouan/douei/tori/attach/pdf/index-62.pdf）

等が野生鳥獣肉を仕入れ，提供する場合，食肉処理業の許可施設で解体されたものを仕入れ，十分な加熱調理（中心部の温度が摂氏 75 度で 1 分間以上又はこれと同等以上の効力を有する方法）を行い，生食用として食肉の提供は決して行わないこと」と注意を喚起している。しかし，現在でも刺身を提供する飲食店があり，これらの感染リスクに関する普及啓発をいっそう強化する必要がある。そのため，農林水産省では平成 30（2018）年に「国産ジビエ認証制度」を創設し，食肉処理施設の衛生管理等の推進および安全なジビエ提供に努めている。ジビエの安全な利用にかかわる E U の政策として，捕獲者などによる捕獲個体の獣肉検査を義務付ける制度については，12 章で紹介されている。

　病原体を保有する野生動物肉の摂取によって家畜が発症した例もある。国内では，イノシシの生肉を食べた猟犬がオーエスキー病により死亡したことが報告されている。そのため，犬などに餌として与える場合でも，加熱処理は不可欠である。農林水産省も「野生鳥獣のペットフード利用を検討されるみなさまへ（https://www.maff.go.jp/j/syouan/tikusui/petfood/attach/pdf/index-47.pdf；2020 年 10 月 8 日確認）」を作成し，ペットの感染症リスクへの注意喚起を行っている。

　　　　　　🖙**アドバイス**　　野生動物肉の生食は，人にとっても動物にとっても極めて危険である。このことは，狩猟者のみならず一般市民に対しても，繰り返し強調する必要がある。

　なお，国内での**プリオン病**の発生を予防するために，農林水産省はシカ由来の肉骨粉の
ペットフード，飼料，肥料としての利用を規制している。海外で，シカ類のプリオン病で
ある**慢性消耗病**（chronic wasting disease: CWD）の発生が確認されているためである。

11.2　野生動物感染症の 3 つのリスク

　野生動物の感染症に起因するリスクには，野生生物を脅かす**保全生物学的リスク**，家畜
の疾病にかかわる**家畜衛生学的リスク**，人の健康を損なうおそれである**公衆衛生学的リス
ク**の 3 つがある。複数のリスクを併せもつ病原体も少なくない。たとえば，高病原性鳥イ
ンフルエンザでは，鶏に対する高い致死性のため家畜衛生学的リスクが強調されるが，保
全生物学的リスクや公衆衛生学的リスクと認識すべき野鳥の大量死や人の死亡例も報告さ
れている（表 11.2）。

11.2.1　保全生物学的リスク

　病原体の侵入により，感受性をもつ種や個体群の存続が脅かされる場合がある。このよ
うなリスクを，保全生物学的リスクをいう。免疫獲得個体の増加などにより終息に至る場
合が多いが，複数の種の存続に壊滅的な影響を与えた例も報告されている。
　表 11.1 は，保全生物学的リスクが確認されている感染症の例である。

コラム　シカ類の慢性消耗病（CWD）

　プリオン症病とは，脳内に異常プリオン蛋白質が蓄積することが原因で発症する疾病であり，牛海綿
状脳症（bovine spongiform encephalopathy: BSE）が知られている。北米のシカ類で確認された慢性消耗
病（chronic wasting disease: CWD）もプリオン病の一種であり，その発生は拡大傾向にある。北米以外
では韓国，ノルウェー，フィンランド，スウェーデンで発生の報告があるが，日本では確認されていない。
　慢性消耗病の人へのリスクは不明であり，狩猟が忌避される原因にもなっている。米国のウィスコン
シン州では，慢性消耗病が原因で狩猟ライセンスの売り上げが大きく減少した。そのため，慢性消耗病
に関する普及啓発活動を続けている慢性消耗病連合（http://cwd-info.org；2020 年 10 月 8 日確認）は，
狩猟者に向け以下を含む複数の推奨事項を提示している。
　・異常な行動を呈している，もしくは病気であると思われる個体を捕獲しない。
　・解体の際には，ラテックスまたはゴム手袋を着用する。
　・脳と脊椎組織の取り扱いは最小限に抑える。
　・解体や肉の処理に用いる器材は，プリオン蛋白質を不活性化するために，家庭用漂白剤の 40% 溶
　　液に浸す。
　・脳，脊髄，眼球，脾臓，扁桃，リンパ節を口にしない。
　・捕獲個体を商業利用する場合には，複数個体に由来する肉が混じり合わないよう個体ごとに処理する。

表 11.1 野生動物の感染症に起因する保全生物学的リスクの例

感染症名	病原体や疫学などの概要
犬ジステンパー	犬ジステンパーウイルスの感染が原因となる。アフリカのセレンゲッティー国立公園では，多数のライオンが死亡し抗体保有率も 85％に達した。流行は隣接するマサイマラ国立公園にも広がり，ライオンのみならずハイエナやオオミミギツネなども感染した。
猫免疫不全症候群と伝染性腹膜炎	人工繁殖を目的に捕獲されたツシマヤマネコでの感染が確認されている。いずれもウイルス性の感染症であり，ノネコから感染した可能性が高いと考えられ，リスク評価を目的にノネコや飼いネコの疫学調査も実施された。
パラポックスウイルス感染症	パラポックスウイルスの感染により発生し，ニホンカモシカでの感染拡大が懸念されている。最初の確認は東北地方であったが，近年は京都府まで感染が広がっている。存続可能最小個体群サイズの算出により，感染率が高く個体群サイズが小さい場合には，この感染症のみで地域個体群が絶滅する可能性が示されている。
鳥マラリア	蚊などの媒介動物から感染する鳥マラリア原虫が原因となる。ハワイ諸島に生息するハワイミツスイ類などの種が，この感染症により絶滅もしくは絶滅に近い状態まで減少した。

表 11.2 野生動物の感染症に起因する家畜衛生学的リスクの例

宿主と感染症名	病原体や疫学などの概要
高病原性鳥インフルエンザ	高病原性鳥インフルエンザウイルスの感染により発症し，**家畜伝染病**（法定伝染病）に指定されている。鶏に対する高い病原性に加え，家畜伝染病予防法に基づく特定家畜伝染病防疫指針により，発生農場の飼養家きんの殺処分，消毒，移動制限区域の設定など防疫措置が行われるため，養鶏業には極めて大きな打撃を与える。家きん以外では，ナベヅルやオオハクチョウなどの野鳥の死亡例があり，海外では人の死亡例も報告されている。そのため，保全生物学的リスク，家畜衛生学的リスク，公衆衛生学的リスクをあわせもつ感染症の代表例となっている。**低病原性鳥インフルエンザウイルス**が高病原性インフルエンザウイルスへと変異した事例も報告されている。
豚熱（CSF）	豚熱ウイルスの感染が原因となる豚とイノシシの家畜伝染病（法定伝染病）である。国内では，2018 年に 26 年ぶりに岐阜県において感染が確認された。特定家畜伝染病防疫指針による殺処分や通行制限，個体の移動制限をともなうため，養豚業に対し大きな損害を与える。人には感染しない。2018 年以降，野生イノシシでの感染拡大が続いており，2021 年の段階では関西や東北地方でも確認された。対策として，捕獲強化策ならびに経口ワクチンの散布が導入されている。
アフリカ豚熱（African swine fever: ASF）	アフリカ豚熱ウイルスの感染による豚とイノシシの感染症であり，豚熱と同様に家畜伝染病（法定伝染病）に指定されている。ダニによる媒介ならびに感染個体との直接的な接触等により伝播する。有効なワクチンは開発されていない。日本国内では未確認だが，中国や韓国での発生が確認され，旅客が日本に持ち込んだ畜産物からもウイルス遺伝子が確認されている。そのため，検疫の強化などによる水際対策の徹底が図られている。

11.2.2　家畜衛生学的リスク

　野生動物に由来する病原体が，家畜（伴侶動物や産業動物）に感染することにより，その生存や関連産業に悪影響を与えるリスクである。養鶏業に打撃を与える鳥インフルエンザや養豚業の脅威となっている豚熱は代表的な例である。このような疾病においては，伴侶動物や産業動物に対する直接的な防疫措置に加え，野生動物への対応が採用されることがある。たとえば豚熱では，イノシシへの免疫付与を目的に経口ワクチンの野外散布が行われている。

　猫免疫不全症候群や伝染性腹膜炎（表 11.1）のように，家畜から野生動物への感染が起こるリスクについても同時に認識しておく必要がある。

　表 11.2 は，家畜衛生学的リスクが確認されている感染症の例である。

　日本国内における豚熱やアジア地域におけるアフリカ豚熱の感染拡大を受け，2020 年に**家畜伝染病予防法**が改正された。

　この改正では，野生動物（同法でいう「家畜以外の動物」に包含される）における悪性伝染性疾病（牛疫，牛肺疫，口蹄疫，豚熱，アフリカ豚熱，高病原性鳥インフルエンザ，低病原性鳥インフルエンザ）の浸潤状況調査や経口ワクチンの散布などが法律に位置づけられることになった。また，野生動物は家畜に対する感染源として明確化され，悪性伝染性疾病が確認された場合のまん延防止措置として，次のことが定められた。

表 11.3　野生動物の感染症に起因する公衆衛生学的リスクの例

宿主と感染症名	病原体や疫学などの概要
E 型肝炎	E 型肝炎ウイルスの感染に起因し，人獣共通感染症と認識されている唯一の肝炎である。ニホンジカやイノシシの生肉の喫食による発症が報告されている。人においては，感染後の潜伏期間は 2〜9 週間とされ，稀にではあるが劇症肝炎に進展することがある。
野兎病	野兎病菌の感染が原因となる。ノウサギなどの剥皮や調理などの際に感染することが多いとされる。近年では，ノウサギの病理解剖を担当した獣医師の症例も報告されている。マダニを介し間接的に感染する場合もある。 日本では稀な感染症ではあるが，野生動物の食肉利用推進により，リスクが増大する可能性は否めない。
住肉胞子虫症	動物の筋肉内に寄生する住肉胞子虫の摂取により発症し，一過性の下痢・嘔吐等の症状を呈する。生または加熱不十分なシカ肉の喫食による有症事例が報告されている。症状は比較的軽いとされるが，ニホンジカでの寄生率は 90％を越している点には注意が必要である。
旋毛虫症	ブタ，イノシシ，クマ類などの筋肉内に寄生している旋毛虫が原因で発症する。日本では，ツキノワグマやヒグマの肉の生食に起因する症例が報告されている。海外ではイノシシ肉が主要な感染源のひとつと位置づけられている。北米では，シカの肉が原因と推定される症例が報告されている。
トキソプラズマ症	原虫の 1 種であるトキソプラズマが原因し，すべての哺乳類と鳥類が感染すると考えられている。日本国内でも，ニホンジカやイノシシでの感染が確認されている。飼いネコを介した感染が問題とされることが多いが，感染個体に由来する肉の生食に起因する場合もある。 妊娠中の女性が感染すると，胎児が先天性トキソプラズマ症を発症することがあり，死産や自然流産のみならず，出生後に視力障害や精神運動発達遅滞を起こす可能性がある。

・道府県知事は，当該動物がいた場所等の消毒，当該場所とその他の場所との通行の制限・遮断をすることができる。

・飼料業者や運送業者等の車両や倉庫を消毒できることとする。

11.2.3　公衆衛生学的リスク

　野生動物に由来する病原体が人に感染することにより，その健康状態や日常生活等に障害をおよぼすリスクである。すべての感染症の約半数が人獣共通感染症とされ，人に対する致死的な感染を引き起こす感染症も少なくない。したがって，社会的な関心が極めて強いリスクである。表11.3に，公衆衛生学的リスクが確認されている感染症の例をあげた。

例 題

野生動物の感染症に起因する保全生物学的リスクの意味を説明しなさい。

　回 答　病原体の侵入により，感受性をもつ種や個体群の存続が脅かされる場合がある。このようなリスクを，保全生物学的リスクをいう。

例 題

野生動物の感染症に起因する家畜衛生学的リスクの意味を説明しなさい。

　回 答　野生動物に由来する病原体が，家畜（伴侶動物や産業動物）に感染することにより，その生存や関連産業に悪影響を与えるリスクをいう。

例 題

野生動物の感染症に起因する公衆衛生学的リスクの意味を説明しなさい。

　回 答　野生動物に由来する病原体が人に感染することにより，その健康状態や日常生活等に障害をおよぼすリスクをいう。

コラム　野生動物の肉が病原体に汚染される2つの原因

　野生動物の肉が病原体に汚染される原因には，「捕獲個体がすでに病原体に感染している場合」と「捕獲もしくは捕獲後の処理の過程で，肉に病原体を付着させてしまう場合」の2通りがあり，両者を念頭におく普及啓発が必要である。それぞれへの対応策が根本的に異なるためである。

　前者への対応策は，捕獲個体の精査により感染の可能性を検知し，食用に供しないようにすることである。厚生労働省の「野生鳥獣肉の衛生管理に関する指針（ガイドライン）」に記された「狩猟しようとする又は狩猟した野生鳥獣に関する異常の確認」や「食肉処理業者が，解体前に野生鳥獣の異常の有無を確認する方法」，「食肉処理業者が，解体後に野生鳥獣の異常の有無を確認する方法」などが相当する。

　後者への対応策には，捕獲個体の衛生的な取扱や解体や食肉処理に用いる器材・施設の適切な消毒などがある。厚生労働省の指針（ガイドライン）の「屋外で放血する場合の衛生管理」，「野生鳥獣の運搬時における取扱」，「食肉処理施設の施設設備等」，「野生鳥獣肉の加工，調理及び販売時における取扱」等は，おもにこちらの原因を想定しての留意事項である。

　加熱処理はいずれにも有効な対応策であり，野生動物の肉を利用する際の必須要件となる。

11.3　感染症のサーベイランスと防疫対策─────────────

11.3.1　感染症のサーベイランス

　サーベイランス（調査）とは，感染症の発生状況や感染源の分布等に関する情報を組織的に収集・解析し，対策の計画立案とその実施，および評価を行う現場に科学的情報を還元する一連の監視活動をいう。環境省の「野鳥における高病原性鳥インフルエンザに係る対応技術マニュアル（https://www.env.go.jp/nature/dobutsu/bird_flu/manual/mat02-1.pdf；2020年10月8日確認）」は以下のように記し，そのサーベイランスの目的と意義を明確化している。

　　　　野鳥で高病原性鳥インフルエンザに関するサーベイランスを行う目的は，
　　　（1）野鳥が海外から日本に高病原性鳥インフルエンザウイルスを持ち込んだ場合に
　　　　　早期発見する
　　　（2）高病原性鳥インフルエンザウイルスにより国内の野鳥が死亡した場合に早期発
　　　　　見する
　　　（3）野鳥や家きん及び飼養鳥等において高病原性鳥インフルエンザの発生があった
　　　　　場合には，ウイルスの感染範囲や環境の汚染状況を把握する

ことである。サーベイランスの情報をもとに，関係機関と連携し，野鳥での感染拡大の防止に努めること等により，希少鳥類や個体群の保全及び生物多様性の保全に寄与する。また関係機関への適切な情報提供により，家きん，飼養鳥や人への感染予防及び感染拡大の防止にも寄与する。さらに，調査結果に基づく正しい情報の提供により，社会的不安を解消する。

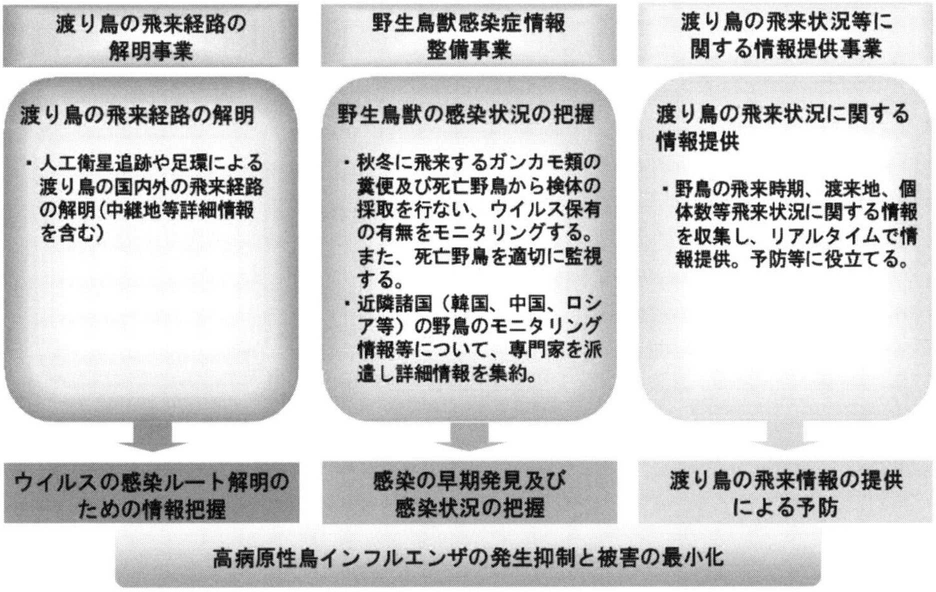

図 11.5　高病原性鳥インフルエンザのサーベイランスにおける環境省の取り組み
（出典：http://www.env.go.jp/nature/dobutsu/bird_flu/manual/mat01-2.pdf）

11.3.2　サーベイランスの方法と留意点

　サーベイランスの際には，対象とする感染症や宿主の特性に応じて，さまざまな項目の調査が行われる。代表的な調査項目は次のとおりである。宿主から検体を採取する場合には，捕獲個体を用いる場合と発見・回収された死亡個体を用いる場合とがある。

- **宿主における抗体保有状況**：血清を材料に，病原体に対する抗体を検出・定量する。抗体は病原体への曝露経験の指標であり，陽性であってもその時点で病原体を保有しているとは限らない。
- **宿主や媒介動物における病原体保有状況**：臓器等を材料に，病原体の直接確認もしくは病原体に由来する遺伝子の確認を行う。
- **宿主の排泄物における病原体保有状況**：野外で採取された糞便に含まれる病原体由来の遺伝子を確認する。ただし，乾燥した糞便は分析に適さないことがあるとされる。
- **環境中の病原体分布状況**：河川水等に含まれる病原体由来の DNA（環境 DNA）を確認する。
- **宿主や媒介動物の生態**：宿主や媒介動物の分布，生息密度，移動・分散，行動様式などを生態学的観点から解析する。

　図 11.5 に示す高病原性鳥インフルエンザの例のように，複数の観点からの項目調査が並行して実施されることが多い。国際協力のもと，他国との情報共有も一般的に行われている。

　検体を検査機関に送付する際には，輸送中の容器破損による病原体の漏出を防ぐ目的で，国連規格容器を用いた包装が行われることもある（図 11.6）。

11.3.3　捕獲個体を用いる際の留意点

　サーベイランスにおいては，利用する検体や情報にバイアス（偏り）が生じないよう配慮する必要がある。しかし，捕獲個体から検体を得る場合には，以下のバイアスが生じる可能性が高い。解析や対策の検討を行う際には，これらの存在を意識しておくことが必要である。

- **齢構成のバイアス**：シカやイノシシの場合，若齢個体の方が捕獲されやすい傾向がある。そのため，収集される検体が若齢に偏り，個体群全体の陽性率とは乖離が生じる

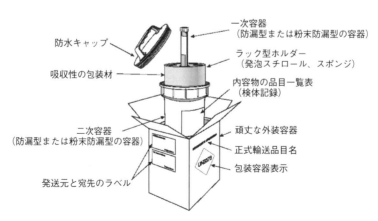

図 11.6　国連規格容器による三重包装（「感染性物質の輸送規則に関するガイダンス 2013 – 2014 版」より）
（出典：http://www.env.go.jp/nature/dobutsu/bird_flu/manual/mat01-4.pdf）

可能性がある。

・**捕獲地域のバイアス**：生息密度が多く捕獲の容易な地域に由来する検体が増える可能性が高い。捕獲従事者数の多寡など，社会的な要因の影響を受けることもある。このような場合には，周辺地域の生息状況を踏まえ，調査結果の適用範囲の限定等の検討が求められる。

・**捕獲時期のバイアス**：野生動物の捕獲は，期間を限って許可されるのが普通である。したがって，検体が得られるのは，捕獲が認められている期間に限定される。感染症の発生や媒介動物の活動性には季節変化が認められる場合には，サーベイランスの目的に応じ，適切な時期に捕獲・採材を行う必要がある。

捕獲個体に附帯する情報の精度や検体の質に関する留意も不可欠である。捕獲や材料の採取は，狩猟者などの一般住民に協力を依頼する場合が少なくないが，一般市民の多くは科学的な解析に求められる厳格性に不慣れである。捕獲個体の年齢や体重なども推測の域を出ず，しばしば不正確な情報が提供される。血液などの検体への異物混入が疑われる場合もある。一般市民に協力を依頼する際には，サーベイランス結果の信頼性を確保するためには，協力者に対する綿密な説明と指導が必須である。

サーベイランスのための捕獲や野外調査が，感染拡大の原因となる可能性も認識しておかなければならない。捕獲従事者や調査者が使用する衣類や車両，わな等の器材の病原体による汚染を介した感染が想定されるためである（図11.8 上）。農林水産省が発出した豚熱関連の通知には，「いのしし飼養施設の飼養者が野生いのししの調査捕獲に携わっていた等，防疫対応に携わる方が病原体を拡散させる可能性についても指摘されています」と記され，注意喚起がなされている。

なお，高病原性鳥インフルエンザならびに豚熱の防疫上の留意点や手技等については，環境省の「野鳥における高病原性鳥インフルエンザに係わる対応技術マニュアル（http://www.env.go.jp/nature/dobutsu/bird_flu/manual/mat02-1.pdf：2020 年 10 月 8 日確認）」や「CSF・ASF 対策としての野生イノシシ捕獲等に関する防疫措置の手引き）（https://www.env.go.jp/nature/choju/infection/notice/guidance.pdf：2020 年 10 月 8 日確認）」に詳しい。サーベイランスに関与する場合には，これらの記述を参照に感染拡大を起こさぬよう注意しなければならない。

　　　　☞アドバイス　　捕獲やサーベイランスなど，野生動物管理上の活動が感染症拡大の原因となる場合があります。自らの防疫措置には，くれぐれも留意するようにしてください。

┌─ 演 習 ─────────────────────────────────

捕獲個体から得た検体や情報を用いて感染症のサーベイランスを行う場合，齢構成，捕獲地域，捕獲時期にバイアス（偏り）が生じる可能性が高い。これらのバイアスが生じる理由を説明しなさい。

回 答

・齢構成のバイアス：シカやイノシシの場合，一般的に若齢個体の方が捕獲されやすい傾向がある。

・捕獲地域のバイアス：生息密度が多く捕獲の容易な地域に由来する検体が増える可能性が高い。

・捕獲時期のバイアス：野生動物の捕獲は，期間を限って許可されるのが普通である。そのため，検体が得られるのは，捕獲が認められている期間に限定される。

└──────────────────────────────────────

┌───

コラム **野鳥の鉛中毒**

鉛中毒は感染症ではないが，野生動物管理と密接に関係する疾患のひとつである。

野生動物の鉛中毒は，鉛を含有する銃弾等の摂取により発症し，鳥類での報告が多い。北米では1800年代から認識されていたが，日本では1980年代後半の北海道宮島沼における水鳥の大量死亡例を通じて知られるようになった。宮島沼では，残留散弾の沈降処理や小砂利の供給，狩猟の自粛が行われたが，その後も中毒死が発生したことが報告されている。

水鳥の症例は，環境中に存在する鉛の直接摂取による**1次中毒**（図11.7左）であるが，1990年代に入ると北海道のオオワシやオジロワシにおける**2次中毒**の例が確認されるようになった。2次中毒は，体内に鉛を残存している動物（生体もしくは死体）を食べることによる，2次的な鉛の摂取が原因で発症する（図11.7右）。これらのワシ類の症例は，狩猟者に撃たれた後，鉛を含む銃弾が残ったまま放置されたエゾシカの死体をワシ類が食べたことにより発生した。

鳥類の鉛中毒の防止には，鉛含有弾の使用禁止が有効である。北海道では，「北海道エゾシカ対策推進条例」により，エゾシカを捕獲する目的での「鉛を含む物質で作られているライフル弾」と「鉛を含む物質で作られている粒径が7mm以上の散弾（スラッグ弾を含む）」の所持が禁止されている。他の自治体も，指定猟法禁止区域を設け鉛含有弾の使用を規制しているが，その地域は現在では限定的である。

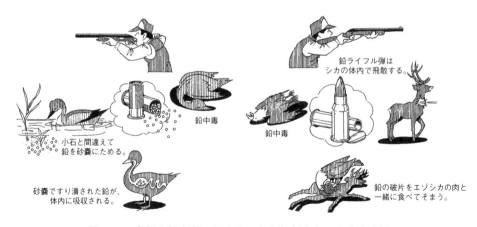

図11.7 鳥類の鉛中毒における1次中毒（左）と2次中毒（右）
（環境庁・（社）大日本猟友会 2000より）

環境庁と（社）大日本狩猟会は，現在は，環境省と（一社）大日本猟友会となっている。

└───

> **コラム** CSF・ASF 対策としての野生イノシシ捕獲等に関する防疫措置の手引き
>
> 　この手引きは，捕獲従事者や調査者が豚熱ウイルスを拡散させる可能性を踏まえ，その予防策を周知徹底するために環境省と農林水産省により作成された。下記のとおり，防疫措置のみならず豚熱やアフリカ豚熱の基礎情報も含めた構成となっている。
> ・豚熱とアフリカ豚熱の原因や症状，感染経路
> ・イノシシの一般的な捕獲作業と各作業で実施する防疫措置
> ・捕獲作業で実施する防疫措置の方法の具体的な例
> ・死亡イノシシを発見した場合の作業と各作業で実施する防疫措置
> 　図11.8のように，ウイルスが付着しやすい場所やウイルスの生存期間など，捕獲従事者や調査者が意識すべき重要な事項が平易に説明されており，サーベイランスに起因する感染症リスクを知る上での入門資料としても適している。
>
>
>
> **捕獲作業時にウイルスが付着しやすい（汚染されやすい）箇所**
>
> ①イノシシにふれる手や身体
> ②捕獲に使用する道具
> ③泥がつく足まわり
> ④車両（特にタイヤや足まわり）
> ⑤その他、土などに触れた部位　など
>
>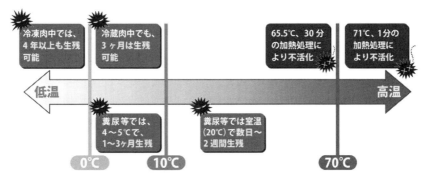
>
> 図11.8 「CSF・ASF 対策としての野生イノシシ捕獲等に関する防疫措置の手引き」に記された捕獲作業時にウイルスが付着しやすい場所（上）ならびに豚熱ウイルスの生存期間（下）
>
> （出典：https://www.env.go.jp/nature/choju/infection/notice/guidance.pdf）

12. 持続可能な資源としての野生動物の管理

　野生動物には資源的な価値があり，適正に管理をすれば，地域にさまざまな利益を生み出すことができる。本章では，野生動物がもつ多様な価値を概観した上で，狩猟対象としての持続的利用を想定し，日本の狩猟制度の概要および有蹄類の捕獲の現状と課題について解説する。そして，将来の理想的な資源管理の実現に向けて，資源利用のモデルおよび地域が主体となった野生動物管理についての展望を紹介する。

12.1　自然資源としての野生動物

12.1.1　野生動物の価値

　野生動物には，多様な価値が潜在していることから，野生動物に対して抱くイメージは，種や地域，または，人によってさまざまである。わが国におけるニホンジカ，イノシシ，クマ類については，農林業などに被害を与えたり，交通事故や人身事故を引き起こしたり，人獣共通感染症を媒介したりする「厄介者」の印象が強い。一方で，自然公園などでは観察の対象になっていたり（図 12.1），飲食店や家庭の食卓では食肉資源としての需要が増加していたりすることを考えると，プラスのイメージをもつ人も少なくないであろう。

　国際的に見れば，野生動物は**自然資源**（natural resources）と明確に位置づけられている。国外でも，人間社会との軋轢は存在するものの，少なくとも日本よりは自然資源としての価値が広く認められていると言える。たとえば，狩猟が盛んな欧米やアフリカなどでは，多くの有蹄類が狩猟獣であり，趣味としての狩猟の管理を行政や土地所有者が積極的に行

図 12.1　知床国立公園の安全な展望台から野生のヒグマ（矢印の先）を観察する観光客

っている。とくにアフリカやヨーロッパでは，ゲストハンターが体サイズの大きな個体を撃つのに，数百万円の対価を猟区に支払うケースも少なくない。狩猟鳥獣の剥製や角などは英語でトロフィー（trophy）というが，立派なトロフィーの獲得を目的としたレクリエーションとしての狩猟をトロフィーハンティング（trophy hunting）という。これによって，ゲストハンターの宿泊，飲食，ハンティングガイドの雇用，装備の購入などを通じて，地域には大きな経済的利益がもたらされる。イギリスでは，狩猟には，年間約 20 億ポンド（2,760 億円）の経済効果があるとされる（https://www.shootingfacts.co.UK；2020 年 11 月 9 日確認）。IUCN は，適正に管理されたトロフィーハンティングは，対象種とその生息地の保全，密猟の根絶，地域社会の発展に寄与することができると評価している（https://www.iucn.org/commissions/commission-environmental-economic-and-social-policy/our-work/sustainable-use-and-livelihoods/resources-and-publications/iucn-briefing-paper-informing-decisions-trophy-hunting；2020 年 11 月 9 日確認）。

　野生動物の多様な価値は，大きく分けて**利用的価値**（use values）と**非利用的価値**（non-use values）に分けられ，さらに両者はそれぞれ，**消費的価値**（consumptive values）と**非消費的価値**（non-consumptive values），**存在的価値**（existence value）と**選択肢的価値**（option value）に細分される（Ready 2012，表 12.1）。次項以降にそれらを解説する。

12.1.2 利用的価値

　狩猟者がイノシシを捕獲した場合も，観光客が国立公園でクマを観察した場合も，野生動物を直接「利用」したとされるが，前者は消費的な利用を，後者は非消費的な利用をしたとして区別される。両者の違いは，個体を個体群から取り除くかどうかである。

　消費的価値のための利用は，さらに**商業収獲**（commercial harvest），**娯楽収獲**（recreational harvest），そして**生存収獲**（subsistence harvest）に分けられる（表 12.1）。捕獲したシカを食肉処理施設などに売却した場合は商業収獲に，趣味の一環で捕獲した場合は娯楽収獲になる。商業収獲は，ヨーロッパを含め多くの国と地域で認められているが，北米では禁止されている（4 章参照）。一方，先住民族などが，各国の法令に基づいて，純粋に自身の生存のための食料確保を目的に捕獲した場合は，生存収獲となる。なお，商業収獲と娯楽収獲については，その経済的価値を算出することができる。前者の場合は，捕獲個体を売却した売上となり，後者の場合は狩猟税や旅費などの捕獲にかかる経費総額がそれにあたる。さらに，娯楽収獲と同様に，非消費的利用においても，たとえば観察のための旅行にかかる経費を総計すれば，その経済的価値を算出することができる。

表 12.1　野生動物の価値の分類（Ready 2012）

利用的価値
消費利用的価値
商業収獲
娯楽収獲
生存収獲
非消費利用的価値
非利用的価値
存在的価値
選択肢的価値

12.1.3 非利用的価値

　存在的価値は，たとえば，その人が行ったことのない，または行くことが困難な地域の野生動物（たとえば極地に生息するホッキョクグマなど）の保全に対して募金をすることなどにも表れるような，その対象動物が存在すること自体に人々が認める価値である。募金の金額を，その人にとってのホッキョクグマの経済的価値とみなせる。

　選択肢的価値は，利用する予定はないが，将来利用するかもしれないときのために保持しておく価値を意味する。たとえば，さしあたって沖縄に行く予定のない北海道の狩猟者が，リュウキュウイノシシの狩猟に行くことができた場合のために，その年度の沖縄県の狩猟者登録をしておく場合などがそれにあたる。

例　題

バードウォッチャーが野鳥の写真を撮るためにカメラを購入したときの金額は，表 12.1 のどの価値に含まれるか？

　　回　答　　非消費利用的価値

12.1.4 野生動物の負の価値

　一方で，個体数が過剰となって，かつ対策が不十分であると，前述したように，農林水産業被害や交通事故，人身被害，人獣共通感染症などのリスクが増加して，マイナスの価値が大きくなる。ちなみに，日本全国の鳥獣による 2018（平成 30）年度の農作物被害額は約 158 億円だったが，これは同年度の農作物総産出額（約 9 兆 558 億円）の 573 分の 1（0.2％）である。しかし，被害は地域により大きく偏在しており，山間の農業地域では「鳥獣害」は金額以上の深刻な問題となっている（9 章参照）。このように地域によっては，野生動物と地域社会との間に大きな軋轢が存在するが，そのような負の価値と，自然資源としての正の価値との均衡を保つことも，野生動物管理の目的の一つである。

12.2　有蹄類の資源管理

12.2.1 狩猟管理

　わが国では，鳥獣の保護及び管理並びに狩猟の適正化に関する法律（鳥獣保護管理法）

表 12.2　日本の狩猟制度

項　目	内　容
狩猟鳥獣	鳥類 28 種・獣類 20 種
狩猟期間	北海道：10 月 1 日～1 月 31 日 北海道以外：11 月 15 日～2 月 15 日 　＊　ニホンジカやイノシシは延長されている地域が多い。
狩猟免許	都道府県知事が発行するが，効力は全国一円（3 年間で更新が必要） 　　第一種銃猟免許：ライフル銃，散弾銃，空気銃 　　第二種銃猟免許：空気銃のみ 　　わな猟免許：くくりわな，箱わな，囲いわななど 　　あみ猟免許：無双あみなど（主に鳥類を捕獲する）
狩猟者登録制度	狩猟する都道府県ごと年度ごとに狩猟税を支払って登録をしないと狩猟できない。

により，狩猟鳥獣の種類，狩猟期間，狩猟免許，狩猟者登録制度などが定められている（表12.2）。同法では，狩猟とは「法定猟法によって鳥獣を捕獲すること」と定義されており，基本的には狩猟は趣味の活動であるといえる。なお，狩猟鳥獣は，希少鳥獣以外の鳥獣であって，その肉又は毛皮を利用したり，管理をしたりするなどの目的で捕獲の対象となる鳥獣とされている。狩猟をするためには，居住都道府県から狩猟免許（効力は全国一円となる）を取得した上で，狩猟しようとする都道府県ごとに，また年度ごとに狩猟税を支払い，狩猟者登録をする必要がある。狩猟税は目的税であるため，都道府県は，鳥獣の保護管理と狩猟の適正化のための具体的な財源として有効に活用しなければならない。

12.2.2 シカとイノシシの狩猟管理

日本に生息している5種の有蹄類（在来種3種，外来種2種）のうち，在来種のニホンジカとイノシシは代表的な狩猟獣であるが，ニホンカモシカは狩猟獣ではなく，特別天然記念物として保護されている。しかし，最近は第二種特定鳥獣管理計画に基づいて毎年600百頭前後が個体数調整のため捕獲されている。外来種であるキョンとノヤギも狩猟獣ではないが，農作物被害防除や生態系への悪影響軽減のために，最近はそれぞれ毎年4,000頭前後と数十頭が有害捕獲されている。

ニホンジカとイノシシの捕獲数は1996（平成8）年度にはそれぞれ10万頭前後であったが，その後，約20年かけてそれぞれ約6倍の60万頭前後となった（図12.2）。当初は捕獲個体全体の6〜8割が狩猟による捕獲で，残りは有害捕獲などの許可捕獲によるものだった。それが20年後には，狩猟の割合は3割以下に減少した（図12.2）。この背景には，個体数の増加によって農作物被害などの人間との軋轢が増加したため，狩猟期間を延長したり，狩猟による1日あたりの捕獲頭数を増やしたり，捕獲従事者に捕獲報償金を支給するなど有害捕獲を推進したことがある。

ニホンジカとイノシシは主に銃猟とわな猟によって捕獲される。全国の銃猟免許所持者数が減少しているのに対して，わな猟免許所持者数は増加している（図12.3）。属人データで見てみると，狩猟免許所持者数は，減少から最近増加に転じ，2016（平成28）年度は全体で約15万人だった（図12.4）。そのうち，銃猟免許のみを所持している狩猟者が3分の1，わな猟免許のみを所持している狩猟者が4割，両方を所持している狩猟者が4分の1だった。わな猟免許所持者数（同時に銃猟免許を持っている人も含む）の割合は，2003

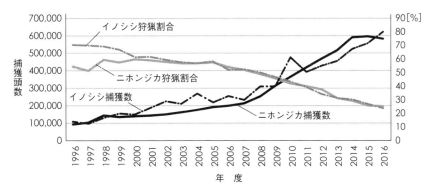

図12.2　ニホンジカおよびイノシシの捕獲数とそれぞれに占める狩猟による捕獲数の割合
（出典：環境省）

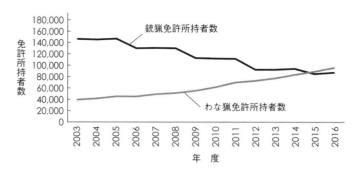

図 12.3　銃猟およびわな猟免許所持者数の推移
(出典：環境省)

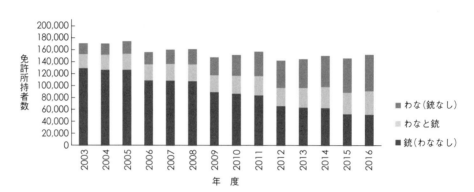

図 12.4　全国の狩猟免許所持者数（属人）
(出典：環境省)

（平成 15）年度から 2016（平成 28）年度にかけて，全体の 4 分の 1 から 3 分の 2 に増加していることがわかる。以上のデータは環境省の「鳥獣関係統計」に掲載されているので，今後，最新の情報を得たいときに参照されたい (https://www.env.go.jp/nature/choju/docs/docs2.html；2020 年 11 月 9 日確認)。

　なお，猟銃で狩猟鳥獣を捕獲するためには，都道府県が発行する狩猟免許に加えて，銃砲刀剣類所持等取締法（銃刀法）に基づいて都道府県の公安委員会から猟銃の所持許可を取得しなければならない。一方，わなで捕獲する場合には，わなの所持許可は必要ないため，比較的容易に捕獲活動を開始することができる。このことも，わな猟免許所持者数の増加につながっていると考えられる。

12.2.3　捕獲とアニマルウェルフェア

　わなによる捕獲には**アニマルウェルフェア**（animal welfare，動物福祉と言われる場合もある）上の課題がある（竹田 2012）。捕獲におけるアニマルウェルフェアとは，捕獲に伴う個体のストレスを最小限にすることである。わなに拘束される時間が長かったり，とめさし（わなにかかった個体を殺処分すること）方法が適切でなかったりすると捕獲個体の身体的・心理的ストレスが大きくなるので，無駄な苦痛を与えないよう配慮が必要である。わなに拘束された状態で，人間が不用意に接近したり，近くで騒いだりすることも，野生動物にとっては大きなストレスとなる。また，ストレスは肉質を悪化させることにもつながるので，食肉利用する上でもアニマルウェルフェアの確保が必要である。なお，猟銃に

よる捕獲においても，急所である胸部や頭頸部を適切な装弾で確実に狙うなど，ストレスを軽減させる配慮が重要である。野生動物に関わる者として，捕獲におけるアニマルウェルフェアへの配慮と命への尊厳の心をもつことは倫理上の責務である。

　欧米では，わなによる有蹄類の捕獲を原則的に禁止したり，撲殺や刺殺，窒息死など無駄な苦痛を与える野生動物全般の捕獲方法を違法としたりするなど，野生動物におけるアニマルウェルフェアの尊重は法制度で保障されている。しかし，日本では野生動物のアニマルウェルフェアに関する法規制はなく，鹿児島県の第二種特定鳥獣（ヤクシカ）管理計画（https://www.pref.kagoshima.jp/ad04/sangyo-rodo/rinsui/shinrin/syuryo/documents/58352_201703301709I5-1.pdf；2020 年 11 月 9 日確認）など一部の事例を除いて，捕獲におけるアニマルウェルフェアの配慮がなされていない場合がまだまだ多い。

　さらに，アニマルウェルフェアとも関連して，わなによる錯誤捕獲の発生も課題となっている。捕獲者は，シカやイノシシなどを対象としたわなにクマ類やカモシカ，ペットなどがかからないような対策を講じなければならない。そのため，日本学術会議（2019）では，回答「人口縮小社会における野生動物管理のあり方」において，野生動物管理の原則として，「錯誤捕獲防止やアニマルウェルフェアに十分に配慮し，秩序ある捕獲を行う」ことを提言している（http://www.scj.go.jp/ja/info/kohyo/pdf/kohyo-24-k280.pdf；2020 年 11 月 9 日確認）。

例 題

捕獲においてアニマルウェルフェアに配慮することの意味を述べよ。

回 答　　捕獲個体の身体的・心理的ストレスを軽減させ，肉質の悪化防止につながる。

12.2.4　食肉利用

　日本では，食品衛生法に基づいて，保健所の許可を受けた食肉処理施設で解体処理された野生動物の肉を食肉として販売することができる。ここでいう食肉とは，人間が食する肉を指し，ペットフードは含まれない。なお，野生動物の食肉は，日本では最近ジビエとよばれるようになったが，これはフランス語の gibier（狩猟鳥獣の肉）からきている。英語では game meat とよばれ，国際的にはこちらのほうが一般的である。game は狩猟鳥獣を意味する。狩猟鳥獣の食肉利用は多くの国と地域で一般的である。

　農林水産省によると，全国に 633 ある野生動物を扱う食肉処理施設によって，2018（平成 30）年度に食肉販売目的で処理されたニホンジカおよびイノシシの肉はそれぞれ 957 トンおよび 426 トンで，その合計は，食肉販売目的で処理された野生鳥獣肉全体の 98.8% を占めた。なお，2015（平成 27）年度の日本の牛肉生産量は 481 千トン，豚肉生産量は 1,254 千トンだった。食肉処理施設で処理された頭数（以下，処理頭数）で見ると，2018（平成 30）年度にはニホンジカで 74,136 頭，イノシシで 34,600 頭であり，過去 3 年間でともに増加傾向であった（図 12.5）。以上のデータは農林水産省の「鳥獣対策コーナー」に掲載されているので，今後，最新の情報を得たいときに参照されたい（https://www.maff.go.jp/j/seisan/tyozyu/higai/；2020 年 11 月 9 日確認）

　捕獲数全体のうち処理頭数は，ニホンジカで 10〜11%，イノシシで 4〜5% にあたる。捕獲個体の大半は利用されずに廃棄されており，利用率の向上は大きな課題である。一方，イギリス国有林では，シカやイノシシの捕獲に従事する専門職員 wildlife ranger が中心と

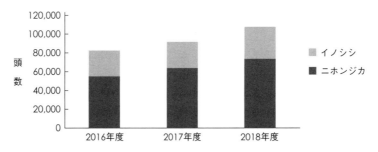

図 12.5　食肉販売目的で処理されたニホンジカおよびイノシシの頭数
（出典：農林水産省）

なって捕獲されたシカ類の 9 割が，FSC 認証（Forestry Stewardship Council による林産物および森林管理の国際認証制度）されて，食肉として大手の食肉卸売業者に出荷されている。さらに，残り 1 割もほとんどが地域で食肉として利用されている（イングランド森林委員会　統括野性動物管理官 N. Healy 氏私信）。

　また，同年度の食肉の販売金額は，ニホンジカで 18 億 9,200 万円，イノシシで 16 億 1,800 万円であった。なお，ニホンジカおよびイノシシによる農作物被害額は同年度，それぞれ 54 億 1,000 万円および 47 億 3,300 円であったので，両者を合わせると，計算上は被害のほぼ 3 分の 1 に見合う金額が，食肉の売り上げとして回収されていることになる。しかし，その収入は，捕獲者や食肉処理業者の所得になるが，被害を受けている農業者等に分配される制度がないため，食肉の売り上げが地域全体に公平に還元されているとはい

> **コラム　食肉衛生**
>
> 　シカやイノシシの肉は正しく処理をすれば，大変美味しく，ヘルシーな食材であり，持続的な地域の自然資源となりうる。当然ながら，捕獲した個体は"生もの"である。温度管理をはじめとする衛生管理を徹底しないと，簡単に腐敗したり，食中毒を引き起こしたりする。
>
> 　腐敗を防ぐためには，捕獲後できるかぎり早く温度を下げる必要がある。具体的には，速やかに摂氏 10 度以下にする必要がある。外気温などにもよるが，大型哺乳類は体が大きいため，適切な冷蔵設備がないと温度を下げるのは容易ではない。温度を下げるために，沢や水槽に捕獲個体を浸水させるのは，体表の汚染を広げたり，肉に付着させたりするので適切な方法ではない（EU では禁止されている）。温度を下げることで，食中毒菌の増殖を抑えることができる。
>
> 　食中毒菌は動物の体温と同様の温度でもっともよく増殖する。病原性大腸菌やサルモネラ菌などの食中毒菌は，捕獲個体の体表や消化管の中，糞便，土壌，不潔な道具などに偏在するため，それらの汚染源を手指や刃物などの道具を介して，肉に付着させない配慮が必須である。手指は十分洗浄するか，樹脂製手袋を汚染された都度交換して使用する。道具は摂氏 83 度以上の熱湯で常に消毒しなければならない。
>
> 　調理の際は，食中毒の発生を防止するため，中心部の温度が摂氏 75 度で 1 分間以上，またはこれと同等以上の効力を有する方法（たとえば，摂氏 65 度 15 分）により，十分加熱する必要がある。
>
> 　その他，E 型肝炎など人獣共通感染症やライム病などのダニ媒介性感染症，肝蛭などの人にも寄生する寄生虫（公衆衛生学的リスク）や CSF（classical swine fever, 豚熱）などの家畜にも感染する病気（家畜衛生学的リスク）についての知識も重要である（11 章参照）。

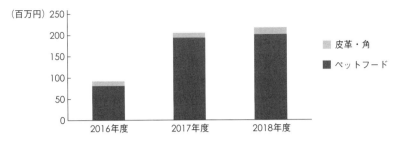

**図 12.6　野生動物を扱う食肉処理施設によって販売された
皮革・角およびペットフードの金額**
（出典：農林水産省）

えない。

　持続的な資源管理を推進していくためには，食肉の安全と安心の確保が大前提となる。
野生動物の管理と捕獲に関わるものにとって，**食肉衛生**（meat hygiene）に関する知識は
必須である（コラム「食肉衛生」参照）。2006（平成 18）年以降，北海道，長野県，兵庫県
などの地方自治体ではいち早くシカなどの食肉衛生に関するガイドラインや食肉処理施設
の認証制度が創設された。それにならって，厚生労働省も 2014（平成 26）年に「野生鳥獣
肉の衛生管理に関する指針（ガイドライン）」を策定し，農林水産省も 2018（平成 30）年に
「国産ジビエ認証制度」を創設している。EU では，捕獲者などによる捕獲個体の獣肉検
査を義務付ける制度があるが（コラム「エゾシカ管理のグランドデザインとシカ捕獲認
証」参照），日本では捕獲者などの食肉衛生に関する訓練についての義務制度は未整備で
あり，今後の課題とされている。

12.2.5　その他の利用

　捕獲されたシカなどは食肉以外にも利用されている。皮革や角はクラフトなどの素材と
して価値がある。野生動物を扱う食肉処理施設によって，2018（平成 30）年度に販売され
た皮革や角の金額は 1,600 万円であった（図 12.6）。また，同年度にペットフードとして
374 トンの野生動物の肉や骨，腱などが販売されていて，その販売金額は 2 億 100 万円で
あった。なお，ペットフードにおいても，食肉に準じた適切な衛生管理が必要となる（11
章参照）。

　また，中国ではシカ類の袋角は鹿茸（ロクジョウ）といって漢方薬の原材料として古くか
ら利用されてきた。日本でも厚生労働省の医薬品原材料リストにおいて，ユーラシア大陸
産のニホンジカとされる「シベリアジカ」と「マンシュウジカ」や北米大陸産「ワピチ」
などが，ロクジョウの原材料として掲載されていたが，日本産ニホンジカが遺伝学的に上
記のシカ類に近縁であることが示されており（永田ほか 2019），2018（平成 30）年には日
本産のニホンジカも同リストに追加された。

12.3　持続的な資源管理

12.3.1　資源管理のモデル

　管理対象個体群を地域の自然資源として持続的に利用する計画を策定するための要件に
ついて考えてみよう。図 12.7 に個体数密度，時間，純生産量の理論的なモデルを示した。

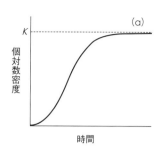
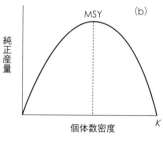

K は環境収容力，
MSY は最大持続収量

図12.7　個体数密度，時間，純生産量のモデル
(a) は以下のロジスティック式で表される。
$dN/dt = r(1 - N/K)N$　このとき，N は個体数密度。

　ある個体群の創始個体グループが，それまでその種が分布していなかった新たな生息地に移入した場合，食物が豊富に存在し，捕獲圧がかからない状況では，最初は指数関数的に個体数が増加する（図12.7 a）。そのような条件下での初期増加率である内的自然増加率（r）は，明治時代に地域的に絶滅した後，1980年代までに知床半島に再定着したエゾシカ個体群については年率21%だったことが報告されている（Kaji et al. 2004）。これは，4～5年で個体数が倍増する増加率にあたる。

　そのまま時間が経過して，個体群が高密度状態になると，1個体あたりが得られる食物量が相対的に減少し，個体の栄養状態が悪化することによる，死亡率の増加や，妊娠率の低下，初産齢の上昇などで，個体数密度に依存して増加率が低下し，プロセスをロジスティック式で記述することができる（図12.7 a）。これを**密度効果**（density effect）とよぶ。さらに時間が経過すると最終的には出生数と死亡数が相殺され，増加率が0となって個体数の増減がほとんどみられなくなる。この状態の個体数密度を生態学的**環境収容力**（Ecological Carrying Capacity: K）という。

　図12.7 b は，このときのそれぞれの個体数密度のときの純生産量，つまり個体数の増加分がどのように変化するかを示している。個体数密度が0から増加してから，しばらくは個体数の増加に伴って増加分も増えていく。元金が増えると，利子が大きくなるようなものである。しかし，貯金と利子の関係と違って，野生動物の場合，ある個体数密度を超えると，前述した密度効果によって個体数の増加分は減少していく。この最大の純生産量を**最大持続収量**（maximum sustainable yield: MSY）といい，$K/2$ のときに得ることができる。個体数密度が環境収容力に達すると純生産量は0となる。MSYよりも多い量を捕獲し続けると，生産量が追いつかず，個体群は絶滅してしまう（松田 2000）。

例　題

年率21%で増加する 1,000 頭の個体群は，そのままの増加率では 10 年後には何頭になるか？

回　答　　6,727 頭

12.3.2　地域主体管理

　捕獲個体を資源として十分に活用できる体制にある場合，個体数密度を MSY 付近でコントロールすれば，持続的に捕獲可能な個体数が最大となるため，資源利用による収益は最大となる。しかし，ある程度個体数が多くなると，農林業被害や交通事故などの人間社会との軋轢や自然植生への悪影響も増加することが予想される。資源利用と軋轢や生物多

様性への悪影響のバランスをとって，どの個体数密度を目標レベルとするのかが，持続的な**地域主体野生動物管理**（community-based wildlife management）を推進していく上で重要な課題となる。そのためには，多様な**利害関係者**（stakeholders）を個体数管理の目標設定の段階から計画策定に参画させ，合意形成を進めていくことが望ましい。ニホンジカの場合は，MSY 付近で管理すると植生が破壊され，農林業被害が激化するため（Kaji et al. 2010），十分な注意が必要である。

　被害軽減と資源管理による利益の追求との両立は難しい。これを解決するひとつの方法が**ゾーニング**（zoning）である。被害が発生する農耕地周辺では，有害捕獲を強化し，個体数密度を可能なかぎり低くコントロールする一方で，奥山などで資源管理のために持続的に収獲できる程度に個体数密度をコントロールするという発想である（コラム「エゾシカ管理のグランドデザインとシカ捕獲認証」参照）。

　管理計画を策定したら（plan），管理施策（do）の効果を毎年継続してモニタリングすることによって正しく評価（check）し，必要な改善（action）を加える **PDCA サイクル**に基づき，利害関係者の参加のもとに，**順応的管理**（adaptive management）を進めていくことが必要である（2 章参照）。

演 習

被害を抑えつつ，食肉等を資源として活用するための地域主体の管理計画を新たに作成するために準備すべきことは何か？市町村レベルの管理を想定して考えなさい。

　回 答
・農業者や森林管理者にヒアリングを行うなどして，シカによる被害の実態を定量的に把握する。
・ライトセンサスやセンサーカメラを用いた，個体数密度または個体数指数のモニタリング体制を構築する。
・すべての利害関係者や関係機関が主体的に管理に参加するための協議会を設立する。
・既存または新設の食肉処理施設との連携体制を確保する。
・残滓処理の方法等について確認する。
・捕獲従事者を巻き込んで捕獲計画を作成する。
・被害軽減と資源利用の折り合いをつけられるような個体数管理計画を作成し，ライトセンサス等による個体数指数の管理目標水準を設定する。

コラム　エゾシカ管理のグランドデザインとシカ捕獲認証

■エゾシカ管理計画

　ニホンジカの1亜種であるエゾシカは，平成になって，まず北海道東部で爆発的に増加し，農林業被害や交通事故などの人間社会との軋轢が社会的な問題となった。道は1998（平成10）年に任意計画である「道東地域エゾシカ保護管理計画」を，2000（平成12）年には特定鳥獣保護管理計画制度に基づいた「エゾシカ保護管理計画」を策定し，順応的管理に基づく科学的な個体数管理に全国に先駆けて着手した。その後，西部でも個体数が増加して，軋轢が甚大となり，個体数が過剰な状態が広範囲で常態化した。そこで，道は2006（平成18）年に「エゾシカ有効活用のガイドライン」および「エゾシカ衛生処理マニュアル」を作成した。2007（平成19）年には一般社団法人エゾシカ協会が「エゾシカ肉認証制度」を創設し，上記のマニュアルを遵守する食肉処理施設を認証する事業を開始した。このようなシカ肉の有効活用の取り組みはその後，長野県や兵庫県でも実施されるようになった。2008（平成20）年に策定された第3期エゾシカ保護管理計画では保護管理の目的に，新たに有効活用を加えるなど，エゾシカを資源として活用していく方針を明確に打ち出した。2016（平成28）年には，上記の認証制度を北海道が引き継いで「エゾシカ肉処理施設認証制度」を創設している。しかし，残念ながら管理計画策定当初から現在に至るまでの20年間以上，個体数を目標レベルまでに減少させることはできていない（図12.8）。

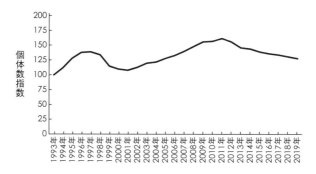

図12.8　北海道東部地域の個体数指数の推移（北海道ウェブサイトより作図）
（http://www.pref.hokkaido.lg.jg/ks/skn/est/）
1997～2001年に増加から減少に転じたがその後再増加。2011年以降減少傾向だが20年間以上は目標よりも高い水準で推移している。

■エゾシカ管理のグランドデザイン

　一般社団法人エゾシカ協会は2018（平成30）年7月に「エゾシカ管理のグランドデザイン」を作成し，北海道知事に対して，道固有の自然資源であるエゾシカを資源管理していくための提言を行った（表12.3）。それは，個体数を目標レベルまで減少させた後の持続的資源利用のフェイズのあり方を見据えた，むこう20年間の青写真を示すものである（http://yezodeer.org/library/granddesign/granddesign.html；2020年11月9日確認）。

表12.3　エゾシカ管理のグランドデザインによる主な柱

1. 猟区制度とゾーニングに基づく地域主体の資源管理
2. DCC制度を活用した人材育成
3. タグ制度の導入などによる食肉衛生の確保
4. ゾーニングに基づく軋轢の管理
5. 自然植生保全などの生態系管理

■猟区制度とゾーニングによる地域主体のシカ管理

　鳥獣保護管理法に基づく猟区制度を活用することで，ゾーニングの考え方を導入した地域主体のシカ管理を推進できる可能性がある。同制度は，都道府県の認可を受けた猟区管理者が独自の狩猟管理をすることができる制度であり，これにより地域の関係者が自ら計画を作成し，持続的な資源管理を推進していくことができる。道内では西興部村と占冠村において猟区が設置されていて，それぞれ地元 NPO と村役場が猟区管理者として，エゾシカの入猟事業などを行っている (Igota & Suzuki 2008)。地域主体の管理が実現すれば，ゾーニングを導入したきめ細かい資源管理の実現が期待される。すなわち，農業エリアでは個体数をできる限り減少させて被害を軽減し，公有林などでは，自然植生への悪影響に配慮しつつ，ある程度の個体数密度を維持して，計画的に収穫することができるだろう。さらには，各地域が作成した管理計画に基づく目標個体数を集約して，北海道全体の個体数管理の実施計画を策定し，エゾシカの資源管理を実現することも期待できる。

■ DCC 制度を活用した人材育成

　同グランドデザインのもう一つの柱として，同協会がイギリスの同様の制度をモデルにして (伊吾田ほか 2015)，2015 (平成 27) 年に創設したシカ捕獲認証制度 (Deer Culling Certificate 略して DCC) を活用した人事育成の推進がある。持続的な資源管理を普及していくためには，食肉衛生の確保が大前提となる。そのためには，食肉衛生に精通した管理者および捕獲従事者を増やしていく必要がある。DCC は，安全で人道的 (＝アニマルウェルフェアに配慮した) かつ衛生的なシカの捕獲および管理に関する総合的なスキルをもつ担い手を育成・認証する取り組みである。EU では，trained person 制度とよばれる食肉衛生に関する訓練を受けた者 (多くは狩猟者)，すなわち獣肉検査資格者が内臓摘出を含む一次処理および獣肉検査をしないと野生動物を食肉として流通させることができない (松浦・伊吾田 2013)。EU の基準に合致した国際レベルの食肉衛生を普及する DCC 制度は，北海道だけでなく全国の野生動物管理者および捕獲従事者の訓練にも有効である (松浦ほか 2016)。

■タグ制度の導入による食肉衛生の確保

　さらに，食肉衛生管理を徹底させるために，欧米のタグ制度が参考になる。前述のように地域管理計画を集約した北海道全体の個体数管理に基づいて，毎年捕獲計画を作成した場合に，北米のように，捕獲従事者に事前にタグを配布して，捕獲の割り当てを行う。捕獲者は捕獲の日時や場所などの情報をタグに記入して，その個体に添付する。タグ添付のない個体は密猟とみなされる。さらに，捕獲個体を食肉として販売するためには，獣肉検査資格者による検査と一次処理を義務付ける。検査結果は EU のように，獣肉検査資格者がタグに署名することで食肉の安全性を証明することができる図 12.9 および 12.10)。

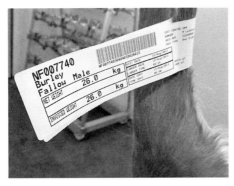

図 12.9　イギリス国有林で収穫されたシカの踵に添付されたタグ
表面には捕獲日時，場所，性別，体重などが記載される。

図 12.10　タグの裏面
同タグの裏面には EU 食肉衛生規則に基づいて捕獲個体に異常が見られなかったことを申告する獣肉検査資格者の署名がなされる。

■ま と め

　2019（令和元）年度の 10 月時点で，エゾシカは北海道全体で 57 万〜118 万頭生息していたと推定されている。仮に，全道の目標個体数を 25 万頭として個体数を減少させて目標が達成された場合，その前後で個体数を維持するためには，自然増加分の 5 万頭程度を毎年捕獲することが必要となる。各地域管理計画に基づいて，割り当てられた捕獲目標を地域が主体的に達成していくことが必要となるが，グランドデザインでは経済活性化の観点から，食肉として少なくとも 3 万頭以上を流通させることを提案している。残りの 2 万頭も可能なかぎり自家消費などに努め，捕獲個体の廃棄を極力避けるべきとしている。北海道では，2017（平成 29）および 2018（30）年度の捕獲頭数のうち，17％が食肉として流通し，42％は自家消費として，6％はペットフードとして利用されていたが，残りの 35％は廃棄されていた。一方，イギリスでは，食肉利用可能な狩猟鳥獣の捕獲数の 35％が流通し，62％は食肉として自家消費され，廃棄されたのは病気などで利用できない 3％のみだった（British Association for Shooting and Conservation 2014）。その他の EU 諸国も狩猟鳥獣を食肉として利用する割合が同様に高いものと思われる。日本でも自然資源としてシカやイノシシを無駄なく利活用する資源管理の体制を構築すべきである。そのためには，地域主体管理と人材育成が重要な鍵を握っている。

13. 高等教育機関における 野生動物管理従事者の育成

科学的で持続的な野生動物管理を推進するためには，野生動物管理の高度な知識と技能を有する専門家（野生動物管理従事者）の育成が不可欠である。本章では，野生動物管理の現状と課題を踏まえ，これからの高等教育機関における教育体制やカリキュラムのあり方ならびに望ましい学習姿勢について学ぶ。

13.1 野生動物管理従事者とは

野生動物管理従事者（wildlife manager）とは，生物多様性の保全を基本理念に，野生動物，生息地，および人間の領域の相互関係に関わる以下の多様な業務を科学的かつ計画的に立案・実施する者をいう。

- 野生動物の生息状況調査
- 野生動物に起因する被害状況の調査や予測，対策の実施
- 生息数の増加や減少を目的とする個体数管理
- 生息環境の管理
- 狩猟や捕獲作業の監理・監督
- 違法行為等に関わる法執行
- 感染症のサーベイランスならびに制御
- 利害関係者間の意見調整や合意形成
- 自然資源としての野生動物の持続的利用の保証
- 食肉（ペットフードを含む）としての利用に関わる衛生管理
- 人材育成を含む教育・普及啓発

　　　☞**アドバイス**　　野生動物管理には，被害対策や捕獲だけではなく，ここに挙げる多種多様な業務が含まれることを認識することが求められる。

野生動物管理従事者は，行政に所属する鳥獣専門職員等に限定されるわけではなく，民間の組織や団体等の場合もある。広義には，業務に関する学術的な助言や科学的検証を担当する研究者も含まれる。

日本学術会議は，知床自然大学院大学設立財団（http://shiretoko-u.jp）の見解にもとづき，野生動物管理従事者に求められる能力として，政策立案能力，調査研究能力，普及啓発能力，地域ビジョンの提示・地域問題の解決能力等を挙げている（http://www.scj.go.jp/ja/info/kohyo/pdf/kohyo-24-k280.pdf；2020 年 10 月 17 日確認）。

ただし，求められる各能力のレベルは所属機関や業務内容等によって異なり，必ずしも

すべてを同一レベルにまで高めることは必要ではない。たとえば，被害対策の現場指導を担当する者には，講習会やファシリテーションなどを適切に企画・運営するためのコーディネート力やコミュニケーション能力の高さが最も優先される（9章参照）。

例 題

野生動物管理従事者の業務を3つ挙げなさい。

　　回 答　「13.1　野生動物管理従事者とは」で箇条書きとした11項目から3つを選択。

13.2　野生動物管理従事者育成の必要性と課題

13.2.1　自治体における専門職員の不足

　日本学術会議，兵庫県，兵庫県立大学が2019年に実施したアンケートでは，行政職員47名のうち，45名（95.7％）が「鳥獣専門職員の配置が必要」と回答した。また，知識と技術が必要とされる鳥獣対策にもかかわらず，「事務系職員が対応している」ならびに「科学的・社会的支援が不足している」等の現状も明らかにされた。とくに被害の現場となる基礎自治体（市町村）の職員は，専門的な知識と技術，地域コミュニティのデザイン能力，問題解決能力，コーディネート能力を有し，地域住民と協力・連携して効果的な被害防除を実践する専門職員の配置を求めていた。

　しかし，環境省の2020年度当初の集計によれば，専門的知識を有する職員を配置している都道府県は38（80.9％）に留まり，鳥獣行政担当職員3,677名のうち専門的知見を有する職員は179名（4.9％）に過ぎない状況が示されている（表13.1）。このうち，大学及び大学院において，鳥獣保護管理に関する学位（博士，修士，学士）を有するものは59人（33.0％）にとどまり，全体のわずか1.6％であった。

　　　　　☞アドバイス　　少なくとも現状では，野生動物に関する専門知識を有する職員を雇用している行政機関は限られていることを認識する必要がある。

　関西広域連合は，2018年に圏域内の基礎自治体を対象に有害鳥獣捕獲の運用と体制に関するアンケート調査を行った。図13.1～図13.3は，その報告書（https://www.kouiki-kansai.jp/material/files/group/10/H30-3yugaihokaku_annke-totyousahoukoku.pdf；2020年10月17

表13.1　環境省が公表している都道府県における鳥獣の保護及び管理に関する専門的な知見を有する職員の配置状況（2020年4月1日現在）

（https://www.env.go.jp/nature/choju/effort/effort11/effort11.html；2021年2月7日確認）

	常勤職員	常勤職員うち本庁内	非常勤職員	計
専門的知見を有する職員（A）	132人 （125人）	40人 （35人）	47人 （44人）	179人 （162人）
鳥獣行政担当職員（B）（※）	1,610人 （1,596人）	455人 （451人）	1,981人 （2,979人）	3,677人 （4,575人）
（A）/（B）	8.2％ （7.8％）	8.8％ （7.8％）	2.4％ （1.5％）	4.9％ （3.5％）

（　）内は2019年度

※鳥獣被害対策など関連部局，公立の調査研究機関（独立行政法人を含む）および試験場を含む

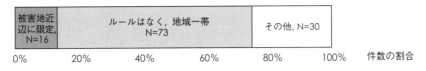

図 13.1　捕獲場所を限定するルールの有無

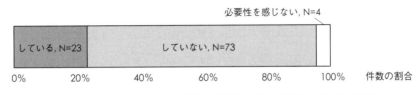

図 13.2　イノシシにおいて成獣と幼獣を一体で捕獲する工夫の有無

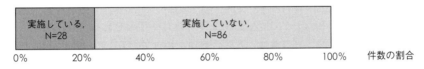

図 13.3　安全管理講習実施の有無

（出典：https://www.kouiki-kansai.jp/material/files/group/10/H30-3yugaihokaku_annke-totyousahoukoku.pdf）

日確認）の一部である。

　被害を軽減するための有害鳥獣捕獲を効果的に実施するためには，被害発生場所の近く
で，被害を発生させている個体を除去する必要がある（9 章参照）。また，幼獣に偏った
捕獲では，生息数や被害の抑制効果が限定的であることも指摘されている（5 章参照）。
有害鳥獣捕獲が関連する事故や違法行為も後を絶たない。しかし，捕獲を被害発生場所に
限定するようなルールを有する自治体は 13.4％に限られ（図 13.1），幼獣のみならず成獣
も捕獲する工夫をしている自治体は 23.0％に過ぎなかった（図 13.2）。安全かつ適法な捕
獲を徹底するための講習を行っている自治体も 24.6％に留まっていた（図 13.3）。

　本アンケート調査の結果は，多くの有害鳥獣捕獲が適切な監理監督や指導を欠く捕獲従
事者任せの体制で行われていることを示し，その要因のひとつは地域における専門職員の
不足や欠如と考えられる。

　しかし，改善の動きは始まっている。島根県や長野県小諸市，福島県猪苗代町などでは，
すでに**鳥獣専門指導員**もしくは**鳥獣対策専門員**とよばれる常勤の正規職員を雇用し，野生
動物管理に関わる体制強化を図っている。

例　題

地方自治体での採用が始まっている「野生動物対策に従事する専門職員」の職名を 2 つ挙
げなさい。

　　回　答　鳥獣専門指導員ならびに鳥獣対策専門員。

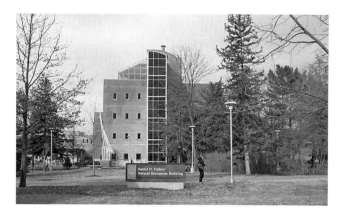

図 13.4　ウィスコンシン大学スティーブンスポイント校自然資源学部の校舎

13.2.2　教育ならびに人材育成のあり方

　北米では，野生動物管理に関する高等教育体制が整えられている。Krausuman（2001）によれば，米国とカナダで野生動物関連の教育や指導を行っている大学は，1996 年の時点で 110 を数えた。その数は，さらに増加を続けており，Baydack et al.（2009）によれば 500 を下らない状況となっている。教育機関等の検索を提供する Study.com（https://study.com；2020 年 10 月 17 日確認）には，「**認定野生動物学者**（4 章参照）になる方法」をテーマとするサイトも設けられ（https://study.com/articles/How_to_Become_a_Certified_Wildlife_Biologist.html；2020 年 10 月 17 日確認），関連の大学や大学院を閲覧することが可能である。

　たとえば，米国で最初の狩猟獣管理カリキュラムが設立されたウィスコンシン大学のスティーブンスポイント校自然資源学部（College of Natural Resources）には，野生動物に特化した課程が設置され州政府や合衆国政府と連携した教育が行われている（図 13.4）。

　日本でも，野生動物専門講座を解説する大学は増えたとされる（図 13.5）が，一部を除き各大学に配置される関連教員の数は少ない。野生動物関連の課程を設置し，系統的な教

> **コラム**　**米国における野生動物生物学者の認定制度**
>
> 　4 章ならびに本文で述べているとおり，野生生物学会により野生動物の専門家を認定する制度が設けられている。認定には，**准生生動物学者**（Associate Wildlife Biologist）ならびに**認定野生動物学者**（Certified wildlife Biologist）の 2 段階に分割されている。
>
> 　認定の前提として，野生生物学会は大学における野生動物の生物学や管理学，植物学，生態学，統計学等の履修を求めている。さらに，コミュニケーション能力や政策・法律に関する科目の受講も必要とされる。Study.com では，ボランティアやインターンシップへの参加を推奨している。
>
> 　大学において，上述の野生動物関連の教育を受けた者に対し，准野生生物学者の認定が提供される。認定の期間は 10 年間であり，原則として更新することはできない。
>
> 　認定野生動物学者になるためには，この 10 年の間に州や連邦政府の野生動物関連機関等で 5 年以上の実務経験を積む必要がある。なお，修士の学位取得は 1 年，博士の学位取得は 2 年の経験としてカウントされる。認定野生動物学者の資格維持には，5 年ごとの更新が必要とされる。
>
> （https://wildlife.org/learn/professional-development-certification/certification-programs；2020 年 10 月 17 日確認）
> （https://study.com/articles/How_to_Become_a_Certified_Wildlife_Biologist.html；2020 年 10 月 17 日確認）

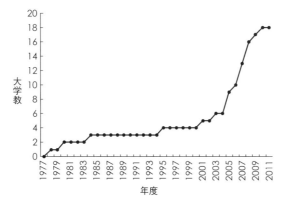

図 13.5　日本で野生動物学専門講座を開設した大学数（羽山 2015 より）

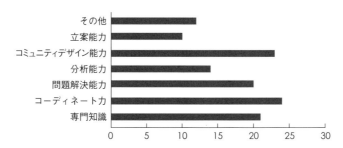

図 13.6　行政職員が高等教育機関での人材育成に求めている教育内容
（出典：http://www.scj.go.jp/ja/info/kohyo/pdf/kohyo-24-k280.pdf）

育を行っている大学や専修学校も極めて限られている。そのため，現行の教育体制には次のような懸念が指摘されている（鈴木 2016）。

・在籍教員の専門性を反映した授業の提供に留まる可能性がある。

・野生動物管理に必要とされる分野横断的・文理融合的な知識や技術が困難となり，現場から求められている教育内容（図 13.6）との間にギャップを生じる恐れがある。

　見学や実習の場が限られることになれば，野生動物の生息状況や人間社会との関係性等における多様性を実感する機会が少なくなることも危惧される。

> 🖙**アドバイス**　野生動物管理の現場では，意見調整や合意形成，普及・啓発などの業務を欠くことはできません。そのため，コーディネート力やコミュニティーデザイン能力，コミュニケーション能力などを習得する必要がある。

　このような現状を踏まえ，各大学の教員は個人の専門性等に過度にとらわれることなく，現場のニーズを意識した教育を行う必要がある。理想的な野外実習の場を，複数の大学で共有する体制も効果的と考えられる。また，医学や獣医学等の先行例を参考に，**モデル・コア・カリキュラム**（注）を策定しておけば，各教育機関で教育プログラムを構築する際の参考になるものと思われる。

> **注**：当該分野の大学教育において，すべての学生が修得すべき基本的な教育内容。医学では「各大学が策定するカリキュラムのうち，全大学で共通して取り組むべきコアの部分を抽出し，モデルとして体系的に整理したもの（一部改変）」，獣医学では「大学卒業時までに身につける必要不可欠な知識を精選した教育内容のガイドライン」と表現されている。

米国において，野生生物学会（The Wildlife Society : TWS）が提供している野生動物管理に関わる認定を 2 つ挙げなさい。

　　回　答　准野生動物学者ならびに認定野生動物学者。

13.2.3　教育を受ける学生に求められる姿勢

　前述のとおり，日本では野生動物に関する教育体制は整っておらず，たとえ教育を受けた者であっても就職先が確保されているわけではない。この状況の中，野生動物管理従事者を目指す学生においては，米国における准野生動物学者や認定野生動物学者に求められる科目（コラム「米国における野生動物生物学者の認定制度」を参照）を意識的に履修しておくことが望ましい。就職や進学，留学等の際に，必要な知識・技術を修得していることを証明するためである。なお，これらの科目は，准野生動物学者等の認定申請書にも明記されている（https://wildlife.org/wp-content/uploads/2020/01/AWB-Certification-January-2020_Restricted.pdf；2020 年 10 月 17 日確認）。

　加えて，所属する学部や学科，コース等にとらわれることなく，一般教養科目として提供される人文科学系の授業などを通じ，知識や興味の範囲を可能な限り拡げておくことが望ましい。教育現場での導入が進められている汎用的技能（注）の涵養を念頭に置く授業を活用することも効果的である。

　自然環境や野生動物に関連する講演会やインターンシップ等に積極的に参加し，最新の情報ならびに現場感覚を修得しておくことも推奨される。

　　注：中央教育審議会の答申では，「知的活動でも職業生活や社会生活でも必要な技能」として，コミュニケーション・スキル，数量的スキル，情報リテラシー，論理的思考力，問題解決力が挙げられている（https://www.mext.go.jp/component/b_menu/shingi/toushin/__icsFiles/afieldfile/2008/12/26/1217067_001.pdf）。

　　☞アドバイス　　これからの野生動物管理のあり方を考える上でのヒントは，各国の歴史や文化の中にも見出すことができる。3 章や 4 章は，そんな認識にもとづき読み進めると良い。

┌─ 演　習 ───
有害鳥獣捕獲の現場において，専門的知識を有する職員が地方自治体に配置されていないことが原因と考えられる弊害を説明しなさい。

　　回　答　捕獲を被害発生場所に限定するようなルールをもたない，幼獣のみならず成獣も捕獲する工夫をしていない，安全かつ適法な捕獲を徹底するための講習を実施しないなど，適切な監理監督や指導を欠く捕獲従事者任せの体制で有害鳥獣捕獲が行われる。

コラム　人文科学の文献から学びとれること

　下記は，歴史学や民俗学の書物からの抜粋である。いずれも「日本人は農耕民族」という平板な理解を覆し，農耕民族ゆえに野生動物と対峙してきた日本人像が浮き彫りにされている。

- 鉄砲が一六世紀に武器として画期的な役割を演じたことはいうまでもないが，戦乱の時代が終息をみたことで，鉄砲が放棄されたわけではなく，一七世紀を通じて，鉄砲は，鳥獣防除の省力化に大きく貢献する道具として，農山村に普及していった。(塚本 1993)
- やがて，列島の人口が減少し，山間集落が廃村化していく流れの中で，野生鳥獣を押し上げていたディフェンスラインの均衡が崩れ，同時に狩猟の技術伝承も絶えていくことになるだろう。技術を失ったとき私たちはどのように野生鳥獣を管理し，関係を保っていけばよいのだろうか。そのような意味で，野生鳥獣と人間社会が繰り返してきた闘争，列島の開拓史を狩猟という視点から紐解いてみることは，列島における狩猟の存在のリアリティーを考えるうえで重要な意味をもつに違いない。(田口 2000)
- 鉄砲は獣害を防ぐための道具の一つではなく，むしろそれがなければ防ぐことができない，それほど百姓にとって，なくてはならない"農具"なのであった。しかも，発砲して捕獲した猪や鹿は食肉となり，あるいは保存食となったので，獣肉は百姓にとってのタンパク源として大切な食料になった。(武井 2010)
- 東北地方もふくめて猪の最盛期であった安藤昌益在世期の江戸時代において，「農作の敵」とされた猪を退治することは，「敵味方」両者のまさに死活を懸けた一大戦闘であった。(いいだ 1996)

　現代の日本人も，かつての日本人と同じ気候風土の中で暮らしている。そして，今後の人口縮小にともない，野生動物と人との軋轢は当時以上に深刻化・複雑化していくことは想像に難くない。これらの記述は，日本における野生動物管理体制ならびに野生動物管理従事者の必要性と重要性とを，歴史的な論拠にもとづき実感させてくれる。

　経済の発展とともに農業や農村の様相は大きく変化してきたが，イノシシやシカの生態は，今も昔も大きく変化していない（9章参照）ことにも留意しなければならない。

14. 野生動物の個体数推定と動態予測

　　シカやイノシシの被害拡大の防止のために捕獲が強化され，絶滅危惧種の保全のためには捕獲が制限されるなど，野生動物の個体数の管理に向けてさまざまな対策が進められている。個体数は減少傾向なのか増加傾向なのか，どの程度捕獲を強化あるいは制限すべきなのか，現状の対策で適切に個体数が管理できているのか，などの問いに答えるには，対象となる野生動物の個体群の現状を把握し，その将来を予測することが重要である。本章では個体数推定の基本原理と個体数推定のためのモニタリングの方法を紹介し，個体数の動態予測に基づく個体群管理の考え方を示す。

14.1　個体数の推定

14.1.1　個体数推定の基本的な考え方

　ある地域に生息する野生動物の生息数を把握するための最も単純な方法は，すべての個体を数え上げる**センサス調査**である。しかしながら，地形が急峻な日本の森林地帯において動物の数を見落としなく数え上げるのは，たとえ数ヘクタールの限られた範囲であっても困難であるというよりは不可能に近い。そのため，野生動物管理においては，正確な個体数を数え上げることよりも，その一部の個体数の把握（**サンプリング**）から全体の個体数を推定する方法がとられる。

　一部の個体を把握して全体を推定するには，その個体が観察される確率を知る必要がある。ここでいう観察は，目撃だけでなく，カメラによる撮影や，わなによる捕獲のすべてをさす。本章では，これらをまとめて検出とよび，1個体あたりの検出される確率を**検出率**とよぶことにする。

　たとえば，ある調査で10個体が検出できたとして，この調査における検出率が10%であることが経験的にわかっているとしよう。生息個体数に検出率をかけたものが検出数であることから，この地域の生息個体数はおよそ100と推定することができる。ここでもし，10個体の検出が，検出率20%となる調査による結果であれば，推定個体数は50となる。この例で示されるように，個体数の推定は検出率に依存する。

　検出率と推定個体数の関係は，推定個体数を $\hat{N}$，推定検出率を $\hat{p}$，検出個体数を C とおくと，次の式で表すことができる。

$$\hat{N} = C/\hat{p} \tag{14.1}$$

この基本的な関係は，次節以降で紹介する推定手法に共通する。

　サンプリングに基づき推定された個体数が，どの程度正確なのかを表す指標として，**偏り**（bias）と**精度**（precision）がある（江成 2015）。偏りは，真の個体数と得られた推定値の期待値のずれを表し，精度は推定値が期待値からどの程度ばらつくかを表す。より正確な

推定値を得るには，検出数 C に誤報告が含まれないようにするのは当然だが，検出率 p についても不確実性が小さくなるような調査を行う必要がある。調査者や調査ルートのとり方によって検出率に偏りやばらつきが生じると，得られる推定結果の信頼性も低いものとなる。

　本節では，代表的な個体数の推定法について，その概要と基本的な考え方を紹介するにとどめるが，野生動物の個体数推定モデルについてより網羅的に知りたい場合は，Iijima（2020）による総説が参考になる。

14.1.2　個体を区別しない推定：区画法と距離標本法

　区画法（Block count）は，設定された調査区画内に生息する動物をすべて数え上げることで動物の生息数を把握する方法である。すなわち，調査区画内の検出率が 1 になるようにする方法である。調査員あたりの調査を担当する区画の面積は動物の見落としがないように十分に小さく設定する。ニホンカモシカ *Capricornis crispus* の区画法調査において，区画の調査面積と面積あたりの検出数の関係を調べた例では，見通しの良い条件では $0.1\,\mathrm{km}^2$ 以下の区画面積で十分な検出率が得られるが，植生が多く見通しの悪い調査地では $0.05\,\mathrm{km}^2$ 以下の区画面積に設定すべきであるという結果が得られている（Maruyama and Nakama 1983）。

　基本的な調査方法は，以下の通りである。1 つの調査地には面積および地形に応じて複数の区画が設定され，1 調査地のすべての区画は同時に調査が行われる。区画内では見落としがないように，隣接区画との境界まで，くまなく調査が行われる必要がある。動物を発見した場合，個体数を記録するとともに，個体の群れ構成や逃走方向を，無線機にて隣接区画の調査員に伝えることで，可能な限り個体の重複カウントを避ける。見落としや重複カウントがないとすると，調査地内の検出率が 1 となるので，式（14.1）は

$$\hat{N} = C/1 \qquad\qquad (14.2)$$

となり，検出数がそのまま調査地の個体数と一致する。調査が行われた地域における推定生息密度 $\hat{D}$ は，調査面積 a で割った値，すなわち C/a として算出できる。式（14.2）では調査地の個体数を推定できるが，調査地そのものよりも調査地を含む生息地全体の個体数を推定したい場合も多いだろう。生息地全体から調査地の面積に比例して個体がサンプリングされていると仮定できれば，生息地面積（A とする）に対する調査地面積（a とする）の比率を，生息地全体の個体数に対する調査地での個体の検出率と置き換えることができる。すなわち，生息地全体の個体数 $\hat{N}$ と調査地における検出個体数 C の関係は，生息地面積 A に対する調査地面積 a の比率から，以下の式で表される。

$$\hat{N} = C/(a/A) \qquad\qquad (14.3)$$

これは，調査地内の推定密度 C/a に生息地面積 A をかけたものと一致する。生息地内での密度に**異質性**がある場合，限られた調査地での推定密度を生息地全体の密度と同程度とみなすことはできないため，推定には**不確実性**を伴う。区画法による推定に限った話ではないが，限られた調査地から広域での生息数を推定することには注意が必要である。

　地中や樹上に身を隠す動物や，調査員の検知範囲外に逃避するような場合は，調査区画内での検出率が 1 である仮定が満たされず，推定個体数は過小評価となる。ポーランドの狩猟圧の高い地域で，ノロジカ *Capreolus capreolus* の個体数を区画法により調査した事例では，個体の逃避による見落としが示唆されている（Koganezawa et al. 1995）。見落としを減らすためには，逃避個体をカウントするための調査員を調査区画の外縁に配置するな

どの必要性がある（Koganezawa et al. 1995）。

　距離標本法（Distance sampling）は，区画法で $p=1$ と仮定していた検出率が，定点あるいは，調査トランセクトからの距離に応じて低下することを仮定した推定手法である。十分に幅の狭いトランセクト（ライントランセクトを仮定する場合が多い）上に存在する動物は検出率がほぼ 1 になると仮定できるが，トランセクトからの距離が離れた位置の動物については 1 よりも低くなることが想定される。検出が不可能（$p=0$）となる距離 w の範囲内における平均検出率から，トランセクトの両側 $2w$ の範囲における個体数が推定できる。

　調査は事前に設定されたトランセクトの両側に出現する個体が発見された位置（トランセクトからの距離）を記録する。調査は自動車，航空機，船で行われる場合もある。エゾシカの密度推定に適用した事例（Uno et al. 2017）では，夜間にスポットライトを用いて調査を行い，シカの性別，齢クラス（成獣または幼獣），群れサイズを記録するとともに，別の調査者が発見時のシカまでの距離とその方向の調査ルートとの角度を記録した。

　推定の前提としては，①動物はトランセクト（あるいは定点）とは独立に分布する，②トランセクト（あるいは定点）上の動物は，$p=1$ で検出される，③検出された動物はトランセクトからの距離が正確に測定される，④動物は最初に存在した場所で検出される必要がある（Buckland et al. 2019）。4 番目の前提について実用上は，調査者の移動速度に対して動物の平均的な移動速度が遅ければ問題なく，動物が調査者に反応して移動した場合には，移動する前の場所を記録する必要がある。トランセクトからの距離依存の検出率の減衰については，モデルを当てはめることで，トランセクトの両側の検出可能な範囲内における距離依存の検出率を推定できる。検出率の減衰については複数の関数（一様分布，半正規分布，ハザード比など）を当てはめ，観測データへの当てはまりが最も良いものを採用する。

　距離標本法の解析にはプログラム Distance（Thomas et al. 2010）やフリーの統計解析ソフトウェア R のパッケージ Distance（Miller et al. 2019）などが利用できる。また，R のパッケージ unmarked（Fiske and Chandler 2011）は，距離標本法や後述の除去法を含む，個体識別を行わないさまざまな方法に基づく個体数推定に広く適用可能である。

> 🖝アドバイス　Kéry and Royle（2015）による解説書（日本語訳あり）では，繰り返し観測から検出率を推定する N 混合モデル（Royle 2004）など，本章では扱っていない手法を含めて unmarked を用いた具体的なデータ分析の手法がまとめられており，参考になる。

14.1.3　個体の捕獲に基づく推定：除去法

　除去法（Removal sampling）はある範囲内において，連続的な個体の除去（捕獲）を行うことで，もともと生息していた個体数を推定する方法である。資源利用や駆除の対象となっている動物に対して，捕獲事業を実施しながらデータを収集することによって，推定を行うことができる。除去法においては，捕獲が検出の役割を果たし，その検出率（すなわち捕獲効率）は一定であると仮定する。捕獲後の個体を除去する場合，個体の識別は必要としない。

　捕獲数は，個体数，検出率に加えて，**捕獲努力量**に依存する。捕獲努力量とは，わなによる捕獲を行う際のわなの数やその稼働日数，銃猟を行う際の面積あたりの出猟人数を指す。期間ごとの捕獲努力量が変化しない場合，捕獲期間ごとの捕獲数から推定を行うことができる。最も単純な例として，$T=2$ 回の連続的捕獲における，期間ごとの捕獲数を y_1

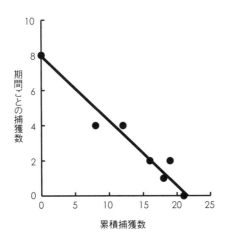

図14.1　除去法に基づく個体数推定
　累積の捕獲数の増加に伴う，期間ごとの捕獲数の減少から推定を行う。

および y_2 $(y_1 > y_2)$，捕獲率（検出率）を p，捕獲前の推定個体数 $\hat{N}$ とおくと，2回の捕獲は以下の式で表される。

$$\hat{N} = y_1/p, \qquad \hat{N} - y_1 = y_2/p$$

ここから捕獲前の推定個体数 $\hat{N}$ は

$$\hat{N} = y_1^2/(y_1 - y_2) \qquad (14.4)$$

と求めることができる。より正確な推定値を得るには，2回だけでなく多くの連続した捕獲データを用いる。期間ごとの捕獲数 y_i と累積捕獲数（$y_1 + y_2 + \cdots + y_{i-1}$）の関係を図で示すと図 14.1 のようになる。累積捕獲数に応じて捕獲数が減少する関係が表され，最終的に捕獲数が 0 になると想定される累積捕獲数が，捕獲前の個体数の推定値である。これは期間ごとの捕獲数を目的変数，累積捕獲数を説明変数として回帰を行った際の X 切片の値に相当する。捕獲努力量が期間ごとに変化する場合は，図 14.1 の捕獲数を，努力量あたりの捕獲数（CPUE）に置き換えて推定することができる。

　推定の前提としては，①個体群が**閉鎖系**であること，②捕獲個体の放逐などによる個体の重複カウントがない必要がある。前者は，捕獲以外の要因による個体数の増減（たとえば，出生や移出入）はないことを意味している。捕獲を行っても，移入や繁殖によって新規の個体が供給される場合，捕獲数が累積捕獲数に応じて下がらず，極端な場合は推定個体数が無限大に発散する。十分に個体群の閉鎖性の仮定が満たされているような，短期間に集中的な捕獲データを用いることが望ましい。また，除去法で推定される個体数は捕獲されうる範囲に生息する個体数である。島などの空間的な境界が明確な範囲において面的な捕獲が行われる場合は解釈しやすいが，林道沿いに設置されたわなによる捕獲データから推定される個体数が，どの範囲の個体数を指すかについて，明確に定義することは困難であり，密度への換算も難しい。

　国内のアライグマの捕獲事業において，除去法を用いた推定事例が報告されている。浅田（2014）による，千葉県でのアライグマの個体数推定では，約 35 km^2 の範囲に 100 台の箱わなを設置し，6〜9 月までの 101 日間の捕獲記録を推定に用いている。捕獲率の時間変化を考慮したモデルでの結果から，メス成獣および幼獣については，捕獲当初生息していた個体の 7 割以上を除去できたと推定されたが，オス成獣については，累積捕獲数に対

する努力量あたりの捕獲数の低下が見られず，新規個体の移入等の要因により個体数が減少しなかったと推測された（浅田 2014）。

14.1.4 個体の標識に基づく推定：捕獲－再捕獲法

　個体の識別が可能な場合の個体数推定の手法としては，捕獲－再捕獲法が広く使われている。この手法では検出率は，一度捕獲された個体のうち，再捕獲される個体の割合（＝再捕獲率）から算出する。捕獲された個体が，初めての捕獲か再捕獲かを区別する必要があるので，この手法では**個体識別**が必要となる。外見から個体の識別が難しい動物では，捕獲時に装着した耳標やマイクロチップといった標識によって区別されることが多い。そのため，捕獲－再捕獲法は**標識－再捕獲法**ともよばれる。個体を識別する捕獲－再捕獲データは個体数の推定だけでなく，生存率や地域間の移出入率の推定にも用いられる。

　捕獲－再捕獲法による個体数推定を行うには，少なくとも 2 回の調査を行うことが必要になる。ここでは **Lincoln - Petersen 法**とよばれる，2 回の調査データから推定を行う場合を考えてみよう。最初の捕獲調査で n_1 個体が捕獲されたとする。捕獲個体は個体識別され，直ちに再び集団中に戻される。2 回目の捕獲調査での捕獲数を n_2，そのうち以前の調査回での捕獲履歴のあった再捕獲数を m_2 とおくと，全体の推定個体数 $\hat{N}$ は，

$$\hat{N} = n_2 / (m_2 / n_1) \tag{14.5}$$

と表すことができる。ちょうど式（14.1）の推定検出率が $\hat{p}$ 再捕獲率 m_2/n_1 に置き換わった形となっている。再捕獲率 m_2/n_1 が小さい場合には，Chapman による推定量 $\hat{N} = (n_1 + 1)(n_2+1)/(m_2+1) - 1$ が用いられることもある。

　推定の前提としては，①個体群が閉鎖系であること，②標識の脱落，見落とし，誤検出がないこと，③個体群からのランダムサンプリングになっている必要がある。これらが満たされない場合，再捕獲率 m_2/n_1 は個体群全体からの検出率 p と一致しない。たとえばランダムサンプリングの仮定が満たされない状況として，一度捕獲された個体がわなの餌を学習して捕獲されやすくなっている場合（トラップハッピーという）が考えられる。このとき，2 度目の捕獲は，一度捕獲された個体に偏ったサンプリングとなるため，再捕獲率をそのまま全体の検出率とみなすことは，生息数の過小推定（検出率の過大推定）につながる。推定の前提が満たされない場合，式（14.5）に示したような単純な推定を用いることはできないが，開放系の個体群に適用可能な手法（たとえば Jolly - Seber 法）や捕獲率に個体差を考慮したモデル（Dorazio and Royle 2003）を用いて推定できる。また，動物の行動圏とトラップの位置関係から検出率が変化することを仮定した，空間明示型捕獲－再捕獲モデル（Efford et al. 2009）については，R のパッケージ secr や SPACECAP が利用できる。

　捕獲－再捕獲データは個体数推定や個体群パラメータ（生存率など）の推定に広く用いられ，上記以外にもさまざまなモデルが開発されている。個体ごとの捕獲－再捕獲履歴のデータから，**最尤法**に基づき個体数推定や生存率の推定を行うには，プログラム **MARK**（White and Burnham 1999）や R のパッケージ openCR などが利用できる。

　　　☞アドバイス　　捕獲－再捕獲データの分析に限ったことではないが，**ベイズ推定**による解析を行う場合，OpenBUGS（Spiegelhalter et al. 2014），JAGS（Plummer 2017）といったソフトウェアは，BUGS 言語による柔軟なモデリングが可能であり，野生動物管理の分野でも広く利用されている。BUGS 言語を用いた捕獲－再捕獲データの分析に興味のある方は，Kéry and Schaub（2011）の訳書も出版されており，参考になる。

ツキノワグマにおいて捕獲－再捕獲法に基づいた個体数推定を実施している例が知られている。兵庫県をはじめとする西日本地域では，シカ・イノシシのわなに錯誤捕獲された個体を放獣する際に，**マイクロチップ**を装着することで，個体識別を行い，15年以上に渡り個体ごとの捕獲履歴の追跡が行われている（横山・高木 2018）。直接個体の捕獲を行わない場合でも，餌で誘引したクマの体毛を有刺鉄線で採取するヘアトラップを用いて，毛根部から抽出した DNA の塩基配列に基づく個体識別（Gardner et al. 2010）や，自動撮影カメラを用いて，胸部斑紋から個体の識別を行った例（Higashide et al. 2013）がある。

14.1.5 相対密度指標を用いた推定

ここまでに紹介した発見数や捕獲数などの検出数からは，検出率を明らかにすることで，個体数の推定が可能である。一方，検出率が直接推定できない場合でも，検出率が一定であるという仮定をおければ，個体数の時空間的な変化を推定することができる。たとえば2つの時期における個体数（N_1, N_2）の変化率は，

$$N_2/N_1 = (C_2/p)/(C_1/p) = C_2/C_1 \tag{14.6}$$

として，検出数（および検出率）の比で表すことができる。すなわち，検出数の経年的な変化から，個体数（密度）の変化率を推定できる。同様に，時間的な変化だけでなく，空間的な密度の濃淡も把握可能である。このような指標は**相対密度指標**とよばれ，野生動物の個体群のモニタリングによく用いられる。繰り返しになるが，密度変化の指標として用いることができるのは，検出率が一定という仮定が満たされる場合のみである。たとえば，捕獲数は個体数が多いほど多くなるような関係がみられる可能性はあるが，努力量によって検出率が変化するので，捕獲数の増減のみから個体数の変化を推定することはできない。

相対密度指標としては，個体密度と一定の関係性が想定されるものであれば，直接の検出を伴わない，間接的な指標（痕跡密度など）でも構わない。相対密度指標と，区画法など別の手法で推定した生息密度との間の関係が把握できれば，密度指標から生息密度を推定することも可能である。

ニホンジカの相対密度指標として，全国的に**糞塊法**に基づく調査が実施されている（濱崎ほか 2007）。一般的な糞塊法の調査は，森林内の踏査ルート（作業効率性から尾根上に設定されることが多い）を一定の速度で歩きながら，ルートの左右1m（幅2m）の範囲に出現した糞塊数をカウントすることで行われる。糞粒の新鮮さ，形状，サイズから独立の糞塊を判断する。広域的に相対密度を把握する手法である。似たような調査に**糞粒法**があり，これは糞塊数を糞粒数に置き換えたものである。糞の分解速度は季節で異なることが想定されるため，毎年同じ時期に調査を行う必要がある。濱崎ほか（2007）は，兵庫県および京都府で調査された糞塊密度と区画法の推定密度の関係を明らかにした。2つの地域で，糞塊密度と区画法の推定密度との関係は異なり，秋に調査が実施される兵庫県では推定密度に比して糞塊数が少なかったのに対して，春に実施される京都府では糞塊数が多い傾向が見られた（濱崎ほか 2007）。したがって，他地域や異なる年度の密度指標の利用には留意が必要である。一方，地域や年度による，糞の分解速度の違いを考慮できる方法としては，屋久島における個体密度推定にも用いられた，糞塊除去法がある（Koda et al. 2011）。これは，一度目の調査で区画内の糞塊を除去した後に，2回目の調査で同一区画内の新たな糞塊を数えることで，調査期間内に供給された糞塊密度を調べるものである。1地点につき2回の調査が必要なことや糞の除去作業が必要など，調査コストはかかるが，分解速度に関する不確実性を除去することができる。また，個体の1日あたりの排糞率を

推定できれば，個体密度の推定も可能である（Koda et al. 2011）。

例 題

ある県では毎年ツキノワグマの出没情報件数，捕獲数，捕獲個体の標識情報の収集を行っている。このうち，個体数の推定において最も重要な情報はどれか。また，その情報から個体数推定を行う場合，どのように検出率を推定するか。

　回 答　捕獲個体の標識情報が最も重要であり，捕獲−再捕獲法による個体数推定が可能である。検出率は，標識個体の再捕獲率（すでに標識された個体のうちその年捕獲された個体の割合）から求めることができる。出没件数や捕獲数は，ドングリの豊凶など森林内の資源量の変動の影響を受け，検出率が年変動するため，個体数を反映するとは限らない。

14.2　個体数推定のためのモニタリング

14.2.1　モニタリング単位の設定

　個体数の経年的な動向を把握するためには，継続的なデータの収集によるモニタリング調査が必要である。特定鳥獣保護管理計画において，モニタリング調査で得られる情報は，計画の策定や見直しの際の根拠となる。モニタリングは，その目的を明確にしたうえで，適切なスケールにおいて，目的達成に必要な質・量のデータを収集できるように計画する必要がある。

　モニタリングの空間的単位としては，個体の移動や遺伝的交流が生じる個体群（あるいは，より詳細スケールの地域個体群）の利用する空間が基本的な単位となる。一つの都道府県の中に複数の（地域）個体群が含まれる場合，個体群ごとのモニタリングが実施される必要がある。また，個体群が複数の都道府県にまたがる場合には，同一の個体群に対するモニタリング情報は，統一した手法で収集し，共有される必要がある。クマ類のモニタリング単位については，地域個体群を基準として，ヒグマでは5つの保護管理ユニット，本州以南のツキノワグマについては，18の保護管理ユニットが対象とされている（環境省2017）。時間的単位としては，シカやイノシシといった年1回の繁殖を基本とする動物の場合，年（あるいは年度）単位でデータの収集が行われる。ただし季節移動を行う個体群などで，年内での個体数の変動を把握するためには季節ごとのモニタリングを行う必要がある。

　モニタリングで取得するデータは，個体群で一つにまとめた集計値や平均値では不十分であることに留意する必要がある。個体群の中に生息密度や捕獲状況の明らかな不均一性が認められる場合には，それを把握可能な解像度でのモニタリングが必要である。つまり，管理計画上は個体群を単位として統計値の集計や動向把握を行うとしても，根拠となるデータは，**3次メッシュ**（約1 km四方）や**5倍標準メッシュ**（約5 km四方）など，細かい解像度で収集し，詳細な分析が可能なだけの情報を保存・管理されるべきである。兵庫県のシカ管理計画では，瀬戸内海で隔てられた本州部と淡路島を2つの地域個体群として扱っているが，個体数の経年分析は，より細かい市町やメッシュ単位で収集されたモニタリングデータをもとに実施されている（高木 2019）。

　近年，カメラの低価格化や高機能化により，野生動物の生息状況調査に自動撮影カメラが用いられる例が多くなってきた。**自動撮影カメラ**は，あらかじめ設定した時間または，センサーで動物を検知したタイミングで，静止画または動画を記録する。

　自動撮影カメラの情報から，密度推定を行う手法としては，撮影頻度（カメラの稼働日数あたりの撮影回数）をもとに相対密度を得ることが一般的だが，個体識別をもとに捕獲–再捕獲法の枠組みで推定を行う方法や，撮影頻度と移動速度（または時間あたりの移動距離）の関係から生息密度を推定する方法も試行されている。Random Encounter Model（**REM**）は，一定の移動速度で動物がランダムに動いているときにカメラの検知範囲内に入る確率をモデル化し，撮影頻度，移動速度，カメラの検知範囲から生息密度を推定する方法である（Rowcliffe et al. 2008）。個体識別を必要としないことから，画像から個体の識別が困難な動物にも適用可能である。REM では，動物の移動速度については，テレメトリー調査などで別途収集することを想定しているが，自動撮影カメラの動画情報から移動速度に代わる情報（滞在時間）を抽出し，密度推定を行う手法として，Random Encounter and Staying Time Model（**REST**）が近年開発された（Nakashima et al. 2018）。REM あるいは REST は，ヨーロッパにおいて，シカやイノシシの個体数推定に有効な手法として認識されており（ENETWILD Consortium et al. 2018; 2020），今後日本においても普及が進むと考えられる。

　自動撮影カメラの撮影記録を REM や REST に適用する，あるいは撮影頻度を密度指標として用いる際には，カメラは動物の分布に対してランダムに設置され，カメラごとの検知範囲はできるだけ統一することが望ましい。筆者らは REST による密度推定を目的として自動撮影カメラの調査を行う際には，GIS 上で踏査ルートからバッファを発生させ，その中でランダムにカメラの設置候補地点を決めている。ランダムに選択した点がたまたま獣道の付近に落ちることもあるが，意図的に獣道を避ける，もしくは獣道に向けるような設置は行わない。また，REST では撮影範囲を厳密に定義する必要があるため，カメラの設置時には，巻き尺と杭で正三角形の撮影範囲を定義し，これが画角の中心に収まるように，動画を確認しながらカメラの高さと角度を調整する。動画解析の際には，設置時に撮影した正三角形の撮影範囲を画面上でトレースし，この範囲内に侵入したもののみを有効な撮影とし，撮影頻度や滞在時間の解析に用いる。また，推定の際の REM や REST の前提としては，カメラに撮影されうる活動時間割合が定義できる必要がある。活動時間割合は，すべての個体が活動する時間帯が存在していれば，時刻ごとの撮影頻度から推定することが可能だが，個体ごとの活動時間の同調性が低い場合には，活動時間割合が過大に推定されてしまう（密度が過小に推定されてしまう）点は注意が必要である。

　なお，自動撮影カメラを用いた REST による密度推定手法については，環境研究総合推進費「異質環境下におけるシカ・イノシシの個体数推定モデルと持続可能な管理システムの開発」の成果報告書が参考になる（https://sites.google.com/view/hyogowildlife/suishin2017）。

07-09-2020　22:35:18

図 14.2　REST による個体数推定のための動画解析
カメラの設置時に一時的に立てた杭を基準にして画面上で有効撮影範囲（三角形）を定義し，有効撮影範囲内に動物が進入するかどうかを確認する。滞在時間は，基準点（後ろ足など）を定め，有効撮影範囲内に入ってから出るまでの時間を計測する。

14.2.2 密度指標のモニタリング

　個体数の動向を明らかにするには，14.1 節に示したような手法に基づく個体数推定を経年的に実施することが必要となる。しかしながら，区画法などの調査を毎年多地点で実施するのは，限られた予算内で対策とモニタリングを行わなければならない現状では，調査労力の点から現実的ではない場合もある。そのような場合，毎年のモニタリングは比較的労力のかからない相対密度指標の収集とし，必要に応じて（たとえば計画改訂のタイミングにあわせて），個体数推定に必要な調査を実施するような，柔軟なモニタリング計画が考えられる。

　シカやイノシシにおいて，簡便なモニタリングに利用される相対密度指標の主なものとして，捕獲に付随する密度指標情報が挙げられる。たとえば，いくつかの都道府県で導入されている出猟カレンダーは，シカ，イノシシを対象とした，猟期の出猟状況や，わなの稼働状況を，日ごと，場所ごとの捕獲数とともに報告するフォーマットとなっており，毎年の狩猟登録者を対象に調査が行われている（図 14.3）。これらのデータは一括で集計され，努力量あたりの目撃頭数（SPUE）や努力量あたりの捕獲数（CPUE）として，シカの相対密度の経年変化や地域的な傾向の把握に利用されている。SPUE と CPUE はそれぞれ目撃効率，捕獲効率とよばれることもある。努力量は，銃猟の場合出猟人日数，わな猟の場合は設置台数に稼働日数をかけあわせたものになる。努力量には，捕獲されなかった場合の出猟やわなの設置も含まれる。SPUE や CPUE は，比較的収集が容易であるというメリットはあるものの，密度との関係を明確に示した事例は多くない。積雪などの環境要因や

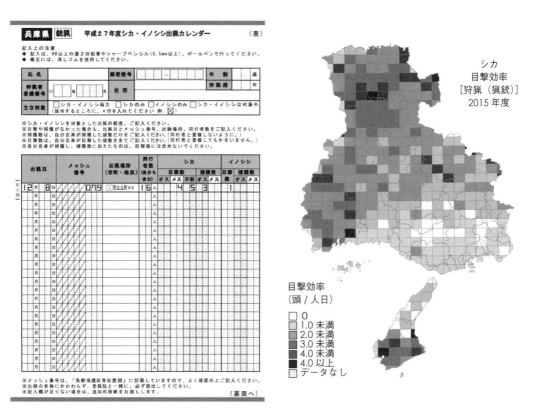

図 14.3　兵庫県において収集されている出猟カレンダーの調査票（左）とそこから算出された，
5 km メッシュあたりの努力量あたりの目撃頭数（目撃効率，SPUE に同じ）の地図

捕獲制限などの社会要因の影響を受けることが指摘されており（濱崎ほか 2007, Uno et al. 2006），SPUE や CPUE の単年での変動が，密度の変動を常に反映しているとは限らない点に留意が必要である。兵庫県では狩猟期のシカの SPUE が積雪の多い年に高くなる傾向が見られたため，積雪の影響の少ない 11〜12 月期の SPUE を個体数推定に用いる密度指標として採用している（高木 2019）。

また単独の指標を用いるよりも，複数の独立に収集された密度指標から，各指標の共通する変動パターンを分析し，増減の傾向を判断することが望ましい。Uno et al.（2006）は北海道東部地域で収集された，エゾシカの 5 つの密度指標（ライトセンサス，航空機センサス，CPUE，SPUE，農林業被害額）の比較から，ライトセンサスが密度の変動を最もよく指標していると考えられた一方，過小評価の年も見られたため複数の指標での動向把握の必要性を指摘している。

14.2.3 捕獲情報のモニタリング

捕獲が個体数の動態に与える影響を評価する上では，捕獲情報のモニタリングが必要となる。個体数推定の観点から，収集すべき情報は捕獲された場所，日付に加えて，捕獲個体の雌雄，齢クラス（幼獣，成獣）などの基本情報である。ツキノワグマなど捕獲–再捕獲法に基づく推定が行われている場合には，捕獲個体の標識情報を，必ず収集する必要がある。標識の有無が不明な捕獲データは推定に使えないどころか，仮に標識のある捕獲データを誤って標識なしとして扱ってしまった場合，個体数の推定結果にバイアスをもたらす。

捕獲情報の収集にあたって重要なのは，情報の収集体制の構築である。有害鳥獣捕獲や外来生物法に基づく特定外来生物の捕獲は，市町村が定める被害防止計画や防除計画に基づいて実行され，捕獲情報の収集も市町村が窓口となって行う。一方，狩猟に基づく捕獲は，都道府県（あるいはその出先機関）が管轄となって収集する。これら異なる枠組みで実施される捕獲情報を統合管理する上では，収集される情報の質が揃っており，集計の過程でそれが失われたり損なわれたりしないことが条件となる。たとえば，市町村では捕獲者から捕獲位置情報の報告を受けているが，県では市町村ごとの捕獲数の集計値しか把握していない場合がある。県全体での個体数推定のために詳細な捕獲情報の分析を行おうとしても，県が保有し管理するデータでは不十分であり，分析のためには市町村からデータを再び収集する必要が生じる。市町村が過去の捕獲データを必ず保有しているとは限らない。環境省では，増大する捕獲情報の効率的な収集を目的として，捕獲情報収集システムを 2018 年度より運用している。このシステムが活用されることで，捕獲データの標準化や，一括管理が進展することが期待される。

14.3 個体群の動態

14.3.1 個体群の動態の基本理論

前節では個体数の現状と経年的な動向を把握するためのモニタリングについて説明した。ここでは，毎年の個体数の動向を理解する上で，ごく簡単な個体群の動態の基礎的な理論を説明する。ある個体群における個体の数が翌年どのように変化するかは，単純に考えると，1 年間に新たに生まれる数（出生数）と死ぬ数（死亡数）のバランスによって決定する。出生数を B，死亡数を D とおくと，ある年 t における個体数 N_t と翌年 $t+1$ の個体数 N_{t+1} の関係は，

$$N_{t+1}=N_t+B-D \tag{14.7}$$

で表される。もし，出生数や死亡数が一定であれば，この個体群は毎年 $B-D$ のペースで増え続けることとなる。

　野生動物の個体群動態を考える上で，個体群全体の出生数や死亡数を数え上げるのは，現実的とは言えない。その代わりに 1 個体あたりの出生数である出生率や死亡率を推定することが有効である。個体あたりの出生率を b，死亡率を d とおくと式 (14.7) は次の式で書き直すことができる。

$$N_{t+1}=N_t+bN_t-dN_t$$

これを少し変形すると，

$$N_{t+1}=(1+b-d)N_t \tag{14.8}$$

と表される。すなわち，この個体群は翌年 $(1+b-d)$ 倍に増加することとなる。$1-d$ は $1-$ 死亡率，すなわち生存率であり，生存率と出生率の足し合わせによって，この個体群の増加スピードが決定すると言い換えることもできる。この $(1+b-d)$ は，個体群の増減を表す重要なパラメータであり，これを**個体群成長率** λ として表す。すなわち式 (14.8) は，

$$N_{t+1}=\lambda N_t \tag{14.9}$$

として表すことができる。$\lambda=1$ のとき，この個体群は一定の個体数で維持され，$\lambda>1$ となった場合は個体数が増加し，$\lambda<1$ となった場合は個体数が減少する。個体群成長率 λ はもちろん生物の種類によって異なるが，環境によっても変化する。もともと出生率が高い動物が，死亡率の少ない環境に進出した場合，λ は高い値となる。こうした動物の個体数を減らすには，λ を下げるような管理，すなわち出生率を下げるか死亡率を高める必要があり，避妊薬の投与による出生率の低下を図る特別な事例を除き，通常は捕獲によって死亡率を増加させる対策がとられる。

　式 (14.9) で示した個体群動態の基本的な式は，そのまま野外での生物の長期的な動態を予測するには単純なものではあるが，動態を理解するための基本である。仮に，観察を始めた年の動物の個体数を N_0 とおいて，t 年後の個体数を予測してみよう。式 (14.9) から，

$$N_t=\lambda N_{t-1}=\lambda(\lambda N_{t-2})=\cdots\lambda^t N_0 \tag{14.10}$$

となる。毎年一定の割合 (λ 倍) で個体数が増えていくので，個体数は毎年指数的に増えていくこととなる。たとえば，$\lambda=1.2$ の動物で初期個体数 $N_0=100$ 頭とすると，5 年目にはおよそ 250 頭，10 年目にはおよそ 620 頭まで増えることが簡単に計算できる (図 14.4)。

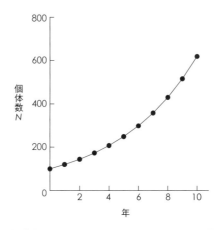

図 14.4　初期個体数 $N_0=100$ 頭，$\lambda=1.2$ のときの個体群の成長曲線

逆に考えると，毎年の個体数の増加パターンが，密度指標のモニタリングから把握できていれば，出生率や死亡率がわからなくとも，個体群成長率λを推定することが可能である。

14.3.2 齢構造のある個体群の動態

式 (14.9) では出生率や死亡率がすべての個体で一定であることを仮定しているが，野生動物の出生率や，死亡率は年齢に応じて変化するのが普通である。たとえば，兵庫県で調査されたニホンジカの妊娠率は，2歳以上の成獣では80%以上の高い値を示したのに対し，1歳での妊娠率は10%程度と低く，0歳での妊娠は確認されなかった（松金・横山 2018）。そこで，このような年齢に応じた生存率や妊娠率の違いを考慮した個体群動態モデルを考えてみたい。0歳，1歳，2歳以上の3ステージの齢構造をもつ動物における，毎年の生存，成長，繁殖を模式的に表したのが，図14.5である。

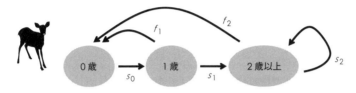

図14.5　年齢構造モデルの模式図

図14.5で，sは生存率，fは繁殖力（＝生存率×出生率）を示し，添字はそれぞれの齢を表している。シカのように一夫多妻性の繁殖様式をもつ動物の場合，個体数動態に重要なメスの個体のみで，モデルを構築する場合もある。この場合，fは生存率×出生率×出生個体のメス比率（多くの場合 0.5）で表される。時間tにおける各齢ステージの個体数を，$n_{0,t}, n_{1,t}, n_{2,t}$とおくと，時間$t+1$の個体数は，

$$n_{0,t+1} = n_{1,t} \times f_1 + n_2 \times f_2$$

$$n_{1,t+1} = n_{0,t} \times s_0$$

$$n_{2,t+1} = n_{1,t} \times s_1 + n_{2,t} \times s_2$$

と表現できる。これらはまとめて，行列の積の形でも表現することができる。

$$\begin{bmatrix} n_{0,t+1} \\ n_{1,t+1} \\ n_{2,t+1} \end{bmatrix} = \begin{bmatrix} 0 & f_1 & f_2 \\ s_0 & 0 & 0 \\ 0 & s_1 & s_2 \end{bmatrix} \begin{bmatrix} n_{0,t} \\ n_{1,t} \\ n_{2,t} \end{bmatrix}$$

時間tにおける齢別個体数を表すベクトルを，生存，繁殖を表す行列に掛けることで，時間$t+1$の齢別個体数が算出される。これは，

$$n_{t+1} = A\,n_t \tag{14.11}$$

と，齢構造のない式 (14.9) とよく似た形で表すことができる。式 (14.11) においてn_tは時間tにおける齢別個体数を表すベクトル，Aは齢別個体数の時間推移を表す行列であり，個体群推移行列（または Leslie 行列）とよばれる。この個体群推移行列Aの分析から，個体群動態に関する重要な特徴量を導出することができる。個体群成長率λは，推移行列Aの最大固有値として求めることができる。また，推移行列の要素（生存や繁殖）を変化させたときに，成長率がどの程度変化するかの分析（**弾性分析**や**感度分析**（Elasticity/Sensitivity Analysis）とよばれる）から，個体群成長に重要なパラメータを評価できる。

☞アドバイス　　個体数パラメータの計算は，Rのパッケージ popbio などで比較的簡単に行うことができる。先の例で，$s_0 = 0.7$，$s_1 = 0.9$，$s_2 = 0.9$，$f_1 = 0.35$，$f_2 = 0.45$ とおいて実際に計算を行ってみると，個体群成長率λは 1.158 という値が求まり，弾性分析においては s_2 の弾性が高いことがわかる。このことから，個体群の増加率を抑制するには s_2 すなわち成獣の生存率を下げる（捕獲により死亡率を上げる）ことが有効という結論が導かれる。

14.3.3　個体群の密度依存性

　これまでに示した例では，個体群は指数関数的に成長することになるが，通常，餌資源や生息空間が有限なため，必ず頭打ちになる。これを考慮するためには，式 (14.9) の個体群成長率λを，個体数が多くなるにつれて 1 に近づくような式で表す。個体数（密度）に応じた成長率の変化は，**密度効果**とよばれ，現実の個体群を観察すれば一般的にみられる現象でもある。密度効果を考慮した個体群成長モデルの代表的なものとして**ロジスティック成長モデル**（Ricker モデル）があり，次式で表される。

$$N_{t+1} = N_t \exp[r_0(1 - N_t/K)] \tag{14.12}$$

ここで r_0 は**内的自然増加率**とよばれ，$\exp(r_0)$ は密度の制約のない条件での最大個体群成長率に相当する。K は**環境収容力**とよばれ，個体数が K に近づくと，個体群成長率は $\exp(r_0)$ から $\exp(0) = 1$ にむかって減少していく。環境収容力を考慮したモデルは他に，Gomperz モデル $N_{t+1} = N_t \exp[a + b \log N_t]$ や Beverton-holt モデル $N_{t+1} = r N_t/(1 + a N_t)$ なども使われる。いずれも個体数が増える（個体密度が上がる）につれて，個体群成長率が減少する関係を表している。

　野生動物の密度効果が示唆される例として，兵庫県におけるニホンジカで，低〜中密度で生息していた 2004〜2006 年度の調査では，1 歳での妊娠率は 3 割程度であったのが，高密度化が進んだ 2007〜2010 年度の調査では，10％程度に低下したことが知られている（松金・横山 2018）。ただし，成獣の妊娠率では高密度化に伴う低下が見られなかったことから，密度効果が個体群成長に与えた影響はこの例では限定的であると考えられる。観測された個体群動態のパターンから密度効果を推定した例として，山梨県における密度効果と景観（ハビタットの異質性）の関係の分析事例がある（Iijima and Ueno 2016）。式

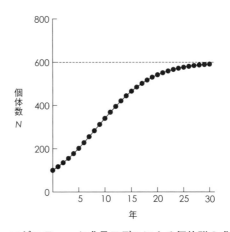

図 14.6　ロジスティック成長モデルによる個体群の成長曲線
初期個体数 $N_0 = 100$ 頭，$\exp(r_0) = 1.2$，$K = 600$。環境収容力 K に近づくにつれ，個体群成長率が減少し，頭打ちとなる。

（14.12）と同様の密度依存性のある個体群動態を仮定し，密度指標や区画法における観測から，個体群動態を推定した結果，5 km メッシュ内の落葉樹林および草地の割合が高いほど，環境収容力 K が大きく，密度効果が働きにくいことが推定されている（Iijima and Ueno 2016）。

14.4　個体群動態のシミュレーション

14.4.1　個体群動態の推定

　個体群動態の推定は，ここまでに紹介した，個体数の推定，モニタリングによる個体群の動向把握，個体群動態のモデル化に基づいて行われる。本節では，比較的研究事例の多い，ニホンジカの個体群動態の推定（たとえば Iijima et al. 2013）を念頭において記述するが，さまざまな動物の動態推定にも応用可能なごく単純で基本的なモデルを紹介する。

　シカやイノシシといった年に1度の繁殖が基本となる動物の各年の個体数の動態を表すモデルは，式（14.9）に示したような一定の増加率を仮定したモデルで表せる。捕獲がなければ無限に増え続けるのは，非現実的なようにも見えるが，短期間の動態を表現したい場合や，生息密度がそれほど高くな（密度効果が弱い）ければ，一定の増加率を想定しても実用上は問題ない。捕獲の効果（年 t の捕獲 C_t）を考慮すると，毎年の個体群動態は次式で表される。

$$N_{t+1} = \lambda N_t - C_t \tag{14.13}$$

　捕獲数 C_t については，捕獲記録の集計などから実際の値を用いることができるが，λ や N_t に妥当な値を用いなければ，予測は現実とかけ離れたものになってしまう。14.1 節や 14.3 節において解説した方法で，λ や N_t を推定し，動態を予測する方法もあるが，毎年の密度指標と捕獲数のモニタリングデータから推定を行う方法（**Harvest-based Estimation**; Matsuda et al. 2002）もある。近年では，Harvest-based Estimation の枠組みで，個体群動態の**過程誤差**や密度指標の**観測誤差**を明示的に組み込んだ，**階層モデル**による推定が行われている（Yamamura et al. 2008）。とくにシカの個体群動態の推定においては，都道府県において収集される密度指標と捕獲数を用いた階層モデルを適用する事例も増えている（飯島 2018）。

　　　　📖**アドバイス**　　階層モデルによる推定を行う場合でも，捕獲数と密度指標があっても常に推定できるわけではない。とくにデータが不足していれば，観測された密度指標の変動パターンと矛盾のない個体数と増加率の組み合わせは無数に存在する。データに十分な情報がない場合の推定の**不確実性**については，飯島（2017）に示されているが，単一の密度指標による推定で情報量が不足する場合には，14.1 節で示した各種の方法に基づく年度ごとの推定個体数の情報や，複数の独立な密度指標の情報を用いることを検討する必要がある。

14.4.2　個体群動態の予測

　14.4.1 で示した個体群動態モデルは，現時点での個体数や過去の動態を推定するためだけでなく，将来の個体群動態の予測にも用いることができる。モデルの予測結果をもとに，10 年後に個体数を半減させるには，毎年の捕獲数をどの程度に設定すべきか，100 年後の絶滅確率が 10 % 未満に収まるようにするには捕獲制限をどの程度かけるべきか，といった個体数管理に対する具体的な数値目標を設定できる。

　個体群動態の予測には，大きく分けて**決定論的な予測**と**確率論的な予測**の2種類がある

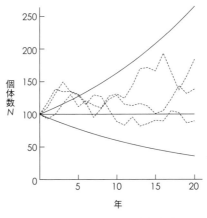

図 14.7　決定論的予測と確率論的予測

実線は $\lambda = 0.9$, 1.0, 1.1 のときの個体群成長の決定論的予測，破線は λ を $0.8 \sim 1.2$ の間で毎年ランダムに変化させたときの確率論的予測。確率論的予測では 3 回の試行で異なる個体群成長が予測される。

（図 14.7）。決定論的な予測は，条件を定めれば予測値が一つに定まるような予測であり，推定された平均増加率と初期個体数のもとで，年間 100 頭のペースで捕獲を続けた場合に，5 年後の個体数は現在の何%になるか，といった予測がこれに該当する。予測で用いる増加率や初期個体数を 1 つの値に定められない場合には，複数の条件（たとえば，増加率が想定より 5%高い条件と 5%低い条件）で予測を行い，不確実性を取り入れることもできる。

　一方，確率論的な予測は，毎年の個体数の増減に確率分布をあてはめることで，確率論的不確実性を考慮する手法である。たとえば，決定論的予測では毎年の産子数が 4 の条件での予測を行うケースにおいて，確率論的予測では産子数が年によって 2 ~ 6 の値からランダムに（あるいは期待値 4 のポアソン分布など，設定した確率分布に従って）選択して予測を行う。確率論的な予測では，毎回の予測結果が変動するため，多くの回数（たとえば 10,000 回）での予測を行い，結果の取りうる範囲を推定したり，あらかじめ設定した閾値を上回る確率を計算する。

　確率論的予測に基づく分析の代表的なものとして，**個体群存続可能性分析**（PVA: Population Viability Analysis）がある。PVA では，確率論的な個体群動態の予測から将来の絶滅確率を評価するものであり，とくに**確率論的な浮動**の影響が大きい，小集団の将来予測に用いられる。IUCN の定めるレッドリストにおける絶滅危惧種の判定には，絶滅確率に基づく基準が設けられており，たとえば 10 年間または 3 世代で 50%の絶滅確率の種は CR（環境省の基準で絶滅危惧 IA 類）に分類される。

表 14.1　PVA に基づくニホンザルの群れ管理

群れの規模	個体数管理の方法
オトナメス 10 頭以下	原則としてメスの捕獲は行わない。
オトナメス 11 ~ 15 頭	原則としてオトナメスの捕獲は行わない。
オトナメス 16 ~ 20 頭	被害対策のため，必要に応じて有害捕獲を行う。
オトナメス 21 頭以上	被害対策のため，必要に応じて有害捕獲を行う。群れの分裂や出没地域の拡大に注意を払う。

兵庫県では，ニホンザルの群れの絶滅確率について，PVA をもとに評価した事例がある（坂田・鈴木 2013）。分析では，齢ごとの出産率や生存率に確率論的な不確実性を考慮し，群れのメス成獣（オトナメス）の初期個体数を変化させた場合における，20 年後の群れの存続確率を計算した。分析結果から，初期オトナメスが 10 頭を下回ると存続確率の急激な低下が見られたことから，管理計画では群れのオトナメスの個体数に応じて，メスに対する捕獲の可否を判断する個体数管理の基準が提案された（表 14.1）。

例 題

PVA の結果からニホンザルの群れの保全のためにメスの成獣個体数を一定以上残す方針が決定された。捕獲制限の基準を設定するにあたり，捕獲制限の対象をメスの成獣のみに限定しても大丈夫か，幼獣も含めて捕獲の制限をかけたほうが良いかを判断したい。どのような分析を行うのが良いか。

　回 答　PVA に毎年の捕獲プロセスを組み込むことで，捕獲のある条件での群れの絶滅可能性が計算できる。想定される捕獲圧のもとで，メスの成獣のみを対象とした捕獲制限をかける場合と，幼獣も含めて制限をかけた場合の群れの絶滅確率を比較することで，捕獲制限が絶滅の回避に効果的かを検討できる。

14.4.3　個体群動態推定に基づく個体群管理

　個体数の推定結果や動態予測は，どのように管理に生かされるのが望ましいだろうか？ここでは，兵庫県におけるシカの個体数管理の事例（藤木・高木 2019）から，モニタリングデータを活用した順応的管理について紹介する。

　兵庫県では 2000 年度に初めてシカ特定計画を策定して以降，モニタリングデータの収集状況に応じ，精度の向上を目指して段階的に個体数推定の方法を改良してきた。個体数推定の基盤となるモニタリング調査としては，捕獲情報の収集と相対密度指標の糞塊密度，SPUE，わな猟 CPUE の収集を行っている。糞塊密度については 1998 年から毎年 60 地点以上（2015 年以降はおよそ 100 地点）で，約 5 km の踏査による調査を実施している。SPUE は 1999 年以降，わな猟 CPUE については 2006 年以降，狩猟期に実施する出猟カレンダー調査により，捕獲数，目撃数，努力量のデータを収集している。

　モニタリングデータがある程度蓄積してきた 2006 年度までは，糞塊密度と区画法の回帰関係に基づいて，個体数の推定を行ってきた。2007 年度の第 3 期計画の改訂以降は，捕獲数と密度指標（糞塊密度または SPUE のいずれか）を用いて，Harvest-based Estimation による推定を行っている。県本州部の個体数の推定結果は 2006 年度までの推定方法では 31,178 頭（1999 年時点の値，95％信頼区間で 2,172～60,061 頭）（野生動物保護管理事務所 2000）であったのに対し，Harvest-based Estimation では 42,000～69,000 頭（2005 年時点の値）となり（兵庫県 2007），データの蓄積により推定個体数が大幅に修正された。しかしこの段階では，データが依然として十分ではなく，推定個体数には大きな不確実性が含まれていた。

　兵庫県では 2010 年度から，Harvest-based Estimation を**階層モデル**として，挙動の異なる複数の密度指標（SPUE と糞塊密度）の観測を考慮できるモデルで推定を行うようになった（坂田ほか 2012，松本ほか 2014）。階層モデルによる 2009 年時のシカの生息頭数と年間自然増加頭数の推定では，当時実施されていた年間 20,000 頭の捕獲では増加を抑えることができない可能性が高いこと，農業被害や森林生態系被害の軽減を目指すには目

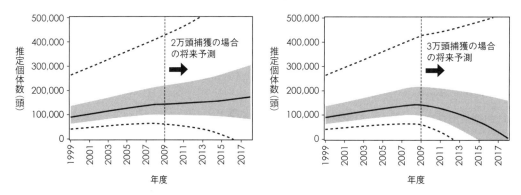

図 14.8　兵庫県本州部におけるシカの個体数推定と将来予測（藤木・高木 2019 をもとに作図）
2010 年度以降 2 万頭捕獲の場合（左図）と 3 万頭捕獲の場合（右図）の予測。中央の実線は中央値，網掛け部と破線はそれぞれ 50 ％と 90 ％の信用区間を表す。

撃効率 1.0 未満にまでシカの生息頭数を減少させることが必要で，少なくとも継続的に30,000 頭以上の捕獲を実施する必要があることが示された（図 14.8）。この分析結果に基づき，兵庫県は本州部のシカの年間捕獲目標頭数を，前年度までの 20,000 頭から 30,000頭へと引き上げた（兵庫県 2010，5 章参照）。

その後，階層モデルに基づいた個体数推定と捕獲シナリオごとの将来予測結果に基づいて計画的に捕獲を進めた結果，2017 年度まで の個体数推定結果では，県本州部のシカの生息頭数は，2010 年度～2014 年度にかけて頭打ちに達し，2015 年度から減少へと転じた

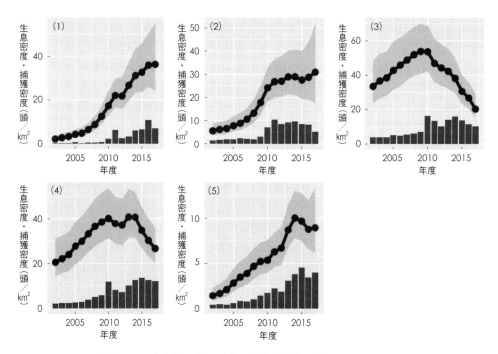

図 14.9　兵庫県の市町ごとの個体数推定の結果（高木 2019）
(1)～(5)は，それぞれ異なる特徴を示した市町における推定値を示している。それぞれの点は各年度の生息密度の事後分布の中央値，灰色の範囲は 95％信用区間を表す。棒グラフは各年度の捕獲密度（森林面積 1 km² あたり捕獲頭数）を示す。

と推定されている（高木 2019）。現在の個体数推定は，市町ごとの動態を仮定したモデルへと変更され，地域ごとの増減傾向が評価可能なものとなった（高木 2019）。推定された市町ごとの個体数動態は，捕獲強化と対応して，さまざまなパターンが見られた。主な傾向として，(1) 単調増加，(2) 単調増加後 2010 年度の捕獲強化以降横ばい，(3) 単調増加後 2010 年度の捕獲強化以降減少，(4) 単調増加後 2010 年度の捕獲強化以降横ばいを経て 2015 年以降減少，(5) 単調増加後 2015 年以降横ばいの動態が見られた（図 14.9）。しかし，20 年以上のモニタリングデータの蓄積が進んでいるものの，新たな生息域への分布拡大や，主な捕獲方法が変化しているなど，比較的単純な個体群動態や密度指標観測を仮定するモデルでは十分な精度での推定が今後困難になることも考えられる。

　このように見てきたように，兵庫県ではモニタリングデータの蓄積状況に応じて，個体数推定方法を改善して，精度のより高い個体数推定値に基づいて捕獲目標の設定を常に変更してきた。精度の高い個体数推定に基づいた個体数管理を行うには，データの質と量が十分に確保されている必要がある。経年的な密度の動向を指標するデータがない状態で，個体数の動向の推定や将来予測を行うことは，さまざまな仮定のもとでの予測を行うことはできても，データに基づいた推定とは言えないだろう。

　データに基づいた推定結果が得られたとしても，推定値には大きな不確実性がある。そのような制約がある場合，個体数管理の目標はどう設定されるべきなのだろうか。不確かな推定結果の代表値（平均値や中央値）に基づいた捕獲の数値目標や生息頭数の管理目標を設定しても，その妥当性自体を判断することが難しい。実際に兵庫県の捕獲目標頭数は，2000 年度の特定計画策定当初は，年間 8,000 頭としていたが，捕獲目標を達成しても密度指標の減少傾向は見られず，目標を徐々に上方修正して，2007 年度には年間 16,000 頭の捕獲目標を設定している。推定個体数に大きな不確実性が想定される場合には，推定個体数だけでなく，密度指標や被害の経年変化をモニタリングすることで，個体数の増減傾向や捕獲の効果をより的確に判断することが望ましい。

　最後に，データ収集状況に応じた 3 段階での個体数推定モデルの適用を提案したい（表 14.2）。既存のデータからの個体数推定が困難な状況においても，段階的に推定のアウトプットを更新しながらモニタリング体制の充実を図ることで，持続的な個体数管理の実現を目指す。

第 1 段階：捕獲事業の実施地など，対象地を限定して局所的な個体数推定を試行する。

表 14.2　データの収集状況に応じた 3 段階の個体数推定モデル

推定モデル	データの収集と推定	想定される具体例
〈第 1 段階〉局所的な個体数推定モデル	既存データが存在しない事業対象地域において，新規のデータ収集を行い，局所的な個体数を推定	捕獲事業の事前・事後でのカメラトラップ調査に基づく局所密度の推定と捕獲効果の評価
〈第 2 段階〉空間的な密度分布推定モデル	経年的なデータはないが，広域調査が可能な場合において，密度指標の収集から空間的な相対密度分布を推定	広域での密度指標収集に基づき，生息密度が高く優先的な対策が必要な地域を抽出
〈第 3 段階〉時空間的な個体群動態推定モデル	空間的な密度指標と捕獲状況が経年的に収集されている場合において，個体群動態や分布拡大過程を推定	異なる捕獲シナリオのもとでの個体群動態の予測と捕獲目標値の設定

捕獲事業の事前，事後調査として，対象地域での個体数推定を実施すれば，周辺部の生息状況の把握に加えて，事業効果の評価もできる。事業対象地が広域でなければ，区画法やカメラトラップによる密度推定法など，比較的労力の大きい調査手法も選択できる。事業における捕獲作業記録次第では，除去法に基づく推定も適用できる可能性がある。

第2段階：広域での密度指標の収集が可能な段階では，相対密度の濃淡が把握できるだけでも，重点的に対策を行うべき地域が抽出できる。個体数や密度に換算できなくても，密度指標と被害状況の関係性の分析（たとえば，高木ほか 2018）から，目標とする密度指標水準の設定をする。

第3段階：広域での密度指標と捕獲状況が経年的にデータとして収集されている段階では，個体群動態モデルに基づく地域ごとの動態推定と予測ができる。十分な精度での動態予測ができれば，予測に基づく捕獲目標の設定が可能となり，より戦略的な個体数管理が可能となる。

本章で紹介した手法を用いて，個体数把握のためのモニタリングを行い，得られたデータの分析に基づく個体数の推定や動態の予測を行い，個体数管理の方針を決定あるいは修正を行うことは，順応的管理による個体数管理を行う上で，本質的なプロセスとなる。

演習

1. ある県では市町村ごとの有害捕獲数が年度ごとに集計されている。新たに生息密度の高い地域で捕獲事業を行いたいと考えたときに，有害捕獲に関わる情報で，捕獲数以外にどのような情報を収集するとよいか。

2. ある市町村では捕獲数が減少する傾向がみられた。これ以上捕獲数が減少しないよう捕獲強化すべきという意見と，個体数が減ったから捕獲数も減ったのであって捕獲強化の必要はないという2つの意見が出ている。個体数を今後減少させるために，捕獲強化すべきかどうか，どのような分析に基づいて判断すべきか。

 回答

1. 有害捕獲における捕獲努力量（わなの設置数および稼働日数）を収集することで，CPUEが計算可能である。この時，捕獲されなかったわなの情報も必要である。市町村内での密度の濃淡を把握したい場合は，捕獲（および捕獲努力）の位置情報を収集することで，細かいスケールでCPUEを計算できる。また，捕獲個体の年齢クラスや性別の情報があれば，特に繁殖に寄与するメスの成獣のCPUEが高い地域を抽出することができる。

2. 捕獲数だけでは個体数の増減傾向を推定することはできないので，年ごとのCPUEなどの密度指標の収集などによって，個体数の増減傾向を把握することが必要である。現時点の個体数と個体群成長率についての推定値が得られた場合，現状の捕獲圧のもとあるいは捕獲強化を行った場合の個体群動態を予測し，捕獲強化の必要性を判断する。推定を行うのに十分なデータがない場合は，試験的な捕獲強化事業の前後での個体数推定を行うことで，捕獲の効果検証を行い，次年度以降の捕獲強化継続の必要性を判断する。

引用・参考文献

■ 1 章

Barnosky, A. D.（2008）Megafauna biomass tradeoff as a driver of quaternary and future extinction. Proceedings of the National Academy of Sciences 105: 11543-11548.

Costanza, R. et al.（1997）The value of the world's ecosystem services and natural capital. Nature 387: 253-260.

DK（2019）The Ecology Book, DK（鷲谷いづみ 訳（2021）生態学大図鑑．三省堂）

Rockström J. et al.（2009）A sape operating space for numanity. Nature 476: 472-475.

鷲谷いづみ（2011）さとやま－生物多様性と生態系模様．岩波書店

鷲谷いづみ（監修・編集）（2016）生態学－基礎から保全へ．培風館

鷲谷いづみ（2019）岩波ブックレット　実践で学ぶ生物多様性．岩波書店

■ 2 章

Caughley, G.（1981）Overpopulation. In（P. A. Jewell and S. Holt, eds.）Problems in Management of Locally Abundant Wild Mammals, Academic Press, New York, pp 7-20.

Côté, S. D., Rooney, T. P., Tremblay, J-P., Dussault, C. and Wallerm, D. M.（2004）Ecological Impacts of Deer Overabundance. Annual Review of Ecology, Evolution, and Systematics 35: 113-147.

Giles, R. H. Jr.（1978）Wildlife management. W. H. Freeman Co., San Francisco, CA. 419 pp.

環境省（2016）特定鳥獣保護・管理計画作成のためのガイドライン（ニホンザル編・平成 27 年度），68 pp.

環境省自然環境局（2019）ニホンジカに係る生態系維持回復事業計画策定ガイドライン．225 pp.

環境省自然環境局生物多様性センター（2019）平成 30 年度（2018 年度）中大型哺乳類分布調査報告書　クマ類（ヒグマ，ツキノワグマ）・カモシカ．67 pp，巻末資料

小寺裕二（2015）イノシシ．野生動物の管理システム　クマ・シカ・イノシシとの共存を目指して．（梶 光一・小池伸介 編）講談社．pp.84-101.

小金澤正昭・關 義和・奥田 圭・藤津亜弥子・伊東正文（2013）栃木県奥日光地域におけるニホンジカの高密度化がネズミ類とその捕食者に与える影響．プロ・ナトゥーラ・ファンド助成第 21 期助成成果報告書 21: 77-84.

小池伸介・山浦悠一・滝 久智（編）（2019）森林と野生動物．共立出版，277 pp.

Leopold, A.（1933）Game Management. New York: Scribner's, 481 pp.

Linnell, J. and Zachos, F.（2010）Status and distribution patterns of European ungulates: genetics, population history and conservation. In（R. Putman, M. Apollonio and R. Andersen, eds.）Ungulate Management in Europe: Problems and Practices, Cambridge University Press, Cambridge, UK. pp. 12-53.

日本損害保証協会北海道支部（2018）エゾシカとの衝突による保険事故発生状況（2018 年）
https://www.sonpo.or.jp/news/branch/hokkaido/ 2019/1909_02.html（2020 年 9 月 30 日 確認）

増田隆一・阿部 永（編著）（2005）動物地理の自然史―分布と多様性の進化学．北海道大学出版会，288pp.

増田隆一（2017）哺乳類の生物地理学．東京大学出版会，200pp.

McShea, W. J., Underwood, H. B. and Rappole, J. H. eds.（1997）The Science of Overabundance: Deer Ecology and Population Management. Washington, DC: Smithson. Inst. Press, 402 pp.

三浦慎悟（2008）ワイルドライフ・マネジメント入門―野生動物とどう向きあうか（岩波科学ライブラリー）．岩波書店，134 pp.

長池卓男（2017）南アルプス高山帯でのシカの影響とその管理．日本のシカ：増えすぎた個体群の科学と管理．（梶 光一・飯島勇人 編）東京大学出版会，pp. 125-140.

日本クマネットワーク（2020）四国のツキノワグマを守れ！―50 年後に 100 頭プロジェクト―報告書．135 pp.

荻原 裕（2013）北海道森林管理局におけるエゾシカ対策：―反省，現状，そして課題―．水利科学 57: 18-30.

Ohashi, H., Yoshikawa, M., Oono, K., Tanaka, N., Hatase, Y. and Murakami, Y. (2014) The impact of sika deer on vegetation in Japan: setting management priorities on a national scale. Environmental Management 54: 631-40.

Ohashi, H., Kominami,Y., Higa, M., Koide, D., Nakao, K., Tsuyama, I., Matsui, T. and Tanaka, N. (2016) Land abandonment and changes in snow‐cover period accelerate range expansions of sika deer. Ecol Evol 6: 7763-7775.

Ohdachi, S. D. Y., Ishibashi, M., Iwasa, A. and Saitoh, T. (2009) The Wild Mammals of Japan. Shoukadoh, Kyoto, 544 pp.

奥田 圭・關 義和・小金澤正 (2013) 栃木県奥日光地域における繁殖期の鳥類群集の変遷：特にニホンジカの高密度化と関連づけて. 保全生態学研究 18：121-129.

太田猛彦 (2012) 森林飽和―国土の変貌を考える―. NHK 出版 (NHK ブックス), 254 pp.

Saitoh, T., Kaji, K., Izawa, M. and Yamada, F. (2015) Conservation and management of terrestrial mammals in Japan: its organizational system and practices. THERYA 6: 139-153.

關 義和 (2017) 中大型食肉目への影響. 日本のシカ：増えすぎた個体群の科学と管理. (梶 光一・飯島勇人 編) 東京大学出版会, pp. 83-101.

白水 智 (2011) 近世山村の変貌と森林保全をめぐる葛藤―秋山の自然はなぜ守られたか―. シリーズ日本列島の三万五千年―人と自然の環境史 5, 山と森の環境史. (湯本貴和・池谷和信・白水 智 編) 文一総合出版, pp. 77-92.

高木 俊 (2017) 昆虫群集への影響. 日本のシカ：増えすぎた個体群の科学と管理. (梶 光一・飯島勇人 編) 東京大学出版会, pp. 65-82.

Takatsuki, S. (2009) Effects of sika deer on vegetation in Japan: A review. Biological Conservation 142: 1922-1929.

玉手英利 (2013) 遺伝的多様性から見えてくる日本の哺乳類相：過去・現在・未来. 地球環境 18：159-167.

タットマン，C. (1998) 日本人はどのように森をつくってきたのか. 熊崎 実 (訳) 築地書館, 200 pp.

常田邦彦 (2015) 狩猟の歴史と 2014 年の鳥獣保護法改正. 特集「鳥獣の保護及び管理並びに狩猟の適正化に関する法律」に寄せる期待と展望. 野生生物と社会 3：3-11.

Tsujino, R., Ishimaru, E. and Yumoto, T. (2010) Distribution patterns of five mammals in the Jomon period, middle Edo period, and the present in the Japanese archipelago. Mammal Study 35: 179-189.

Valente, A., Acevedo, P., Figueiredo, A., Fonseca, C., and Tinoco Torres, R. (2020) Overabundant wild ungulate populations in Europe: management with consideration of socio-ecological consequences. Mammal Review 10：1111/mam.12202.

Walters, C. (1986) Adaptive management of renewable resources. Macmillian Publishing Company, New York.

渡邊邦夫・三谷雅純 (2019) 日本列島にみる人とニホンザルの関係史―近年の急激な分布拡大と農作物被害をもたらした歴史的要因―. 人と自然 Humans and Nature 30: 49-68.

山端直人 (2018) 現代の「シシ垣」を築け！ 地域社会で取り組む獣害対策. グリーンパワー 3：8-9.

依光良三 (編著) (2011) シカと日本の森林. 築地書館, 226 pp.

湯本貴和 (2011) 日本列島における「賢明な利用」と重層するガバナンス. 環境史とは何か. (湯本貴和 編) 文一総合出版, pp. 11-20.

■3章

赤坂 猛 (2013) 明治以降の狩猟と行政・社会「野生動物管理のための狩猟学」. (梶 光一・伊吾田宏正・鈴木正嗣 編) 朝倉書店, pp. 11-20.

いいだもも (1996) 猪・鉄砲・安藤昌益：「百姓極楽」江戸時代再考〈人間選書 192〉. 農山漁村文化協会, 270 pp.

環境省対馬野生生物保護センター (1998) ニュースレター とらやまの森第 3 号 5 pp
http://kyushu.env.go.jp/twcc/torayama/03/03-05.htm

環境省 (2010) 特定鳥獣保護管理計画作成のためのガイドライン (カモシカ編)
http://www.env.go.jp/nature/choju/plan/plan3-2b/cov_index.pdf

環境省 (2016) 特定鳥獣保護・管理計画策定のためのガイドライン (ニホンジカ編・平成 27 年度)
https://www.env.go.jp/press/files/jp/29624.pdf

環境省 (2019) ニホンジカに係る生態系維持回復事業計画策定ガイドライン
https://www.env.go.jp/press/106643.html （2020 年 8 月 26 日確認)

環境省自然環境局野生生物課鳥獣保護管理室 (監修) (2017) 鳥獣保護管理法の解説. 大成出版社, 795 pp.

Leopold, A. (1933) Game Management. Charles Scribners and Sons, New York, 481 pp.

Leopold, B.D. (2018) History of Wildlife Policy and Law through Colonial Times. In (B. Leopold, W. Kessler, and J. Cummins, eds.) North American Wildlife Policy and Law. Boone and Crockett Club, Missoula, Montana, pp. 19-25.

長崎県農林部 (2011) 長崎県野生鳥獣被害対策基本指針. 45 pp.
http://www.pref.nagasaki.jp/shared/uploads/2014/01/ 1389919013.pdf

中澤克昭（2011）狩猟と原野．野と原の環境史．（湯本貴和 編）文一総合出版，pp 201-225.

野島利影（2010）狩猟の文化—ドイツ語圏を中心として．春風社．410 pp.

小柳泰治（2015）わが国の狩猟法制—殺生禁断と乱場．青林書院．609 pp.

田口洋美（2004）マタギ—日本列島における農業の拡大と狩猟の歩み．地学雑誌 113：191-202.

高橋光彦（2008）「狩猟の場」の議論を巡って—土地所有にとらわれない「共」的な資源利用管理の可能性．法学研究 81：291-322．慶應義塾大学法学研究会

高橋美貴（2018）近世における海洋回遊資源の資源変動と地域の自然資源利用：豆州内浦湾沿岸地域を主な事例として．日本史研究 672：30-60.

武井弘一（2010）鉄砲を手放さなかった百姓たち 刀狩りから幕末まで．朝日新聞出版社．241 pp.

田村省二・浦出俊和・上甫木昭春（2014）大台ヶ原における自然保護施策の変遷に関する研究：シカ対策を中心に．環境情報科学論文集 28：137-142．一般社団法人 環境情報科学センター

塚本 学（1993）生類をめぐる政治—元禄のフォークロア．平凡社．357 pp.

常田邦彦（2015）狩猟の歴史と 2014 年の鳥獣保護法改正．野生生物と社会 3：3-11.

常田邦彦・北浦賢治・須田和樹（1998）日本各地域におけるシカ管理の現状 長崎県対馬におけるニホンジカのコントロール．哺乳類科学 38：334-339.

日本学術会議（2019）回答 人口縮小社会における 野生動物管理のあり方
http://www.scj.go.jp/ja/info/kohyo/pdf/kohyo-24k280.pdf（2020 年 8 月 26 日確認）

吉田正人・草刈秀紀（2010）生物多様性・野生生物保護にかかわる法制度の現状と課題．改訂生態学からみた野生生物の保護と法律—生物多様性のために（KS 地球環境科学専門書）．（日本自然保護協会 編），講談社，pp 27-51.

■ 4 章

Apollonio, M., Andersen, R. and Putman, R.（2010）Present status and future challenges for European ungulate management. In（M. Apollonio, R. Andersen and R. Putman, eds.）European Ungulates and Their Management in the 21st Century. Cambridge University Press, Cambridge, pp. 578-604.

Apollonio, M., Belkin, V. V., Borkowski, J. et al.（2017）Challenges and science-based implications for modern management and conservation of European ungulate populations, Mamml Research, 62: 209-217. https://doi.org/10.1007/s13364-017-0321-5

Beyer, H., Merrill, E., Varley, N. and Boyce, M.（2007）Willow on Yellowstone's Northern Range: evidence for a trophic cascade?. Ecological Applications 17. 1563-71. 10.1890/06-1254.1.

Fonseca, C., Tinoco Torres, R., Santos, J. P., Vingada, J. and Apollonio, M.（2014）Challenges in the management of cross-border populations of ungulates. In（R. Putman and M. Apollonio, eds.）Behaviour and Management of European Ungulates. Whittles Publishing, Scotland, pp. 192-208.

Grignolio, S., Heurich, M., Sprem, N. and Apollonio, M.（2014）The management of ungulates in protected areas. In（R. Putman and M. Apollonio, eds.）Behaviour and Management of European Ungulates. Whittles Publishing, Scotland, pp. 178-191.

Kay, C. E.（2018）The Condition and Trend of Aspen, Willows, and Associated Species on the Northern Yellowstone Range. Rangelands 40: 202-211.

Leopold, A.（1930）Report to the American game conference on an American game policy. Transactions of the American Game Conference 17: 281-283.

Leopold, A.（1933）Game management. Scribners, New York, 481 pp.

Leopold, B. D.（2018）History of Wildlife Policy and Law through Colonial Times. In（B. D. Leopold, W. B. Kessler and J. L. Cummins, eds.）North American Wildlife Policy and Law. Boone and Crockett Club, Missoula, Montana, pp. 19-25.

Linnell, J. and Zachos, F.（2011）Status and distribution patterns of European ungulates: Genetics, population history and conservation. In（R. Putman, M. Apollonio and R. Andersen, eds.）Ungulate Management in Europe: Problems and Practices. Cambridge University Press, Cambridge, pp. 12-53.

Mosley J. C. and Mundinger J. G.（2018）History and Status of Wild Ungulate Populations on the Northern Yellowstone Range. Rangelands 40: 189-201.

Organ, J. F., Geist, V., Mahoney, S. P. et al.（2012）The North American Model of Wildlife Conservation. The Wildlife Society Technical Review 12-04. 46 pp. The Wildlife Society, Bethesda, Maryland.

Organ, J. F.（2018）The North American model of wildlife conservation and the public trust doctrine. In（B. D. Leopold, W. B. Kessler and J. L. Cummins, eds.）North American Wildlife Policy and Law. Boone and Crockett Club, Missoula, Montana, pp. 125-135.

Plumb, G., Monello, R., Resnik, J., Kahn, R., Leong, K., Decker, D. and Clarke, M.（2014）A Comprehensive Review of National Park Service Ungulate Management: Second Century Challenges, Opportunities, and Coherence. 10.13140/RG.2.1.1793.5769.

Putman, R.（2011）A review of the various legal and administrative systems governing management of large herbivores in Europe. In（R. Putman, M. Apollonio and R. Andersen,eds.）Ungulate Management in Europe: Problems and Practices, pp. 54-79. Cambridge University Press, Cambridge. doi:10.1017/CBO9780511974137.004

Singer, F. J., Mack, L. C. and Cates, R. C.（1994）Ungulate herbivory of willows on Yellowstone's northern winter range. Journal of Range Management 47: 435-443.

Singer, F. S. and Cates, R. C.（1995）Response to comment: Ungulate herbivory on willows on Yellowstone's northern winter range. Journal of Range Management 48: 563-565.

Trouwborst, A. and Hackländer, K.（2018）Wildlife policy and laws in Europe. In（B. D. Leopold, J. L. Cummins and W. B. Kessler, eds.）North American wildlife policy and law. Boone & Crockett Club, Missoula, Montana, pp. 425-443.

van Beeck Calkoen, STS., Mühlbauer, L., Andrén, H et al.（2020）Ungulate management in European national parks: Why a more, integrated European policy is needed. J Environ Manage. 2020 Apr 15; 260:110068. doi: 10.1016/j.jenvman. 2020. 110068.

Wagner, F. H., Keigley, R. B. and Wambolt, C. L.（1995）Comment: Ungulate herbivory of willows on Yellowstone's northern winter range. Journal of Range Management 48: 475-477.

White, P. J. and Garrott, R. A.（2005a）Northern Yellowstone elk after wolf restoration. Wildlife Society Bulletin 33: 942-955.

White, P. J. and Garrott, R. A.（2005b）Yellowstone's ungulates after wolves–expectations, realizations, and predictions. Biological Conservation, 125: 141-152.

Yonk, R. M., Mosley, J. C. and Husby, P. O.（2018）Human Influences on the Northern Yellowstone Range. Rangelands 40: 177-188.

■5章

Bartos, L.（2009）Sika deer in continental Europe, Sika deer. Springer, 573 pp.

Cederlund, G. N., Bergeström, R. L. and Danell, K.（1989）Seasonal variation in mandible marrow fat in moose. Journal of Wildlife Management 53（3）: 587-592.

Endo, H., Maeda, S., Yamagiwa, D., Kurohmaru, M., Hayashi, Y., Hattori, S., Kurosawa, Y. and Tanaka, K.（1998）Geographical Variation Mandible Size and Shape in the Ryukyu Wild Pig（Sus scrofa riukiuamus）. J. Vet. Ved. Sci. 60（1）: 57-61.

Geist, V.（1998）Deer of the world. Stackpole books, Mechanicsburg, 421 pp.

Goodmann, S. J., Tamate, H., Wilson, R., Nagata, J., Tatsuawa, S., Swanson G. M., Pemberton, J. M. and Mccullough, D. R.（2001）Bottlenecks, drift and differentiation: the population structure and demographic history of sika deer（Cervus nippon）in the Japanese archipelago. Molecular Ecology 10: 1357-1370.

後藤直子・竹下和貴・丸山哲也・梶 光一（2017）猟法の違いがイノシシ捕獲個体の齢比と成獣の性比に与える影響．野生生物と社会 4：11-18.

橋本佳延・藤木大介（2014）日本におけるニホンジカの採食植物・不嗜好性植物リスト．人と自然 25：133-160.

Hofmann, R. R.（1985）Digestive physiology of the deer - their morphological specialization and adaptation. In（Fennessy, P. F. & Drew, K. R. eds.）Biology of deer production. The Royal Society of New Zealand Bulletin 22: 393-407.

兵庫県（2017）第2期ニホンジカ管理計画．兵庫県，pp 8.

Igota, H., Sakuragi, M. and Uno, H.（2004）Seasonal migration patterns of female of sika deer on Hokkaido Island, Japan. In Sika deer, pp. 251-272.（McCullough, D. R., Takatsuki, S. and Kaji, K. 編集）Springer, 680 pp.

香川県（2016）イノシシ等が出没したときの対応マニュアル．香川県環境森林部みどり保全課 16 pp.
    https://www.pref.kagawa.lg.jp/kankyo////data/topics/pdf/inoshishi_shigaichi.pdf（2020年8月30日確認）

環境省（2019）ニホンジカに係る生態系維持回復事業計画策定ガイドライン
    https://www.env.go.jp/press/files/jp/111204.pdf

環境省（2020）イノシシによる人身被害について
    https://www.env.go.jp/nature/choju/docs/docs4/inoshishi.pdf（2020年9月6日確認）

環境省（2021）全国のニホンジカ及びイノシシの個体数推定及び生息分布調査の結果発表
    https://www.eic.or.jp/news/?act=view&serial=45060&oversea=（2021年4月25日確認）

Keuling, O., Podgórski, T., Monaco, A., Melletti, M., Merta, D., Albrycht, M., Genov, P.V., Gethöffer, F., Vetter, S.G., Jor, F., Scalera, R. and Gongora, J.（2017）Eurasian Wild Boar Sus scrofa（Linnaeus, 1758）. In: Melletti, M,. Meijaard, E.（Hrsg.）.

Ecology, Conservation and Management of Wild Pigs and Peccaries. Cambridge University Press. Cambridge, pp. 202-233.

神戸市 (2002) 神戸市いのししの出没及びいのししからの危害の防止に関する条例. 神戸市

　　https://www.city.kobe.lg.jp/a99375/shise/kekaku/kezaikankokyoku/yugaichoju/boar/index.html (2020 年 8 月 30 日確認)

小寺祐二・神崎伸夫・石川尚人・皆川晶子 (2013) 島根県石見地方におけるイノシシ (Sus scrofa) の食性哺乳類科学 53(2)：279-287.

Koizumi, T., Hamazaki, S., Kishimoto, M, Yokoyama, M., Kobayashi, M. and Yasutake, A. (2008) Reproduction of female Sika deer in western Japan. In (McCullough, D. R., Takatsuki, S. and Kaji, K, eds.) Sika deer, pp. 327-343. Springer, Tokyo.

Kubo, M. O. and Takatsuki, S. (2015) Geographical Body Size Clines in Sika Deer: Path Analysis to Discern Amongst Environmental Influences. Evol Biol 42: 115-127.

　　https://doi.org/10.1007/s11692-015-9303-1

Massei, G., Kindberg, J., Licoppe, A., Gačić, D,, Šprem, N., Kamler, J., Baubet, E., Hohmann, U., Monaco, A., Ozoliņš, J., Cellina, S., Podgórski, T., Fonseca, C., Markov, N., Pokorny, B., Rosell, C. and Náhlik, A. (2015) Wild boar populations up, numbers of hunters down? A review of trends and implications for Europe. Pest Management Science 71(4)：492-500. 10.1002/ps.3965.

松金 (辻) 知香・江藤公俊・横山真弓 (2016) 都市部住民のイノシシに対する意識調査及び普及啓発の取り組み.「なぜイノシシは都市に出没するのか?〜世界のイノシシ管理から学ぶ〜」兵庫ワイルドライフモノグラフ 8：66-89.

松金 (辻) 知香・横山真弓 (2018) 兵庫県における高密度下でのニホンジカの繁殖特性. 哺乳類科学 58：13-21.

Matsuura, Y., Suzuki, M., Yohimatus, K., Arikawa, J., Takashima, I., Yokoyama, M., Igota, H., Yamauchi, K., Ihida, S., Fukui, D., Bando, G., Kosuge, M., Tsunemitsu, H., Koshimoto, C., Sakae, K., Chikahira, M., Ogawa, S., Miyamura, T., Takeda, N., and Li, T. C. (2007) Prevalence of antibody to hepatitis E virus among wild sika deer, Cervus Nippon, in Japan. Archives of Virology 152(7)：1375-1387.

永田幸志 (2005) 丹沢札掛地区におけるニホンジカの行動特性. 哺乳類学会 45(1)：25-33.

Nakashima, Y., Fukasawa, K. and Samejima, H. (2018) Estimating animal density without individual recognition using information derivable exclusively from camera traps. Journal of Applied Ecology 55(2)：735-744.

農林水産省 (2020) 鳥獣対策コーナー

　　https://www.maff.go.jp/j/seisan/tyozyu/higai/chouj_doga.html

NPO 法人西興部村猟区管理協会 (2018)

　　https://www.vill.nishiokoppe.lg.jp/Villager/Ryoku/ (2020 年 8 月 30 日確認)

岡部貴美子・亘 悠哉・矢野泰弘・前田 健・五箇公一 (2019) マダニが媒介する動物由来新興感染症対策のための野生動物管理. 保全生態学研究 24：109-124.

Snow, N. P., Jarzyna, M. A. and VerCauteren, K. C. (2017) Interpreting and predicting the spread of invasive wild pigs. Journal of Applied Ecology 54: 2022-2032.

Suzuki, M. and Ohtaishi, N. (1993) Reproduction of female sika deer (Cervus nippon yesoensis Heude, 1884) in Japan Ashoro district, Hokkaido. Journal of Veterinary Medical 55(5): 833-836.

Suzuki, M., Onuma, M., Yokoyama, M., Yamanaka, M. and Ohtaishi, N. (2001) Size, sexual dimorphism and seasonal weight fluctuations in a larger sika deer subspecies, Hokkaido sika deer (Cervus nippon yesoensis Heude, 1884). Canadian Journal of Zoology 79: 154-159.

鈴木正嗣・横山真弓 (2012) 特集「ニホンジカの食資源化における衛生の現状と将来展望」諸言―経緯と背景―. 獣医畜産新報 65(6)：447-449.

田口洋美 (2000) 東北学 3 ―狩猟文化の系譜. (赤坂憲雄 編) 作品社, pp. 67-102.

Takatsuki, S. (2009) Geographical Variations in Food Habits of Sika Deer: The Northern Grazer vs. the Southern Browser. In (McCullough D. R., Takatsuki S., Kaji K., eds.) Sika Deer. Springer, Tokyo.

瀧井暁子 (2013) 中部山岳地域におけるニホンジカの季節移動に関する研究. 信州大学審査学位論文, pp. 101.

Terada, C. and Saitoh, T. (2018) Phenotypic and genetic divergence among island populations of sika deer (Cervus nippon) in southern Japan: a test of the local adaptation hypothesis. Popul Ecol, 60: 211-221.

　　https://doi.org/10.1007/s10144-018-0607-8

Tsuji, T., Yokoyama, M., Asano, M. and Suzuki, M. (2013) Estimation of the fertility rates of Japanese wild boars (Sus scrofa leucomystax) using fetuses and corpora albicans. Acta Theriologica, 58(3): 315-323.

辻 知香・横山真弓 (2014) 兵庫県における日本イノシシの基本的繁殖特性.「兵庫県におけるニホンイノシシの保護管理の現状と課題」兵庫ワイルドライフモノグラフ 6：84-92.

辻 知香・横山真弓 (2014) 六甲山のニホンイノシシの問題個体の特徴.「兵庫県におけるニホンイノシシの保護管理の現状と課題」兵庫ワイルドライフモノグラフ 6：135-142.

Yabe T. and Takatsuki S.（2009）Migratory and Sedentary Behavior Patterns of Sika Deer in Honshu and Kyushu, Japan. In（McCullough D. R., Takatsuki S., Kaji K. eds.）Sika Deer. Springer, Tokyo. https://doi.org/10.1007/978-4-431-09429-6_20

Yokoyama, M.（2009）Biology of sika deer in Hyogo: Characteristics of reproduction, food habits, Growth, and condition. In（McCullough, D. R., Takatsuki, S. and Kaji, K, eds.）Sika deer, pp. 193-205, Springer, Tokyo.

横山真弓・江藤公俊・木下裕美子（2014）農地に隣接して生息するニホンイノシシの加害行動の解析．「兵庫県におけるニホンイノシシの保護管理の現状と課題」兵庫ワイルドライフモノグラフ 6：43-58.

■6章

青井俊樹（2011）日本のクマ―ヒグマとツキノワグマの生物学．（坪田敏男・山崎晃司 編）東京大学出版会，pp. 59-84.

姉崎 等（2002）クマにあったらどうするか．木楽舎

Foresman, K. R. and Daniel, J. C.（1983）Plasma progesterone concentrations in pregnant and nonpregnant black bears（Ursus americanus），Reproduction and Fertility 68：235-239.

藤木大介・横山真弓・坂田宏志（2011）兵庫県内におけるブナ科樹木3種の堅果の豊凶とツキノワグマの餌資源としての評価．兵庫ワイルドライフモノグラフ 3：42-52.

Fujiki, D.（2018）Can frequent occurrence of Asiatic black bears around residential areas be predicted by a model-based mast production in multiple Fagaceae species?, Journal of Forest Research 23（5）: 260-269, DOI: 10.1080/13416979.2018.1488653

Fujiki, D. Development of a Model to Predict the Occurrence of Asiatic Black Bears at the Municipal Level Using Mast Production Data From Three Fagaceae Species. Ursus:（accepted）.

白山・奥美濃地域ツキノワグマ広域協議会（2009）白山・奥美濃地域ツキノワグマ広域保護管理指針，18 pp.

Harlow, H. J., Lohuis, T., Grogan, R. G. and BECK, T. D. I.（2002）Body mass and lipid changes by hibernating reproductive and nonreproductive black bears（Ursus Americanus），Mammalogy 83：1020-1025.

北海道環境科学研究センター（2000）ヒグマ・エゾシカ生息実態調査報告書Ⅳ，野生動物分布等実態調査（ヒグマ：1991～1998年度），北海道環境科学研究センター，p. 118.

北海道環境科学研究センター（2004）渡島半島ヒグマ対策推進事業調査研究（1991～2003年度），北海道環境科学研究センター

北海道（2017）北海道ヒグマ管理計画，北海道，18 pp.

兵庫県（2017）ツキノワグマ管理計画．平成29年度事業実施計画. 兵庫県

稲葉一明（2011）兵庫県におけるツキノワグマの保護管理の現状と課題，兵庫ワイルドライフモノグラフ 3：1-17.

Izumiyama, S. and Shiraish, T.（2004）Seasonal changes in elevation and habitat use of the Asiatic black bear（Ursus thibetanus）in the Northern Japan Alps. Mammal Study 29: 1-8.

葛西真輔（2011）日本のクマ―ヒグマとツキノワグマの生物学．（坪田敏男・山崎晃司 編）東京大学出版会，pp. 327-332.

金森弘樹・田中 浩・田戸裕之・藤井 猛・澤田慎吾・黒崎敏文・大井 徹（2008）西中国地域におけるツキノワグマの特定鳥獣保護管理計画の現状と課題．哺乳類科学 48（1）：57-64.

環境庁（1991）日本の絶滅のおそれのある野生生物―脊椎動物編―．野生生物研究センター

環境省自然環境局生物多様性センター 平成30年度中大型哺乳類分布調査調査報告書―クマ類（ヒグマ・ツキノワグマ）・カモシカ― 116 pp.

環境省（2017）特定鳥獣保護・管理計画作成のためのガイドライン（クマ類変・平成28年度），108 pp.

環境省（2020a）https://www.env.go.jp/nature/choju/effort/effort12/injury-qe.pdf

環境省（2020b）https://www.env.go.jp/nature/choju/plan/pdf/plan3-1b.pdf

木村盛武（1995）慟哭の谷 北海道三毛別・史上最悪のヒグマ襲撃事件．文春文庫，220 pp.

Kindberg, J., Swenson, J., Ericsson, G., Bellemain, E., Miquel, C. and Taberlet, P.（2011）Estimating population size and trends of the Swedish brown bearUrsus arctos population. Wildlife Biology 17: 114-123.

小池伸介（2011）日本のクマ―ヒグマとツキノワグマの生物学．（坪田敏男・山崎晃司 編）東京大学出版会，pp. 155-181.

Kozakai, C., Yamazaki, K., Nemoto, Y., Nakajima, A., Koike, S., Abe, S., Masaki, T. and Kaji, K.（2011）Effect of mast production on home range use of Japanese black bears J. Wildl. Manag 75（4）: 867-875.

間野 勉・大井 徹・横山真弓・高柳 敦（2008）日本におけるクマ類の保護管理の現状と課題．哺乳類科学 48：34-55.

Matsuhashi, Y. et al.（1999）Molecular Biology and Evolution 16: 676-684.

Nelson, R. A., Beck, T. D. and Steiger, D. L.（1984）Ratio of serum urea to serum creatinine in wild black bears Science 226; 841-842.

中静 透（2004）森のスケッチ．東海大学出版

中村幸子・横山真弓・森光由樹(2011a)ツキノワグマの繁殖状況．「兵庫県におけるツキノワグマの保護管理の現状と課題」兵庫ワイルドライフモノグラフ　3：105-109.

中村幸子・横山真弓・森光由樹・片山敦司・森光由樹・斎田栄里奈(2011b)ツキノワグマの外部形態の成長パターンとその特徴．兵庫ワイルドライフモノグラフ　3：110-119.

Oka, T., Miura, S., Masaki, T., Suzuki, W., Osumi, K. and Saitoh, S.(2004)Relationship between changes in beechnut production and Asiatic black bears in northern Japan J. Wild. Manage 68: 979-986.

大西尚樹・安河内彦輝(2010)九州で最後に捕獲されたツキノワグマの起源．哺乳類科学　50(2)：177-189.

佐藤喜和(2011)日本のクマ―ヒグマとツキノワグマの生物学．(坪田敏男・山﨑晃司 編)東京大学出版会，pp. 37-58.

Sæther, B. E., Engen, B., Swenson, J. E., Bakke, Ø. and Sandegren, F.(1998)Assessing the Viability of Scandinavian Brown Bear, Ursus arctos, Populations: The Effects of Uncertain Parameter Estimates. Oikos 83(2): 403-416.

Stirling, I. and Derocher, A. E.(1990)Factors Affecting the Evolution and Behavioral Ecology of the Modern Bears. International Conference on Bear Research and Management 8: 189-204.

鈴木克哉ほか(2011)兵庫県におけるツキノワグマの保護管理の現状と課題．兵庫ワイルドライフモノグラフ　3：142-155.

田口洋美(2000)東北学3―狩猟文化の系譜．(赤坂憲雄 編)作品社，pp. 67-102.

坪田敏男(2000)冬眠する哺乳類．(川道武男・近藤宣昭・森田哲夫 編)東京大学出版会，pp. 231-233.

早稲田宏一・間野 勉(2011)日本のクマ―ヒグマとツキノワグマの生物学．(坪田敏男・山﨑晃司 編)東京大学出版会，pp. 303-326.

山中正実・青井俊樹(1988)知床の動物．(大泰司紀之・中川 元 編)北海道大学図書刊行会，pp. 181-223.

Yamazaki, K.(2009)The wild mammals of Japan.(Ohdachi S D Ishibashi Y Saitoh eds.)pp. 235-237.

横山真弓(2009)ツキノワグマ―絶滅の危機からの脱却―．動物たちの反乱．(河合雅雄・林良博 編)PHP サイエンス・ワールド新書，pp. 129-158.

横山真弓(2011)ツキノワグマの保護管理―ツキノワグマをめぐる社会的課題とその対策．(坪田敏男・山﨑晃司 編)日本のクマ―ヒグマとツキノワグマの生物学．東京大学出版会，pp 333-360.

横山真弓(2014)徹底したデータ収集から始まる野生動物保護管理―ツキノワグマの保護管理システム構築を例に―．野生生物と社会　1(2)：17-24.

横山真弓・高木 俊(2018)被害防止対策から得られるデータを活用した兵庫県におけるツキノワグマ個体群の保全管理．保全生態学研究　23：57-65.

横山真弓・斎田栄里奈・江藤公俊・中村幸子・森光由樹(2011)兵庫県におけるツキノワグマの行動圏の変異とその要因．兵庫ワイルドライフモノグラフ　3：62-73.

横山真弓・坂田宏志・森光由樹・藤木大介・室山泰之(2008)兵庫県におけるツキノワグマの保護管理計画およびモニタリングの現状と課題．哺乳類科学　48：65-7.

■7章

江成広斗・渡邊邦夫・常田邦彦(2015)ニホンザル捕獲の現状―全国市町村アンケート結果から―．哺乳類科学　55(1)：43-52.

兵庫県森林動物研究センター 資料データベース サルにも効果的な電気柵の紹介
　　http://www.wmi-hyogo.jp/upload/database/DA00000080.pdf

井上雅央(2011)シリーズ鳥獣害を考える，農文協

伊沢紘生(1982)ニホンザルの生態―豪雪の白山に野生を問う．自然誌選書

伊沢紘生(2009)野生ニホンザルの研究．どうぶつ社

環境省(2014)ニホンザルの特定計画の現状と課題．平成26年度ニホンザル保護管理検討会(第1回)資料1-2.
　　http://www.env.go.jp/nature/choju/conf/conf_wp/conf05-03/mat01-2.pdf

環境省(2014)ニホンザル被害対策強化の考え方
　　https://www.env.go.jp/nature/choju/effort/effort9/nihonzaru.pdf

環境省(2016)特定鳥獣保護・管理計画作成のためのガイドライン(ニホンザル編・平成27年度)
　　https://www.env.go.jp/nature/choju/plan/plan3-2d/nihonzaru.pdf

環境省(2017)鳥獣の保護及び管理を図るための事業を実施するための基本的な指針(平成29年9月告示版)．65 pp.

環境省(2018)ニホンザルの保護及び管理の現状．平成29年度ニホンザル保護及び管理に関する検討会資料1-2.
　　http://www.env.go.jp/nature/choju/conf/conf_wp/conf05-h29/mat01-2.pdf

環境省(2020)第3回鳥獣の保護管理のあり方検討会の開催について
　　http://www.env.go.jp/press/108422.html

清野紘典・山端直人・加藤 洋・海老原寛・檀上理沙・藏元武蔵(2018)ニホンザル加害群を対象とした計画的な個体群管理

の有効性. 霊長類研究 34(2)：141-147.

森光由樹・鈴木克哉(2014)野生ニホンザルの個体数管理の最前線～効率的な被害軽減に向けて～. 哺乳類科学 54(1)：145-148.

森光由樹・鈴木克哉・河本 芳(2014)ミトコンドリア DNA 標識を用いたニホンザルオスの地域個体群間の移動の検討. 霊長類研究 30(0)：50-51.

森光由樹・川本 芳(2015)法改正に伴う今後のニホンザルの保全と管理の在り方. 霊長類研究 31：49-74.

室山泰之(2003)里のサルとつきあうには―野生動物の被害管理. 生態学ライブラリー

農林水産省 鳥獣対策コーナー

　　https://www.maff.go.jp/j/seisan/tyozyu/higai/

鈴木克也・山端直人・中田彩子・上田剛平・稲葉一明(2013)有効な防護柵設置率が向上した集落におけるニホンザル出没率の減少. 兵庫ワイルドライフモノグラフ 5：88-94.

鈴木克哉・江成広斗・山端直人・清野紘典・宇野壮春・森光由樹・滝口正明(2016)人とマカクザルの軋轢解消にむけた統合的アプローチを目指して. 哺乳類科学 56(2)：241-249.

滝口正明・山端直人・森光由樹(2020)兵庫ワイルドライフモノグラフ 13：1-12.

山端直人(2010)集落ぐるみのサル追い払いによる農作物被害軽減効果. 農村計画学会誌 28：273-278.

山端直人・鈴木克也(2013)通電式支柱「おじろ用心棒」を用いた電気柵に対するニホンザルの行動変化. 兵庫ワイルドライフモノグラフ 5：81-87.

山端直人・九鬼康彰・星野 敏(2015)獣害対策の継続が集落のソーシャルキャピタルに及ぼす効果. 農村計画学会誌 34：369-376.

山端直人・六波羅総・清野宏典・鬼頭敦史(2018)三重県におけるニホンザル被害管理と個体数管理の現状と課題. 霊長類研究 34(2)：149-152.

山端直人・飯場聡子(2019)サル管理の進展に伴う集落住民の感情変化―集落住民へのグループインタビューによる住民感情の分析. 農村計画学会誌 38：215-220.

■8章

兵庫県森林動物研究センター(2020)兵庫県野生動物管理データ集

　　http://www.wmi-hyogo.jp/ym/index.aspx(2021 年 1 月 11 日確認)

環境省(2020)第一種特定鳥獣保護計画及び第二種特定鳥獣管理計画の作成状況

　　https://www.env.go.jp/nature/choju/plan/pdf/plan3-1b.pdf(2021 年 1 月 11 日確認)

環境省(2021)全国のニホンジカ及びイノシシの個体数推定及び生息分布調査の結果発表

　　https://www.eic.or.jp/news/?act=view&serial=45060&oversea=(2021 年 4 月 25 日確認)

間野 勉・大井 徹・横山真弓・高柳 敦(2008)日本におけるクマ類の保護管理の現状と課題. 哺乳類科学 48(1)：34-55.

関東山地ニホンジカ広域協議会(2010)関東山地ニホンジカ広域保護管理指針

　　https://www.env.go.jp/nature/choju/effort/kanto-shika.pdf(2021 年 1 月 11 日確認)

Nakashima, Y., Fukasawa, K. and Samejima, H. (2018) Estimating animal density without individual recognition using information derivable exclusively from camera traps. Journal of Applied Ecology 55: 735-744.

坂田宏志・横山真弓・森光由樹・中村幸子・斎田栄里奈(2011)兵庫県におけるツキノワグマの管理のためのデータ収集. 「兵庫県におけるツキノワグマの保護管理の現状と課題」兵庫ワイルドライフモノグラフ 3：18-28.

Uno, H., Kaji, K., Saitoh, T., Matsuda, H., Hirakawa, H., Yamanamura, K. and Tamada, K. (2006) Evaluation of relative density indices for sika deer in eastern Hokkaido. Japan Eological Research 21: 624-632.

宇野裕之・横山真弓・坂田宏志(2007)ニホンジカ個体群の保全管理の現状と課題. 哺乳類科学 47(1)：25-38.

横山真弓(2014)徹底したデータ収集から始まる野生動物保護管理―ツキノワグマの保護管理システム構築を例に―. 野生生物と社会 1(2)：17-24.

横山真弓(2020)CSF(豚熱)防疫のためのイノシシの密度管理～捕獲強化策に対する「効果検証」の可能性と必要性. 日本獣医師会雑誌 73(10)：12-17.

■9章

江口祐輔編(2015)農作物被害の総合対策. 誠文堂新光社

江口祐輔編(2017)農作物を守る鳥獣害対策. 誠文堂新光社

藤木大介・高木 俊(2019)兵庫県におけるニホンジカの科学的モニタリングに基づく順応的な管理の評価と展望. 兵庫ワイル

ドライフモノグラフ 11：14-29.

本田　剛（2007）被害防止柵の効果を制限する要因―パス解析による因果推論―．日本森林学会誌 89（2）：126-130.

一般社団法人獣害対策先進技術管理組合（2019）

　　　https://sites.google.com/view/jugai-tech/（2020 年 9 月確認）

農文協（2018）地域で止める獣害対策シリーズ．DVD 地域で止める獣害対策シリーズ 1　獣害を止める基本―野生動物の行動をふまえた総合的な対策―

農林水産省（2018）鳥獣対策コーナー．野生鳥獣被害防止マニュアル―総合対策編

　　　https://www.maff.go.jp/j/seisan/tyozyu/higai/manyuaru/sogo_taisaku/sogo_taisaku.html

農林水産省（2020a）鳥獣対策コーナー．全国の野生鳥獣による農作物被害状況について

　　　https://www.maff.go.jp/j/seisan/tyozyu/higai/（2020 年 7 月確認）

農林水産省（2020b）鳥獣対策コーナー．鳥獣による農林水産業等に係る被害の防止のための特別措置に関する法律

　　　https://www.maff.go.jp/j/seisan/tyozyu/higai/attach/pdf/index-282.pdf/（2020 年 7 月確認）

農林水産省（2020 c）統計情報．農地の区画情報（筆ポリゴン）の提供

　　　https://www.maff.go.jp/j/tokei/porigon/

岡本玲子（2016）アクションリサーチ：よくわかる質的研究の進め方・まとめ方―看護研究のエキスパートを目指して―第 2 版．（グレッグ美鈴・麻原きよみ・横山美江　編著）医歯薬出版

鈴木克哉（2014）地域が主体となった獣害対策のこれからの課題―地域を動かす共有目標とプロセスのデザイン．野生生物と社会 1（2）：29-34.

山端直人（2015）獣害と農村のマネジメント．農村計画学会誌 34：357-360.

山端直人（2017）地域社会のための総合的な獣害対策．農文教プロダクション

山端直人他（2017）集落アンケートを用いた鳥獣被害金額算出方法の検討．農村計画学会誌 36：363-368.

山端直人（2019a）地域社会のための総合的な獣害対策とその実践：被害防除・個体数管理・集落支援・関係機関の体制．国際文化研修 26（3）：34-39.

山端直人（2019b）ICT を始めとした先進技術と地域の力による獣害対策―革新的技術開発・緊急展開事業（地域戦略プロジェクト）の成果紹．農林水産技術 7（10）：8-13.

山端直人（2020）獣害対策，継続の工夫，研修会でノウハウを広める．季刊地域（40）農文協出版

■ 10 章

阿部　豪（2011）アライグマ―有害鳥獣捕獲からの脱却．（山田文雄・池田　透・小倉　剛　編）日本の外来哺乳類 管理戦略と生態系保全．東京大学出版会，pp. 139-167.

Abe, G., Ikeda, T. and Tatsuzawa, S.（2006）Differences in habitat use of the native raccoon dog（*Nyctereutes procyonoides albus*）and the invasive alien raccoon（*Procyon lotor*）in the Nopporo Natural Forest Park, Hokkaido, Japan. In（Koike, F., Clout, M. N., Kawamichi, M., De Poorter, M., Iwatsuki, K. eds.）Assessment and Control of Biological Risks, Shouwado Book Sellers, Kyoto, and the World Conservation Union（IUCN）, Kyoto; Gland, pp. 116-121.

浅田正彦・篠原栄里子（2009）千葉県におけるアライグマの個体数試算．千葉県生物多様性センター研究 1：30-40.

浅田正彦（2014）階層ベイズモデルを使った除去法によるアライグマ Procyon lotor の個体数推定．哺乳類科学 54：207-218.

Bertolino, S., Angelici, C., Monaco, E., Monaco, A. and Capizzi, D.（2011）Interactions between Coypu（*Myocastor coypus*）and bird nests in three Mediterranean wetlands of central Italy. Hystrix It. J. Mamm 22: 333-339.

Carter, J. and Leonard, B. P.（2002）A review of the literature on the worldwide distribution, spread of, and efforts to eradicate the coypu（Myocastor coypus）. Wildlife Society Bulletin 30: 162-175.

DIISE（2018）The Database of Island Invasive Species Eradications, developed by Island Conservation, Coastal Conservation Action Laboratory UCSC, IUCN SSC Invasive Species Specialist Group, University of Auckland and Landcare Research New Zealand.

　　　http://diise.islandconservation.org.

Duckworth, J. W., Timmins, R. J., Chutipong, W., Choudhury, A., Mathai, J., Willcox, D. H. A., Ghimirey, Y., Chan, B. and Ross, J.（2016）Paguma larvata. The IUCN Red List of Threatened Species 2016: e.T41692A45217601. http://dx.doi.org/10.2305/IUCN.UK.2016-1.RLTS.T41692A45217601.en.

Evans, J.（1970）About nutria and their control. United States Bureau of Sport Fisheries and Wildlife. Denver Wildlife Research Center, Denver, Colorado, USA.

Gehrt, S. D.（2003）Raccoons and allies. In（Feldhamer, G. A., Thompson, B. C. and Chapman, J, A, eds.）Wild mammals of North America: biology, management, and conservation. Johns Hopkins University Press, Baltimore, pp 611-633.

Hasegawa, M.（1999）Impacts of introduced weasel on the insular food web. In（H. Ohta ed）Diversity of reptiles, amphibians and other terrestrial animals on tropical islands: origin, current status and conservation. Elsevier, pp. 129-154.

畑 一志・渡邊好信（2020）兵庫県におけるアライグマ対策にかかる県・市・町の現状．「兵庫県における外来哺乳類の現状と課題」兵庫ワイルドライフモノグラフ 12：24-34.

伊原禎雄・宇根有美・大沼 学・佐藤洋司・新国 勇（2014）福島県只見町で発生したモリアオガエルの大量死について．野生生物と社会 2：37-41.

Ikeda, T., Asano, M., Matoba, Y. and Abe, G.（2004）Present status of invasive alien raccoon and its impact in Japan. Global Environmental Research 8: 125-131.

Ikeda（2009）*Procyon lotor*（Linnaeus, 1758）. In（Ohdachi, S. D., Ishibashi, Y., Iwasa, M. A., Saitoh, T. eds.）, The Wild Mammals of Japan, 267-268. Shoukadoh Book Sellers and the Mammalogical Society of Japan, Kyoto.

池田 透（2011）日本の外来哺乳類－現状と問題点．（山田文雄・池田 透・小倉 剛 編）日本の外来哺乳類 管理戦略と生態系保全．東京大学出版会．pp. 3-26.

Inoue, T., Kaneko, Y., Yamazaki, K., Anezaki, T., Yachimori, S., Ochiai, K., Lin, L., Pei, K.J., Chen, Y., Chang, S. and Masuda, R.（2012）Genetic population structure of the masked palm civet *Paguma larvata*,（Carnivora: Viverridae）in Japan, revealed from analysis of newly identified compound microsatellites. Conservation Genetics 13: 1095-1107.

石田 惣・木邑聡美・唐澤恒夫・岡崎一成・星野利浩・長安菜穂子（2015）淀川のヌートリアによるイシガイ科貝類の捕食事例，および死殻から推定されるその特徴．Bulletin of the Osaka Museum of Natural History 69: 29-40.

Johnson, A. S.（1970）Biology of the raccoon（*Procyon lotor varius* Nelson and Goldman）in Alabama. Agric. Exp. Stat. Auburn Univ. Bull 402: 1-148.

環境省・農林水産省・国土交通省（2015）外来種被害防止行動計画～生物多様性条約・愛知目標の達成に向けて～
https://www.env.go.jp/nature/intro/2outline/actionplan/actionplan.pdf.（2020 年 10 月 1 日確認）

環境省自然環境局生物多様性センター（2018）平成 29 年度要注意鳥獣（クマ等）生息分布調査 調査報告書アライグマ・ハクビシン・ヌートリア
https://www.biodic.go.jp/youchui/reports/h29_youchui_houkoku.pdf.（2020 年 10 月 1 日確認）

加藤卓也・掛下尚一朗・山崎文晶・杉浦奈都子（2016）横浜市の野生化アライグマ *Procyon lotor* の胃内容におけるトラツグミ *Zoothera dauma* の検出．日本野鳥の会金川支部研究年報「BINOS」23: 77-79.

小林秀司・織田銑一（2016）ヌートリアと国策：戦後のヌートリア養殖ブームはなぜ起きたのか？ 哺乳類科学 56: 189-198.

栗山武夫・山端直人・高木 俊（2018a）兵庫県の野生動物の生息と被害の動向調査の概要．「兵庫県の大・中型野生動物の生息状況と農業被害の現状と対策～鳥獣害アンケートの集計～」兵庫ワイルドライフモノグラフ 10：1-8.

栗山武夫・小井土美香・長田 穣・浅田正彦・横溝裕行・宮下 直（2018b）密度推定に基づいたタヌキに対する外来哺乳類（アライグマ・ハクビシン）の影響．保全生態学研究 23：9-17.

栗山武夫・高木 俊（2020）兵庫県の外来哺乳類（アライグマ・ハクビシン・ヌートリア）の生息と農作物被害の動向（2004-2018 年度）．「兵庫県における外来哺乳類の現状と課題」兵庫ワイルドライフモノグラフ 12：1-23.

栗山武夫・沼田寛生（2020）兵庫県神戸市におけるニホンアカガエル繁殖期に出没・カエルを捕食したアライグマの記録．「兵庫県における外来哺乳類の現状と課題」兵庫ワイルドライフモノグラフ 12：35-48.

前田 健（2009）イヌジステンパーウィルスおよび日本脳炎の抗体保有状況と課題．「兵庫県におけるアライグマの現状」兵庫ワイルドライフモノグラフ 1：55-65.

前田 健（2016）重症熱性血小板減少症候群（SFTS）をはじめとするマダニ媒介性感染症の現状．学術の動向 21：67-71.

増田隆一（2017）外来種の生物地理学—ハクビシン．哺乳類の生物地理学．東京大学出版会．pp. 135-150.

Matsumoto, Y., Takagi, T., Koda, R., Tanave, A., Yamashiro, Y. and Tamate, H. B.（2019）Evaluation of introgressive hybridization among Cervidae in Japan's Kinki District via two novel genetic markers developed from public NGS data. Ecology and Evolution 9: 5605-5616.

Matsuo, R. and Ochiai, K.（2009）Dietary overlap among two introduced and one native sympatric carnivore species, the raccoon, the masked palm civet, and the raccoon dog, in Chiba Prefecture, Japan. Mammal Study, 34: 187-194.

三浦慎吾（1976）分布から見たヌートリアの帰化・定着，岡山県の場合．哺乳動物学雑誌 6：231-237.

三浦慎吾（1977）テレメトリー法によるヌートリアのホームレンジの推定．（動物テレメトリーグループ編）動物テレメトリーの現況．pp. 22-26.

三浦慎吾（1994）ヌートリア（水産庁編）日本の希少な水生生物に関する基礎調査．pp. 539-546.

村上興正（2011）外来生物法—現行法制での対策と課題．（山田文雄・池田 透・小倉 剛 編）日本の外来哺乳類 管理戦略と生態系保全．東京大学出版会．pp 27-58.

農林水産省 野生鳥獣による農作物被害の推移（鳥獣種類別）
https://www.maff.go.jp/j/seisan/tyozyu/higai/h_zyokyo2/h29/attach/pdf/181026-5.pdf.（2020 年 10 月 1 日確認）

奥野　優（2009）人獣共通感染症レプトスピラ症の感染状況．「兵庫県におけるアライグマの現状」兵庫ワイルドライフモノ
　　グラフ　1：46-54.

Osada, Y., Kuriyama, T., Asada, M., Yokomizo, H. and Miyashita, T.（2015）Exploring the drivers of wildlife population dynamics
　　from insufficient data by Bayesian model averaging. Population Ecology 57: 485-493.

Robertson, P. A., Adriaens, T., Lambin, X., Mill, A., Roy, S., Shuttleworth, C. M. and Sutton-Croft, M.（2017）The large-scale
　　removal of mammalian invasive alien species in Northern Europe. Pest Management Science 73: 273-279.

佐藤　宏（2009）消化管寄生虫の寄生状況．「兵庫県におけるアライグマの現状」兵庫ワイルドライフモノグラフ　1：29-45.

Secretariat of the Convention on Biological Diversity（SCBD）（2006）Global Biodiversity Outlook 2. Montreal

白井　啓・川本　芳（2011）タイワンザルとアカゲザル　交雑回避のための根絶計画．「日本の外来哺乳類」（山田文雄・池田
　　透・小倉　剛　編）東京大学出版会，pp 169-202.

高木　俊（2019）兵庫県におけるニホンジカ個体群動態の推定と地域別の動向．兵庫ワイルドライフモノグラフ　11：30-57.

Torii, H.（1986）Food habitat of the masked palm civet, *Paguma larvata* Hamilton-Smith. 哺乳動物学雑誌：The Journal of the
　　Mammalogical Society of Japan 11: 39-43.

鳥居春己（1989）静岡県の哺乳類．第一法規出版，231 pp.

鳥居春己（2002）ハクビシン忘れられた謎の外来種．（日本生態学会編）外来種ハンドブック，74．地人書館

Totii, H. and Miyake, T.（1986）Litter size and sex ratio of the masked palm civet, *Paguma larvata*, in Japan. 哺乳動物学雑誌：
　　The Journal of the Mammalogical Society of Japan 11: 35-38.

亘　悠哉（2015）外来生物対策と時間—マングース対策と在来種の回復．「保全生態学の挑戦　空間と時間のとらえ方」（宮下
　　直・西廣　淳　編）東京大学出版会，pp 151-169.

亘　悠哉（2019）外来種対策のロードマップとチェックリスト：奄美大島のマングース対策からのフィードバック日本鳥学会
　　誌 68：263-272.

Williamson, M. and Fitter, A.（1996）The varying success of invaders. Ecology 77：1661-1666.

山田文雄・石井信夫・池田　透・常田邦彦・深澤圭太・橋本琢磨・諸澤崇裕・阿部愼太郎・石川拓哉・阿部　豪・村上興正
　　（2012）環境省の行政事業レビューへの研究者の対応—効果的・効率的外来哺乳類対策の構築に向けて—．哺乳類科学，
　　52：265-287.

横山真弓・木下裕美子（2009）捕獲個体の分析〜年齢・繁殖・食性〜．「兵庫県におけるアライグマの現状」兵庫ワイルドラ
　　イフモノグラフ　1：19-28.

横山真弓・西牧正美（2020）住民主体による活動事例〜大山捕獲隊の活動記録〜．「兵庫県における外来哺乳類の現状と課題」
　　兵庫ワイルドライフモノグラフ 12：49-66.

Zeveloff, S. I.（2002）Raccoons: a natural history. Smithsonian Institution Press, Washington and London.

■ 11 章

猪島康雄（2013）野生ニホンカモシカにおけるパラポックスウイルス感染症．日本獣医師会雑誌 66：557-563.

環境庁・（社）大日本猟友会（2000）鉛弾中毒から鳥たちを守りましょう．環境庁・（社）大日本猟友会，28 pp.

Tsukada, H., Nakamura, Y., Kamio, T., Inokuma, H., Hanafusa, Y., Matsuda, N., Maruyama, T., Ohba, T. and Nagata, T.（2014）
　　Higher sika deer density is associated with higher local abundance of Haemaphysalis longicornis nymphs and adults but
　　not larvae in central Japan. Bulletin of Entomological Research 104: 19-28.

■ 12 章

British Association for Shooting and Conservation（2014）The Value of Shooting. British Association for Shooting and
　　Conservation, Wrexham.

Igota, H. and Suzuki, M.（2008）Community-based wildlife management: a case study of sika deer in Japan. Human Dimensions
　　of Wildlife 13: 416-428.

伊吾田宏正・松浦友紀子（2013）海外の狩猟と野生動物管理の事例：イギリス．野生動物管理のための狩猟学．（梶　光一・
　　伊吾田宏正・鈴木正嗣　編）朝倉書店，pp. 34-42.

伊吾田宏正・松浦友紀子・東谷宗光（2015）次世代の大型哺乳類管理の担い手を創出するには？：英国シカ捕獲認証を参考に．
　　野生生物と社会　3：29-34.

Kaji, K., Okada, H., Yamanaka, M., Masuda, H. and Yabe, T.（2004）Irruption of a colonizing sika deer population. Journal of
　　Wildlife Management 68: 889-899.

Kaji, K., Saitoh, T., Uno, H., Matsuda, H. and Yamamura, K.（2010）Adaptive management of sika deer populations in Hokkaido,

Japan: theory and practice. Population Ecology 52: 373-387.

松田裕之（2000）環境生態学序説．共立出版，211 pp.

松浦友紀子・伊吾田宏正（2013）英国の一次処理と資格制度．獣医畜産新報 65：451-454.

松浦友紀子・伊吾田宏正・宇野裕之・赤坂 猛・鈴木正嗣・東谷宗光・ノーマン ヒーリー（2016）シンポジウム「森を創る
ために人を育む―野生動物管理の担い手像―」報告．哺乳類科学 56：61-69.

永田純子・大泰司紀之・太子夕佳（2019）ロクジョウ（鹿茸）原材料種および亜種の再検討．野生生物と社会 7：11-21.

Ready, R. C.（2012）Economic considerations in wildlife management. In（D. J. Decker, S. J. Riley, and W. F. Siemer eds.）
Human dimensions of wildlife management second edition. The Johns Hopkins University Press, Baltimore, pp. 68-83.

竹田謙一（2012）野生動物のアニマルウェルフェアと資源的活用．獣医畜産新報 65：482-486.

■ 13章

Baydack, R., Edge, W. D. and McMullin, S. L.（2009）Preparing future professionals: In wildlife education, do the ends justify
the means? The Wildlife Professional 3: 10-11.

羽山伸一（2015）野生動物医学の 30 年．日本野生動物医学会誌 20：21-25.

いいだもも（1996）猪・鉄砲・安藤昌益．農村漁村文化協会，270 pp.

Krausman, P. R.（2001）Introduction to Wildlife Management: The Basics. Prentice Hall, New Jersey, 478 pp.

鈴木正嗣（2013）狩猟者と専門的・職能的捕獲技術者との役割分担．野生動物管理のための狩猟学．（梶 光一・伊吾田宏正・
鈴木正嗣 編）朝倉書店，pp. 85-88.

鈴木正嗣（2016）モデル・コア・カリキュラム策定と教育体制整備の必要性．財団設立ニュースレター 8：1-3.

田口洋美（2000）列島開拓と狩猟のあゆみ．東北学 Vol. 3.（赤坂憲雄 編）東北芸術工科大学東北文化研究センター，pp. 67-
102.

武井弘一（2010）鉄砲を手放さなかった百姓たち．朝日新聞出版，241 pp.

塚本 学（1993）生類をめぐる政治．平凡社，357 pp.

■ 14章

浅田正彦（2014）階層ベイズモデルを使った除去法によるアライグマ（*Procyon lotor*）の個体数推定．哺乳類科学 54：207-218.

Buckland, S. T., Miller, D. L. and Rexstad, E.（2019）Distance Sampling. in Quantitative analyses in wildlife science. In
（Brennan, L. A., Tri, A. N., Marcot, B. G., eds.）Johns Hopkins University Press, pp. 97-112.

Dorazio, R. M. and Royle, J. A.（2003）Mixture models for estimating the size of a closed population when capture rates vary
among individuals. Biometrics 59: 351-364.

Efford, M. G., Dawson, D. K. and Borchers, D. L.（2009）Population density estimated from locations of individuals on a passive
detector array. Ecology 90: 2676-2682.

江成広斗（2015）個体数の評価．野生動物管理のためのフィールド調査法―哺乳類の痕跡判定からデータ解析まで．（關義
和・江成広斗・小寺祐二・辻 大和 編）京都大学出版会，pp. 313-340.

ENETWILD Consortium, Keuling O, Sange M, Acevedo P, Podgorski T, Smith G, Scandura M, Apollonio M, Ferroglio E, Body
G, Vicente J（2018）Guidance on estimation of wild boar population abundance and density: methods, challenges,
possibilities. EFSA supporting publication 2018: EN-1449. 48 pp.

ENETWILD consortium, Grignolio S, Apollonio M, Brivio F, Vicente J, Acevedo P, Palencia P, Petrovic K, Keuling O（2020）
Guidance on estimation of abundance and density data of wild ruminant population: methods, challenges, possibilities.
EFSA supporting publication 2020: EN-1876. 54 pp.

藤木大介・高木 俊（2019）兵庫県におけるニホンジカの科学的モニタリングに基づく順応的管理の評価と展望．兵庫ワイル
ドライフモノグラフ 11：14-29.

Gardner, B., Royle, J. A., Wegan, M. T., Rainbolt, R. E. and Curtis, P. D.（2010）Estimating black bear density using DNA data
from hair snares. The Journal of Wildlife Management 74: 318-325.

濱崎伸一郎・岸本真弓・坂田宏志（2007）ニホンジカの個体数管理にむけた密度指標（区画法，糞塊密度および目撃効率）の
評価．哺乳類科学 47：65-71.

Higashide, D., Miura, S. and Miguchi, H.（2013）Evaluation of camera-trap designs for photographing chest marks of the free-
ranging Asiatic black bear, *Ursus thibetanus*. Mammal study, 38: 35-39.

兵庫県（2007）第 3 期シカ保護管理計画．兵庫県

兵庫県（2010）第 3 期シカ保護管理計画（第 2 次変更）平成 22 年度事業実施計画．兵庫県

飯島勇人（2017）シカの管理目標のあり方. 日本のシカ―増えすぎた個体群の科学と管理. （梶 光一・飯島勇人 編）東京大学出版会, pp. 224-239.

飯島勇人（2018）特定鳥獣管理計画に基づく各都道府県のニホンジカ個体群管理：現状と課題. 保全生態学研究 23：19-28.

Iijima, H.（2020）A review of wildlife abundance estimation models: comparison of models for correct application. Mammal Study 45: 177-188.

Iijima, H., Nagaike, T. and Honda, T.（2013）Estimation of deer population dynamics using a Bayesian state-space model with multiple abundance indices. The Journal of Wildlife Management 77: 1038-1047.

Iijima, H. and Ueno, M.（2016）Spatial heterogeneity in the carrying capacity of sika deer in Japan. Journal of Mammalogy 97: 734-743.

環境省（2017）特定鳥獣保護・管理計画作成のためのガイドライン（クマ類編・平成28年度）. 環境省 自然環境局 野生生物課鳥獣保護管理室

Kéry, M. and Royle, J. A.（2015）Applied Hierarchical Modeling in Ecology: Analysis of distribution, abundance and species richness in R and BUGS: Volume 1: Prelude and Static Models. Academic Press.（深谷肇一・飯島勇人・伊東宏樹 監訳, 奥田武弘・長田 穣・川森 愛・柴田泰宙・髙木 俊・辰巳晋一・仁科一哉・深澤圭太・正木 隆 訳（2021）生態学のための階層モデリング：RとBUGSによる分布・個体数量・種の豊かさの統計解析. 共立出版）

Kéry, M. and Schaub, M.（2011）Bayesian population analysis using WinBUGS: a hierarchical perspective. Academic Press.（飯島勇人・伊東宏樹・深谷肇一・正木 隆 訳（2016）BUGSで学ぶ階層モデリング入門：個体群のベイズ解析. 共立出版）

Koganezawa, M., Kosobucka, M., Maruyama, N. and Bobek, B.（1995）Application of the block count method to the roe deer（*Capreolus capreolus*）population in a Lowland Forest, Niepolomice, southern Poland. Bulletin of the Utsunomiya University Forests 31: 1-5.

Maruyama, N. and Nakama, S.（1983）Block count method for estimating serow populations. Japanese Journal of Ecology 33: 243-251.

Matsuda, H., Uno, H., Tamada, K., Kaji, K., Saitoh, T., Hirakawa, H., Kurumada, T. and Fujimoto, T.（2002）Harvest-based estimation of population size for Sika deer on Hokkaido Island, Japan. Wildlife Society Bulletin 30: 1160-1171.

松金（辻）知香・横山真弓（2018）兵庫県における高密度下でのニホンジカの繁殖特性. 哺乳類科学 58: 13-21.

松本 崇・岸本康誉・太田海香・坂田宏志（2014）ニホンジカの個体群動態の推定と将来予測（兵庫県本州部2012年）. 兵庫ワイルドライフレポート 2: 12-36.

Miller, D. L., Rexstad, E., Thomas, L., Marshall, L. and Laake, J. L.（2019）Distance sampling in R. Journal of Statistical Software 89: issue 1.

Nakashima, Y., Fukasawa, K. and Samejima, H.（2018）Estimating animal density without individual recognition using information derivable exclusively from camera traps. Journal of Applied Ecology 55: 735-744.

Plummer, M.（2017）JAGS Version 4.3.0 user manual.

Rowcliffe, J. M., Field, J., Turvey, S. T. and Carbone, C.（2008）Estimating animal density using camera traps without the need for individual recognition. Journal of Applied Ecology 45: 1228-1236.

Royle, J. A.（2004）*N*-mixture models for estimating population size from spatially replicated counts. Biometrics 60: 108-115.

坂田宏志・鈴木克哉（2013）モンテカルロシミュレーションによるニホンザル群の存続確率の推定. 兵庫ワイルドライフレポート 1: 75-79.

坂田宏志・岸本康誉・関香菜子（2012）ニホンジカの個体群動態の推定と将来予測（兵庫県本州部2011年）. 兵庫ワイルドライフレポート 1: 1-16.

Spiegelhalter, D., Thomas, A., Best, N. and Lunn, D.（2014）OpenBUGS user manual（version 3.2.3）.

髙木 俊（2019）兵庫県におけるニホンジカ個体群動態の推定と地域別の動向. 兵庫ワイルドライフモノグラフ 11: 30-57.

髙木 俊・栗山武夫・山端直人（2018）景観構造を考慮したシカ・イノシシの農業被害と密度指標の関係分析. 兵庫ワイルドライフモノグラフ 10: 32-45.

Thomas, L., Buckland, S. T., Rexstad, E. A., Laake, J. L., Strindberg, S., Hedley, S. L., Bishop, J. R. B., Marques, T. A. and Burnham, K. P.（2010）Distance software: design and analysis of distance sampling surveys for estimating population size. Journal of Applied Ecology 47: 5-14.

Uno, H., Kaji, K., Saitoh, T., Matsuda, H., Hirakawa, H., Yamamura, K. and Tamada, K.（2006）Evaluation of relative density indices for sika deer in eastern Hokkaido, Japan. Ecological Research 21: 624-632.

Uno, H., Ueno, M., Inatomi, Y., Osa, Y., Akashi, N., Unno, A. and Minamino, K.（2017）Estimation of population density for sika deer（*Cervus nippon*）using distance sampling in the forested habitats of Hokkaido, Japan. Mammal study 42: 57-64.

White, G. C. and Burnham, K. P.（1999）Program MARK: survival estimation from populations of marked animals, Bird Study 46: S120-S139.

Yamamura, K., Matsuda, H., Yokomizo, H., Kaji, K., Uno, H., Tamada, K., Kurumada, T., Saitoh, T. and Hirakawa, H.（2008）
　　Harvest-based Bayesian estimation of sika deer populations using state-space models. Population Ecology　50: 131-144.

野生動物保護管理事務所（2000）平成 11 年度兵庫県野生鹿生息動態調査業務報告書．㈱野生動物保護管理事務所

横山真弓・高木 俊（2018）被害防止対策から得られるデータを活用した兵庫県におけるツキノワグマ個体群の保全管理．保
　　全生態学研究 23: 57-65.

索　　引

監修・編著者紹介

鷲 谷 いづみ
わし たに

1978年　東京大学大学院理学系研究科
　　　　博士課程修了，理学博士
現　在　東京大学名誉教授
　主要著書
〈生物多様性〉入門（岩波書店，2010）
さとやま―生物多様性と生態系模様
（岩波書店，2012）

編著者紹介

梶　　光　一
かじ　　こう　いち

1986年　北海道大学大学院農学研究科
　　　　博士後期課程修了，農学博士
現　在　東京農工大学名誉教授・
　　　　兵庫県森林動物研究センター所長
　主要著書
野生動物管理システム
（編著，東京大学出版会，2014）
日本のシカ―増えすぎた個体群の科学と管理
（編著，東京大学出版会，2017）

横　山　真　弓
よこ　やま　ま　ゆみ

1994年　東京農工大学大学院農学研究科博士
　　　　前期課程修了，博士（獣医学）
現　在　兵庫県立大学自然・環境科学研究所
　　　　教授・兵庫県森林動物研究センター
　　　　研究部長
　主要著書
動物たちの反乱
（PHPサイエンス・ワールド新書，2009）
日本のクマ―ヒグマとツキノワグマの生物学
（分担執筆，東京大学出版会，2011）

鈴　木　正　嗣
すず　き　まさ　つぐ

1987年　帯広畜産大学大学院畜産学研究科
　　　　修士課程修了，博士（獣医学）
現　在　岐阜大学教授・応用生物科学部附属
　　　　野生動物管理センター長
　主要著書
野生動物管理のための狩猟学
（編著，朝倉書店，2013）
STOP！鳥獣害―地域で取り組む対策のヒント
（分担執筆，全国農業会議所，2016）

ⓒ　鷲谷いづみ・梶光一・横山真弓・鈴木正嗣　2021

2021年 9 月 9 日　初 版 発 行

実践　野生動物管理学

監修・編著者　鷲谷いづみ
　　　　　　　梶　光　一
編著者　横 山 真 弓
　　　　鈴 木 正 嗣
発行者　山 本　格

発 行 所　株式会社 培 風 館
東京都千代田区九段南 4-3-12・郵便番号 102-8260
電　話(03)3262-5256(代表)・振　替 00140-7-44725

平文社印刷・牧 製本

PRINTED IN JAPAN

ISBN 978-4-563-08401-1 C3061